中等职业教育规划教材

简明化工单元操作

李传江　主　编

成　芬　副主编

化学工业出版社

·北京·

本教材的编写贴近中职学生实际情况，以一线操作工应具备的能力为出发点，较系统地介绍了化工生产过程的规律和常用操作技能获得途径，主要内容是介绍化工各单元过程的基本原理、典型设备及有关化工操作的基本知识，对主要化学反应器相关知识也做了专门介绍。本教材采用了同步教学的模式，在讲授过程中讲练结合，紧扣要点，并安排了相应技能训练。另外还配有相应电子教案，为指导教学过程提供了参考依据。

本教材适用于中等职业学校化学工艺专业和相关非工艺专业的教学，也可作为化工企业工人培训教材使用。

图书在版编目（CIP）数据

简明化工单元操作/李传江主编. —北京：化学工业出版社，2010.8（2025.2 重印）
中等职业教育规划教材
ISBN 978-7-122-09117-8

Ⅰ. 简…　Ⅱ. 李…　Ⅲ. 化工单元操作-专业学校-教材　Ⅳ. TQ02

中国版本图书馆 CIP 数据核字（2010）第 132277 号

责任编辑：窦　臻　　　　　　　　　　　　文字编辑：唐晶晶
责任校对：吴　静　　　　　　　　　　　　装帧设计：韩　飞

出版发行：化学工业出版社（北京市东城区青年湖南街 13 号　邮政编码 100011）
印　　装：北京虎彩文化传播有限公司
787mm×1092mm　1/16　印张 15¼　字数 369 千字　2025 年 2 月北京第 1 版第 10 次印刷

购书咨询：010-64518888　　　　　　　　售后服务：010-64518899
网　　址：http://www.cip.com.cn
凡购买本书，如有缺损质量问题，本社销售中心负责调换。

定　　价：38.00 元

前　言

　　本教材是根据化学工艺专业中级工的培养目标，结合当前中等职业教育教学改革和企业对中级工需求状况而编写的。主要内容包括化工单元过程的基本原理、典型设备及有关化工操作的基本知识，适用于目前在校中职化学工艺专业和相关非工艺专业的教学，也可作为化工企业工人培训教材使用。

　　本教材编写原则是用基础理论指导实际操作，尽量将最基本知识用较通俗的语言展现出来，以"必需"、"够用"为度，在编写形式上按照化工生产过程遵循的基本规律分单元进行，根据知识结构整体优化的原则改革教学内容。主要体现在：

　　1. 讲练结合，紧扣要点；

　　2. 避免教学内容的重复，各单元的基本概念集中介绍；

　　3. 为使学生尽快介入对化工过程的了解，化工管路及训练放在第一单元，物料组成涉及每个单元，集中介绍更有利于知识的系统性和教学；

　　4. 强化化工操作的技能训练，每个单元都配有必要的训练内容。

　　为体现中职教学特点，内容上按"掌握"、"理解"和"了解"的层次编写，每个学习任务后都配以不同形式的习题，突出课堂训练，通过读、记、想、做的方式，使学生达到对学习内容掌握和理解的目的。

　　全书共分为五个单元，由李传江任主编、成芬任副主编。第一、三单元由河南化工技师学院李传江编写，第二单元由焦作市化工高级技工学校成芬编写，第四单元由河南化工技师学院毛琳编写，第五单元、阅读材料及实训、附录部分由河南化工技师学院王涛玉编写。为了便于指导教学过程的进行，本教材配有电子教案和习题答案，使用本教材的学校可以与化学工业出版社联系（cipedu@163.com），免费索取。电子教案由毛琳、王涛玉制作。

　　本教材编写过程中得到了化学工业出版社及相关学校领导的大力支持和开封市、焦作市几家主要化工企业工程技术人员多方面的帮助，穆晨霞为该书的编写作了大量的工作，在此表示真诚的感谢。

　　由于编者水平有限，不完善之处在所难免，敬请读者和同行们批评指正。

编者

2010 年 5 月

目　录

第一单元　化工生产概论

【教学目标】
1. 掌握化工生产基本概念，明确本课程的性质和学习内容。
2. 掌握化工生产过程组成的规律和遵循的规律。
3. 掌握化工生产过程的基本概念。
4. 了解现代化学工业的特点。
5. 了解化工管路的基本知识。

项目一　化工生产过程概述

一、化学工业和化工生产过程

化学工业是国民经济的重要组成部分，对人类的生存和发展作出了巨大贡献。人类生活的各个方面，从衣食住行的生活必需品到提高生活质量的奢侈品，无不与化学工业有关；高科技的发展，如航天飞机、卫星、生物科技等更是离不开化学工业有力的支持。化学工业改变了人类的基本生活方式，提高了人类的健康水平和生活水平。

化学工业是以天然物质或其他物质为原料通过物理和化学的方法使其结构形态发生变化生成新的物质，以满足人们生产和生活的需要的工业。例如，以硫黄为原料制取硫酸、以煤或其他物质为原料制取合成氨等都是经过多种物理和化学的方法加工处理后得到产品，其原物质的形态和结构都发生了变化。

化工生产中将原料投入化工生产装置通过物理和化学的方法加工成合格产品的生产过程通常称为化工工艺过程，它对化工企业财富的创造起着十分重要的作用。

◎》想一想

1. 什么是化学工业？
2. 为什么说化学工业是国民经济的重要组成部分？

二、化工生产过程组成的基本规律

1. 单元操作和单元反应

化工产品众多，它们都是由原料经过化学反应而获得的，可见生成新物质的核心是化学反应过程。但是为了保证化学反应过程的顺利进行，必须满足反应需要的一定条件，如压强、温度、物料的纯度等。满足这些条件的过程一般属于物理过程，简单地说化工生产过程是由化学反应过程和物理加工过程构成的。例如以硫黄为原料制取硫酸的生产过程如图1-1所示。

从这个产品的生产过程中可知，制取硫酸首先要获得三氧化硫，然后用水或稀硫酸吸收即可，这里二氧化硫与氧反应制取三氧化硫是这个产品生产过程的核心，而保证这个反应进

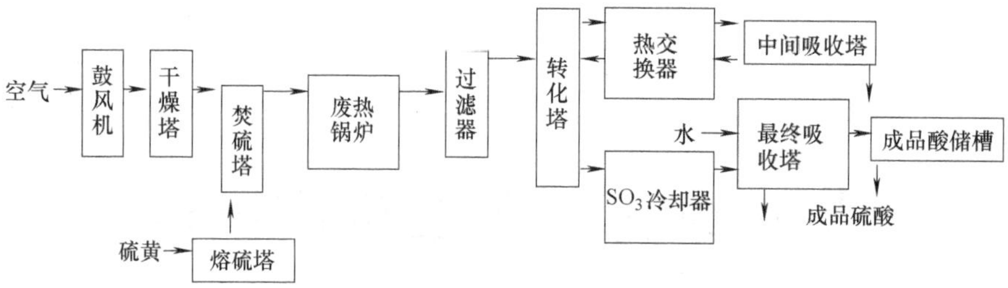

空气 → 鼓风机 → 干燥塔 → 焚硫塔 → 废热锅炉 → 过滤器 → 转化塔

硫黄 → 熔硫塔

转化塔 → 热交换器 → 中间吸收塔

转化塔 → SO₃冷却器

水 → 最终吸收塔 → 成品酸储槽

最终吸收塔 → 成品硫酸

图 1-1 以硫黄为原料制取硫酸的工艺过程

行则需要流体的输送、干燥、过滤、传热、吸收等一系列的物理过程。也可以对聚氯乙烯、合成氨、甲醇等产品生产工艺进行同样的分析，不难看出，它们在生产过程中尽管使用的原料不同，其物理性质和化学性质也不同，但都是由许多相同或相似的基本加工过程组成的。

在化工生产中，具有共同的特点，遵循着共同的物理学定律，所用设备相似，作用相同的基本加工过程称为单元操作；具有共同的特点，遵循着共同的化学规律，所用设备相似，作用相同的基本反应过程称为单元反应。

单元操作和单元反应数量不多，但各种化工产品的生产都是由这些单元操作和单元反应构成的。所以从事化工生产的人们将其比喻为英文中的 26 个英文字母，虽然数量不多，但可以组成无数的字、词和文章。

人们对这些单元操作研究后，按其性质、原理进一步归纳为以下的几个基本过程。

（1）流体流动过程的单元操作　遵循流体动力学规律进行的操作过程，如液体输送、气体输送、气体压缩、过滤、沉淀等。

（2）热量传递过程的单元操作　遵循热量传递规律进行的操作过程，也叫传热过程，如传热、蒸发等。

（3）质量传递过程的单元操作　物质从一个相转移到另一个相的操作过程，也叫传质过程，如蒸馏、吸收、萃取等。

（4）热力过程的单元操作　遵循热力学原理进行的单元操作，如冷冻等。

（5）机械过程的单元操作　靠机械加工或机械输送进行的单元操作，如粉碎、固体输送等。

2. 化工生产过程的三个基本步骤

每个产品生产工艺路程都是由原料的预处理、化学反应、反应后产物的加工三个步骤组成的，这就是常说的化工生产的三个基本步骤。

原料预处理的目的：达到化学反应所要求的状态和条件，如浓度要求、压力要求及温度要求。

化学反应的目的：使原料在一定条件下的反应器内生产新的物质产品。

反应后产物加工的目的：因为在化学反应中原料不一定能全部参加反应，或者有副反应

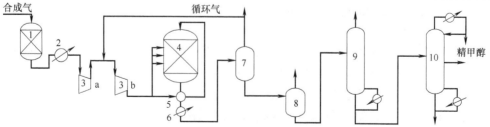

图 1-2 中低压法生产甲醇工艺流程示意图

1—脱硫器；2,6—水冷器；3—压缩机；4—合成塔；5—换热器；7—分离器；8—闪蒸罐；9—脱醚塔；10—精馏塔

生成了部分不需要的物质或废料，所以要对反应后的产物进行进一步的处理，使产品和没有反应的物料、废料、副产品得以分离，以制取合格的产品。

【例 1-1】　辨别中低压法制甲醇工艺过程的三个基本步骤。

要求：先看中低压法制甲醇工艺流程示意图（见图 1-2），然后做两个习题。

(1) 三个基本步骤都由哪些操作组成？作用是什么？

(2) 填写三个基本步骤简表。

中低压法制甲醇工艺过程的三个基本步骤简表

序　　号	步　　骤	包括的单元操作和单元反应	达到的目的
1			
2			
3			

解　(1) 原料预处理步骤：原料预处理—净化—冷却—压缩—换热。

作用：制成符合反应条件的合成气。

(2) 化学反应步骤：在合成塔内进行加氢反应。

作用：生成甲醇，也生成副产品。

(3) 反应产物的加工步骤：合成后的混合气—换热—冷却—分离—闪蒸—脱醚—精馏。

作用：制成合格的精甲醇。

综上所述，化工生产过程基本组成规律可以概括如下。

化工生产过程是由若干单元操作和单元反应串联组成的一套工艺流程，经过三个步骤，将化工原料通过化学反应制成化工产品。运用化工生产基本组成规律分析实际生产过程的概貌，对今后工作具有十分重要的意义，当接触一个新的生产过程时，先了解其概貌，就能迅速熟悉整个生产过程，并能在操作时深刻理解局部和整体的关系，提高操作的效率。

想一想

1. 什么是单元操作？

2. 化工生产过程由哪几部分组成？

3. 根据图 1-2，完成表格。

序　　号	单元操作名称	属于哪种类型	主　要　作　用

三、化工生产过程中遵循的规律

1. 质量守恒

在化工生产中，随着生产过程的进行，进入系统或反应器的原料变成了新的物质。但进出系统或反应器物料的量必须符合：

$$输入的物料的量＝输出的物料的量＋损失的物料的量$$

这就是质量守恒的规律。按照这一规律进行的计算，称为物料衡算。物料衡算计算式很简单，但在化工生产中有着非常重要的作用：通过物料衡算可以准确了解物质转换后的数量关系；作为工艺设计的依据；是班组核算的重要内容，并可判断操作优劣、分析经济效益、提供工艺数据，为严密控制生产运行打下基础。它涉及各个单元过程。

2. 能量守恒

要保证化工生产过程在一定条件下进行，系统或设备必须进行能量的输入或输出，输入和输出的能量之间可能进行着相互转换。但是任何一个化工生产过程中凡向系统输入的能量必然等于该系统向外输出的能量与损失的能量之和。即：

$$输入的能量＝输出的能量＋损失的能量$$

能量衡算在化工生产的各单元过程中有着广泛的应用，根据过程需要输入或输出能量的数值，作为确定如流体输送机械的型号、换热器面积、冷热载体用量等的基本依据。能量衡算的方法和步骤将在以后的章节介绍。

3. 过程的平衡关系

任何过程都是变化着的，在一定条件下由不平衡到平衡，平衡状态是过程变化的极限。以食盐溶解为例，在一定的温度和一定量的溶剂中，所投入的食盐在溶液中溶解，直至达到饱和溶液为止。这时，从溶液与结晶这两个单一的过程来看，过程并没有终止，两者处于动态平衡状态，但溶液的浓度再也无法改变。当冷热流体最终的温度相等时，两种流体之间的传热过程也就不再进行。当吸收剂中所含气体的浓度达到与其平衡浓度相等时，吸收过程宏观上就不再进行。所以，看一个过程在一定条件下能否进行，以及进行到什么程度，只有通过平衡关系来判断，平衡关系是本学科中所讨论的许多过程的基本规律之一。

4. 过程速率

平衡关系只说明过程的方向和极限，而过程的快慢在工程上是比平衡关系更为重要的问题。把单位时间里各种过程进行的变化量称为过程的速率。显然，这是从事工业生产的人很关心的问题。过程的速率可以用如下的基本关系表示：

$$过程的速率＝过程的推动力/过程的阻力$$

过程的推动力是过程在某一瞬间状态时的因素距离平衡状态该因素的差额。在流体流动的过程中它表现为压强差，在传热过程中它是冷热流体的温度差，在传质过程中它是物质的浓度差。构成过程阻力的因素很多，而且同样是因过程的性质不同而不同。从这一基本的关系式中可以看出，提高过程速率的途径在于加大过程的推动力和减少过程的阻力，这将是学习本课程中应引起极大注意的一个重要概念。

综上所述，本课程的性质是一门化工专业的技术基础课程，在基础课和专业课之间起到承上启下的作用。主要包括学习化工生产过程各操作的基本原理和规律，所用设备的结构、性能，操作和运转中的注意事项等；具备一定的化工计算知识；培养学生能应用理论去分析解决化工生产问题的能力，使操作在最优化的条件下进行。

想一想

1. 化工生产遵循什么规律？

2. 物料衡算、能量衡算都有什么意义？

3. 讨论平衡关系的意义是什么？

4. 如何增大过程速率？

项目二　化工生产过程的特点、常用量和单位

一、化工常用量和单位

1. 量和单位

量指的是物理量，它分为基本量和导出量。作为其他物理量基础的量称为基本量，按照物理学定律由基本量组成的量称为导出量。国际单位制将长度（l）、时间（t）、质量（m）、热力学温度（T）、电流（I）、物质的量（n）、发光强度（I_V）确定为基本量，按照物理学定律由这七个量导出的量，如黏度、密度、功率等用来度量同类量大小的标准量称为计量单位。基本量的单位称为基本单位，导出量的单位称为导出单位。

2. 国际单位

为了方便各学科间的相互交流以适应科学技术的迅速发展，1960 年 10 月第 11 届国际计量会议制定了一种国际上统一的国际单位制，其代号为 SI。国际单位制中的单位是由米、秒、千克、开［尔文］、安［培］、摩［尔］、坎［德拉］七个基本单位和一系列导出单位构成的完整单位体系。它具有统一性、科学性、简明性、实用性、合理性等优点，是国际上公认的较先进的单位制。

为了方便表示一个物理量的大小，SI 制中还规定了一套词冠用来表示单位的倍数或分数。其表示的意义如下：

n（纳）表示 10^{-9}；μ（微）表示 10^{-6}；m（毫）表示 10^{-3}；c（厘）表示 10^{-2}；h（百）表示 10^2；k（千）表示 10^3；M（兆）表示 10^6；G（吉）表示 10^9。

3. 我国法定计量单位

由国家以法令形式规定允许使用的单位称为法定计量单位，我国的法定计量单位是 1984 年由国务院公布实施的，它以 SI 制为基础，并根据我国实际情况适当选用一些非国际单位构成，如质量用吨（t）表示、体积用升（L）表示等。

4. 法定计量单位的使用规则

（1）用的规则

① 优先使用单位和词头的符号。在公式、报表、生产记录中，叙述性文字中都必须使用。

② 中文符号一般不能与国际符号混用。如速度单位"m/s"，不能写成"米/s"。

③ 选用词头应使量的数值处于 0.1～1000 的范围内。如"0.0085m"要写成"8.5mm"，"32000000Pa"要写成"32MPa"。

（2）写的规则

① 量的符号用斜体字母写，单位的符号用正体字母写。单位符号一般为小写。来源于

人名的符号，第一个用大写，如 Pa（帕斯卡）。体积单位升的符号用 L 表示。

② 组合单位的书写。相除构成的组合单位用斜线形式书写时，分子、分母应在同一水平线上，如"m/s"。

（3）读的规则

① 要按单位或词头的名称读音。如"km"读"千米"。

② 读的顺序与符号的顺序一致。乘号按顺序读如"N·m"读"牛顿米"；除号的对应名称是"每"，如速度"m/s"读"米每秒"；幂指数读在单位之前，如加速度"m/s^2"读"米每二次方秒"。

完成下表。

题　号	读　法	写　法	改　错
1	130MPa		
2		9.8m/s^2	
3			25kg
4			0.56mol/L
5	560mol/m^3		
6		12000m	

想一想

1. 什么是基本量、基本单位、导出量、导出单位？

2. SI 制（国际单位制）共由几个基本量组成？化工生产中常用有几种？

3. 什么是法定计量单位？法定计量单位有哪些使用规则？

二、现代化学工业的特点

现代化学工业有许多区别于其他工业部门的特点，主要体现在以下几个方面。

1. 原料路线、生产方法和产品品种的多方案性与复杂性

同一种原料可以制造不同的产品，同一种产品可以用不同的原料、不同的方法和工艺路线来生产；同一种产品可以有不同的用途，而不同的产品可能有相同的用途。由于这些多方案性，化学工业能够为人类提供越来越多的新物质、新材料和新能源；同时化工产品的生产过程多数又是多步骤的，影响因素很复杂，生产装备和过程的控制也是很复杂的。

2. 生产过程综合化，装置规模大型化，化工产品精细化

化工生产过程的综合化，既可以使资源和能源得到充分合理的利用，有效地将副产物和"废料"转化为有用的产品，做到无废物排放或减少排放，又可以实现不同化工厂的联合或与其他产业部门的有机联合。

装置规模的大型化，其单位容积、单位时间的产出率随之显著增大，有利于降低产品成本和能量的综合利用。

化工产品精细化主要是指生产技术含量高，具有附加产值高的优异性能，并能适应快速发展的市场需求的产品。化学工艺和化学工程更精细化，人们已能在原子水平上进行化学产品的合成，使化工生产更加高效、节能和绿色化。

3．技术和资金密集，经济效益好

现代化学工业正朝着智能化的方向发展，化工生产已经实现了远程自动化控制，节省了大量的人力、物力和时间。现代化学工业虽然装备复杂、生产流程长、技术要求高、建设投资大，但化工产品产值较高、成本低、利润高，因此它是技术和资金密集行业，它需要高水平、受过良好教育训练、懂得生产技术的操作和管理人员。

4．注意能源合理利用，积极采用节能技术

化工生产部门是耗能大户，合理使用能源和节约能源尤其重要，许多生产过程的先进生产主要体现在采用了低能耗工艺或节能工艺。

5．安全生产的极端重要性

化工生产具有可燃烧、可爆、有毒、高温、高压、腐蚀性强等特点，不安全因素很多，但只要采用安全的生产工艺，有可靠的安全技术保障、严格的规章制度及监督机构，事故是完全可以避免的。

化工生产过程的特点说明进行化工良好操作的重要性，先进的工艺和设备只有通过良好的操作才能转化为生产力。在设备问题解决之后，操作水平的高低对于实现优质、高产以及低消耗起关键作用。化工操作工从事的是以观察判断和调节控制为主要内容的操作，这是以脑力劳动为主的操作，这种操作的作业情况复杂，工作责任大，对安全要求高，因此要求操作工必须具有坚实的基础知识和较强的分析判断能力。

⏩ 想一想

1．化工生产过程有什么特点？
2．根据现代化学工业的特点，写出作为化工操作工的体会。

项目三　化工生产过程基本概念

一、相和相变

为了研究和计算的方便，人们常把要研究的部分从周围事物中划分出来，作为研究的对象。被划分出来的部分称为系统，系统以外与系统有关的物质和空间称为环境。在系统内的物质，具有相同物理性质和相同化学性质的并且完全均匀的部分，称为相。在混合物中，组成均匀的是单相混合物，否则就是多相混合物。在一定的条件下，物质由一种状态转变为另一种状态，称为相变。化工生产中经常利用物质形态的变化，使之更有利于操作进行，如用硫为原料制硫酸的过程中的熔硫、空气分离操作中空气的液化、合成氨生产和甲醇生产中反应后产物的处理等，这些操作中物料的相态发生的变化属于相变，而将物料加热或冷却、固体物料粉碎、筛分等只是改变了受热状态和形态，没有相态的变化，属于非相变。

⏩ 想一想

1．什么是相？什么是相变？
2．生产上有哪些是利用相变进行操作的？

二、相平衡及相际间组成的表达方法

1．相平衡

从食盐的溶解和水分的蒸发与凝结可以看出，如果有两个以上的相共存，在较长时间内

从表面上看没有任何物质在各相之间传递，各相之间的组成（含量）不再变化时，可以认为这些相之间已达到平衡，称为相变平衡。实际上，物质在各相之间的传递并没有中止，而是单位时间内互相传递的分子数大体相等，处于动态平衡状态。一定条件下处于平衡状态时的溶液称为饱和溶液，与之对应的液面上方的蒸气称为饱和蒸气，饱和蒸气的压强称为饱和蒸气压。在传质过程中，表示平衡时各相之间物质数量之间的关系称为平衡关系。

2. 相平衡关系的表达方法

相平衡关系的表达方法有两种：一种用数学方程式表达，称为平衡关系式，如质量传递过程中的亨利定律表达式和拉乌尔定律表达式等；另一种用几何图形表达，用几何图形表达的称为相图，如图1-3所示。

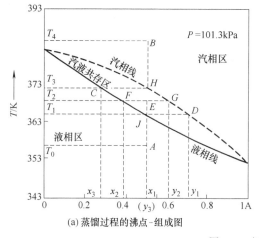
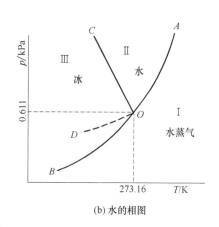

(a) 蒸馏过程的沸点-组成图   (b) 水的相图

图 1-3 相图

相图能将较复杂的相变直观地表示出来，因而它已成为研究相平衡的重要工具，利用相图可以清晰地阐明过程的原理，表示过程进行的程度，作为指导操作的依据。

3. 相际间组成的表达方法

用数学表达式表示相际之间的平衡关系涉及物质在各相中的含量变化，即化学工程上常说的相组成问题，下面加以介绍，如表1-1所示。

表 1-1 相组成表示方法及相互关系

名　称	文字表述	公　式
质量分数	混合物中某一组分的质量 G_1（单位为 kg）与混合物总质量 G（kg）的比值，用符号 x_{w_1} 表示	$x_{w_1} = G_1/G$
摩尔分数	混合物中某一组分的物质的量 n_1 与混合物的总物质的量 n（本章所用的单位均为 kmol）的比值，用符号 x_1 表示	$x_1 = n_1/n$
比质量分数	混合物中某一组分的质量与其他组分的质量的比值，称为该组分的比质量分数，用符号 X（或 Y）表示	$X = G_1/(G-G_1)$
比摩尔分数	混合物中每一组分的物质的量与其他组分的物质的量的比值，称为该组分的比摩尔分数，用符号 X_1（或 Y_1）表示	$X_1 = n_1/(n-n_1)$
压力分数	气体混合物中某一组分分压与混合气体的总分压的比值，用符号 y 表示	$y = p_1/p$
体积分数	气体混合物中某一组分的体积与混合气体的体积的比值，用符号 y 表示	$y = V_1/V$

已知比质量分数 X（或 Y）求质量分数 x_w（或 y_w）的关系式

$$x_w = X_1/(1+X) \tag{1-1}$$

可以得到已知比摩尔分数的关系式

$$x_1 = X_1/(1+X_1) \tag{1-2}$$

【例 1-2】 已知空气和 CO_2 的混合气中，CO_2 的比摩尔分数为 $0.25\mathrm{kmolCO_2/kmol}$ 空气，求 CO_2 的摩尔分数。

解 将已知的比摩尔分数数值代入式（1-2），得

$$y_{CO_2} = Y_{CO_2}/(1+Y_{CO_2}) = 0.25/(1+0.25) = 0.2 = 20\%$$

可以通过公式证明，气体混合物中某一组分的摩尔分数等于该组分的压力分数，亦等于该组分的体积分数，即

$$y = n_1/n = P_1/P = V_1/V \tag{1-3}$$

溶液中的组分的组成除了可以用前面介绍的表示方法之外，工程上还经常使用溶液浓度的概念，通常用符号 c 表示，所用的单位有很多种形式，如 g 组分/1000g 溶剂、g 组分/1000g 溶液、kmol 组分/m^3 溶液等。如果知道溶液的浓度，根据以上各种方法的定义也就不难求得其他形式所表示的溶液组成。

练一练

1. 填写下表。

名　称	定　义	公　式
质量分数		
摩尔分数		
质量比		
摩尔比		
体积分数		
压力分数		

2. 由 10kg 和乙醇 30kg 水组成的溶液，将该溶液不同表示方法的组成填入下表。

质 量 分 数	质 量 比	摩 尔 分 数	摩 尔 比

想一想

1. 相组成的表示方法有哪些？
2. 什么是质量分数、摩尔分数、质量比、摩尔比？它们之间是什么关系？
3. 气体摩尔分数、压力分数、体积分数之间的关系是什么？
4. 饱和溶液、饱和蒸气、饱和蒸气压、平衡关系是什么意思？

项目四　化工管路

化工生产装置是以反应设备为主体，由一系列单元设备通过管路串联组成的系统装置。

管路同一切机器设备一样，是化工生产中不可分割的一个组成部分，在整个设备费用中占有很大的比重，担负着确保安全、持续、稳定生产的主要作用，在系统学习化工生产知识前有必要首先认识化工管路。

一、化工管路的组成

1. 管路的标准

化工管路标准化的内容是规定管子和管路附件（管件、阀门、法兰和垫等）的直径、连接尺寸和结构尺寸的标准，以及压力的标准等。其中直径标准和压力标准是其他标准的依据，根据直径标准和压力标准就可选定管子和管路附件的规格。

（1）管路的直径标准　管子和管路附件的公称直径是为了设计、制造、安装和修理的方便而规定的一种标准直径，它是指管子的公称内径或名义内径。一般情况下，公称直径的数值既不是管子的内径，又不是管子的外径，而是与管子内径相接近的整数。如水、煤气钢管和无缝钢管，其外径为固定的系列数值，其内径随着壁厚的增加而减少。在若干情况下，管子的实际内径的尺寸等于公称直径，如铸铁管和阀门等。根据公称直径可以确定管子、管件、阀门、法兰和垫片等的结构尺寸。

（2）管路的压力标准　公称压力通称压力，一般大于或等于实际工作最大压力。

公称压力以字母 P_N 作标志，其后附加公称压力的数值。例如：公称压力为 2.452MPa（25kgf/cm^2），用 P_N25 表示。

公称压力的数值，一般指的是管内工作介质的温度在 0～120℃ 范围内的最高允许工作压力。一旦介质温度超出这个范围，则由于材料的机械强度要随温度的升高而下降，因而在相同的公称压力下其允许的最大工作压力应适当降低。根据公称压力，可以按有关标准确定管路的连接形式，选择合适的结构和密封材料等。

2. 化工管路组成

（1）管子　生产中使用的管子按管材不同可分为金属管、非金属管和复合管。金属管主要有铸铁管、钢管（含合金钢管）和有色金属管等；非金属管主要有陶瓷管、水泥管、玻璃管、塑料管、橡胶管等；复合管指的是金属与非金属两种材料复合得到的管子，最常见的是衬里管，为了满足防腐的需要，在一些管子的内层衬以适当的材料，如金属、橡胶、塑料、搪瓷等而形成的。随着化学工业的发展，各种新型耐腐蚀材料不断出现，如聚合物材料、非金属材料管正在越来越多地替代金属管。管子的规格通常是用"外径×壁厚"来表示，如 ϕ38mm×2.5mm，表示此管子的外径是 38mm，壁厚是 2.5mm，但也有些管子是用内径来表示其规格的，使用时要注意。管子的长度主要有 3m、4m 和 6m，有些可达 9m 甚至 12m，但以 6m 最为普遍。

（2）管件　管件是用来接管子、改变管路方向、变化管路直径、接出支路、封闭管路的管路附件的总称。一种管件可以有多种功能，如弯头既可以改变管路方向，也可以连接管路。水、煤气管件的种类与用途见表 1-2。

（3）阀件　阀件是用来开启、关闭和调节流量及控制安全的机械装置，也称阀门、截门或节门。化工生产中，通过阀门可以调节流量、系统压力、流动方向，从而确保工艺条件的实现与安全生产。按照阀门的构造和作用可分为以下几种（见图 1-4）。

① 旋塞（又称考克）　它的主要部件为一个空心的铸铁阀体中插入了一个可旋转的圆形旋塞，旋塞中间有一个孔道，当孔道与管子相通时流体沿孔道流过，当旋塞转过 90°，其孔道被阀体挡住，流体即被切断。

表 1-2　水、煤气管件的种类与用途

种 类	用 途	种 类	用 途
内螺纹管接头	俗称"内牙管、管箍、束节、管接头、死接头"等。用以连接两段公称直径相同的管子	等径三通	俗称"T形管",用于接出支管,改变管路方向和连接三段公称直径相同的管子
外螺纹管接头	俗称"外牙管、外螺纹短接、外丝扣、外接头、双头丝对管"等。用于连接两个公称直径相同的具有内螺纹的管件	异径三通	俗称"中小天"。可以由管中接出支管,改变管路方向和连接三段公称直径相同的管子
活管接头	俗称"活接头、由壬"等。用以连接两段公称直径相同的管子	等径四通	俗称"十字管"。可以连接四段公称直径相同的管子
异径管	俗称"大小头"。可以连接两段公称直径不相同的管子	异径四通	俗称"大小十字管"。用以连接四段具有两种公称直径的管子
内外螺纹管接头	俗称"内外牙管、补心"等。用以连接一个公称直径较大的内螺纹的管件和一段公称直径较小的管子	外方堵头	俗称"管塞、丝堵、堵头"等。用以封闭管路
等径弯头	俗称"弯头、肘管"等。用以改变管路方向和连接两段公称直径相同的管子,它可分 40°和 90°两种	管帽	俗称"闷头"。用以封闭管路
异径弯头	俗称"大小弯头"。用以改变管路方向和连接两段公称直径不同的管子	锁紧螺母	俗称"背帽、根母"等。它与内牙管联用,可以看得到的可拆接头

　　旋塞的优点是结构简单,启闭迅速,全开时流体阻力较小,流量较大。但不能准确调节流量,旋塞易卡住阀体,难以转动,密封面易破损。故旋塞一般用在常压、温度不高、管径

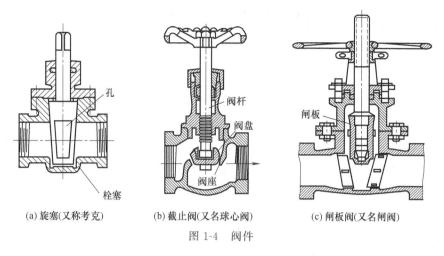

(a) 旋塞(又称考克)　　　　(b) 截止阀(又名球心阀)　　　　(c) 闸板阀(又名闸阀)

图 1-4　阀件

较小的场合，适用于输送带有固体颗粒的流体。

② 截止阀（又名球心阀）　阀体内有一 Z 形隔层，隔层中央有一圆孔，当阀盘将圆孔堵住，管路内流体即被切断。因此，可以通过旋转阀杆使阀盘升降，使隔层上开孔的大小发生变化而调节流体流量。

截止阀结构复杂，流体阻力较大，但严密可靠，可以耐酸、耐高温和压力，因此可以用来输送蒸气、压缩空气和油品。但不能用于流体黏性大、含有固体颗粒的液体物料，使阀座磨损，引起漏液。截止阀安装时要注意流体流向与阀门进口一致。

③ 闸板阀（又名闸阀）　阀体内装有一个闸板，转动手轮使阀杆下面的闸板上下升降，从而调节和启闭管路内流体的流量。闸阀全开时流体阻力较小，流量较大。但闸阀制造修理困难；阀体高，占地面积大，价格较贵，多用在大型管路中作启闭阀门。不适用于输送含固体颗粒的流体。

④ 其他阀门　化工生产中常见的阀门还有安全阀、减压阀、止回阀和疏水阀等。

安全阀是为了管道设备的安全保险而设置的截断装置，它能根据工作压力而自动启闭，从而将管道设备的压力控制在某一数值以内。当设备压力超过指标时，阀可自动开启，排除多余液体，压力复原后又自动关闭，从而保证其安全。主要用在蒸汽锅炉及中、高压设备上。

减压阀是为了降低管道设备的压力，并维持出口压力稳定的装置。能自动降低管路及设备内的高压，达到规定的低压，保证化工生产安全，常用在高压设备上。例如，高压钢瓶出口都要接减压阀，以降低出口的压力，满足后续设备的压力要求。

止回阀又称止逆阀或单向阀，是在阀的上下游压力差的作用下自动启闭的阀门，其作用是仅允许流体向一个方向流动，一旦倒流就自动关闭，常用在泵的进出口管路中及蒸汽锅炉的给水管路上。例如，离心泵在启动前需要灌泵，为了保证停车时液体不倒流，常在泵的吸入口安装一个单向阀。

疏水阀是一种能自动间歇排除冷凝液，并能阻止蒸汽排出的阀门，其作用是使加热蒸汽冷凝后的冷凝水及时排除，又不让蒸汽从几乎所有使用蒸汽的地方漏出。

 练一练

将各类阀的结构、特点、用途填入下表。

名　称	结　构	特　点	用　途
旋塞阀			
截止阀			
闸阀			
安全阀			
减压阀			
疏水阀			

想一想

1. 化工管路由_____、_____组成。
2. 管件按在管路中的作用分成几类？它们的作用是什么？
3. 化工管路标准化的内容是什么？

二、化工管路的安装

1. 化工管路的连接

管子与管子、管子与管件、管子与阀件、管子与设备之间连接的方式常见的有螺纹连接、法兰连接、承插式连接及焊接连接（见图1-5）。

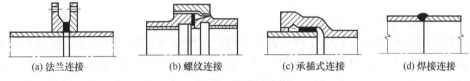

(a) 法兰连接　　　(b) 螺纹连接　　　(c) 承插式连接　　　(d) 焊接连接

图 1-5　管路的连接

（1）螺纹连接　又叫丝扣连接，是依靠内、外螺纹管接头及活接头以丝扣方式把管子与管路附件连接在一起。以螺纹管接头连接的管子操作方便，结构简单，但不易装拆。活接头连接构造复杂，易拆装，密封性好，不易漏液。螺纹连接通常用于小直径管路，水、煤气管路，压缩空气管路，低压蒸汽管路的连接。安装时，为了保证连接处的密封，常在螺纹上涂上胶黏剂或包上填料。

（2）法兰连接　这是化工管路中最常用的连接方法。其主要特点是已经标准化，装拆方便，密封可靠，一般适用于大管径，密封要求高、温度及压力范围较宽、需要经常拆装的管路上，但费用较高。连接时为了保证接头处的密封，需在两法兰盘间加垫片，并用螺栓将其拧紧。法兰连接也可用于玻璃管、塑料管的连接和管子与阀件、设备之间的连接。

（3）承插式连接　这是将管子的一端插入另一个管子的"钟"形插套内，再在连接处用填料（丝麻、油绳、水泥、胶黏剂、熔铅等）加以密封的一种连接方法。主要用于水泥管、陶瓷管和铸铁管等埋在地下管路的连接，其特点是安装方便，对各管段中心重合度要求不高，但拆卸困难，不能耐高压。

（4）焊接连接　这是一种方便、价廉、严密、耐用但却难以拆卸的连接方法，广泛使用于钢管、有色金属管及塑料管的连接。主要用在不经常拆装的长管路和高压管路中。

2. 化工管路的热补偿

化工管路的两端是固定的，由于管道内介质温度、环境温度的变化，必然引起管道因热胀冷缩而变形，严重时将造成管子弯曲、断裂或接头松脱等现象。为了消除这种现象，工业生产中常对管路进行热补偿。热补偿的主要方法有两种：一是依靠管路转弯的自然补偿方法，通常当管路转角不大于150°时均能起到一定的补偿作用；另一种是在直线段管道每隔一定距离安装补偿器（也叫伸缩器）进行补偿。常用的补偿器主要有方形补偿器、波形补偿器和填料式补偿器，图1-6所示的是几种常用补偿器。

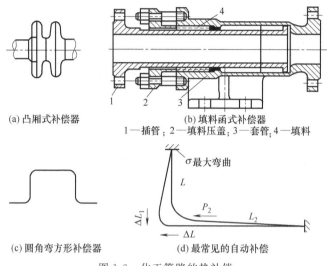

(a) 凸厢式补偿器 (b) 填料函式补偿器

1—插管；2—填料压盖；3—套管；4—填料

(c) 圆角弯方形补偿器 (d) 最常见的自动补偿

图1-6　化工管路的热补偿

3. 化工管路的试压与吹扫

当管路系统安装完毕后，为了检查其强度和严密性是否达到设计要求，检查管路的承受能力，必须对管路系统进行耐压实验和气密实验。另外，为了保证管路系统内部的清洁，必须对管路系统进行吹扫与清洗，除去遗留的铁屑、焊渣、尘土及其他污物，以避免杂质随流体流动而堵塞管路，损坏阀门或仪表，保证管路正常运行。它是检查管道安装的一项重要措施。管路吹扫根据被输送介质的不同，有水冲洗、空气吹扫、蒸汽吹洗、酸洗、油清洗和脱脂等。

4. 化工管路的保温与涂色

为了维持生产需要的高温或低温条件，节约能源，维护劳动条件，必须采取措施减少管路与环境的热量交换，这就叫管路的保温。保温的方法是在管道外包上一层或多层保温材料。

化工生产中的管路是很多的，为了方便操作者区别各种类型的管路，应在不同介质的管道上（保护层外或保温层外）涂上不同颜色的油漆，称为管路的涂色。有两种方法，其一是整个管路均涂上一种颜色（涂单色），其二是在底色上每间隔2m涂上一个50～100mm的色圈。常见化工管路的颜色如下：给水管为绿色，饱和蒸汽管为红色，氮气和氨气管为黄色，真空管为白色，低压空气管为天蓝色，可燃液体管为银白色，可燃气体管为紫色，反应物料管为红色等。

5. 化工管路的防静电措施

静电是一种常见的带电现象，在化工生产中，由于电解质之间相互摩擦或电解质与金属之间的摩擦都会产生大量的静电。例如，当粉尘液体和气体电解质在管路中流动，或从容器中抽出或注入容器时，都会产生静电。这些静电如不及时消除，很容易因产生电火花而引起火灾或爆炸。管路的抗静电措施主要是静电接地和控制流体的流速。

▣⟫ 想一想

1. 化工管路的连接方式有哪些？
2. 化工管路补偿的原因是什么？补偿的方法有哪些？
3. 化工管路为什么要进行试压与吹扫？
4. 化工管路的保温与涂色的目的是什么？
5. 化工管路为什么要有防静电措施？

三、化工管路布置的原则

布置化工管路既要考虑到工艺、经济要求，还要考虑到操作方便与安全，在可能的情况下还要尽可能美观。因此，布置化工管路必须遵守以下规则。

① 各种管路的铺设，要尽可能采用明线、集中铺设，尽可能利用共同管架，铺设时尽量走直线，少拐弯，少交叉，尽量使管路铺设整齐美观。

② 应合理安排管路，使管路与墙壁、柱子、场面、其他管路等之间应有适当的距离，以便于安装、操作、巡查与检修。平行管路上的管件、阀门位置应错开，且不得置于人行道的上空。

③ 在工艺条件允许的前提下，应使管路尽可能短，管件、阀件应尽可能少，以减少投资，使流体阻力减到最低。

④ 管路排列时，通常使热的在上，冷的在下；无腐蚀的在上，有腐蚀的在下；输气的在上，输液的在下；不经常检修的在上，经常检修的在下；高压的在上，低压的在下；保温的在上，不保温的在下；金属在上，非金属在下。在水平方向上，通常使常温管路、大直径管路、振动大的管路及不经常检修的管路靠近墙或柱子。

⑤ 管件、管子与阀门应尽量采用标准件，以便于安装与维修。

⑥ 管路通过人行道时高度不得低于 2m，通过公路时不得低于 4.5m，与铁轨的净距离不得小于 6m，通过工厂主要交通干线时一般为 5m。

⑦ 对较长管路要有管架支承，以免弯曲存液及受到振动。

⑧ 管路的倾斜度一般为 3/1000～5/1000，对含固体结晶程度大、液体黏度大的物料倾斜度可提高到 1/100。

⑨ 有凝液的管路要安排凝液排除装置，有气体积聚的管路要设置气体排放装置。

⑩ 输送腐蚀性物料时与其他管路保持一定距离或位置高低错开，避免发生滴漏时腐蚀其他管路。

⑪ 一般地，下水管及废水管采用埋地铺设，埋地安装深度应在当地冰冻线以下。

在布置化工管路时，应参阅有关资料，依据上述原则制订方案，确保管路的布置科学、经济、合理与安全。

▣⟫ 想一想

1. 化工管路布置的原则有多少项？
2. 你了解了多少化工管路布置的常识？

【技能训练一】　过滤器操作与维护训练（以管道 Y 形过滤器为例）

· 训练目标　熟悉过滤器的工作原理、结构及使用注意事项。
· 训练内容　通过拆卸组装达到熟悉 Y 形过滤器的目的。

过滤器的主要部件名称、结构和作用填入下表。

名　称	结　构	作　用

【技能训练二】　管路安装综合训练

- 训练目标　熟悉可拆卸组装管路的安装、拆卸过程，掌握管路安装拆卸技术。

1. 画出带控制点工艺流程图。
2. 简述在管路拆卸过程中你是如何做好劳动保护及良好的生产操作习惯的。
3. 简述管路拆装要点有哪些。

第二单元　动量传递过程的单元操作

课题一　流体流动基础

【教学目标】

1. 掌握流体的密度、黏度、压力、流量及流速的概念及单位；流体静力学方程式、连续性方程、伯努利方程的内容及应用；流体的流动形态及判断方法。

2. 理解液体的阻力的来源，孔板流量计、转子流量计的基本构造、测量原理、操作要点，以及两者的区别。

3. 了解流体阻力的计算。

流体是指具有流动性的物体，包括气体和液体。其中，气体体积随压力变化很大，可认为是可压缩流体；液体体积随压力变化不大，工程上近似地认为是不可压缩流体。

化工生产中所处理的物料，包括原料、半成品及产品等，大多数是流体。按照生产工艺的要求，常常需要把物料从一个设备送到另一个设备，或从一个车间送到另一个车间。此外，化工生产的一些操作，如传热、传质或化学反应，大多是在流体流动的情况下进行的，而且液体流动状态对这些过程的动力消耗、设备投资有很大的影响，直接关系到化工产品的成本与经济效益。因此，研究流体流动问题是本课程的重要内容，也是研究各个单元操作的重要基础。

项目一　流体静力学

流体在重力和压力的作用下达到平衡，其中重力是不变的，而静止流体内部各点的压力是不同的，静力学的内容就是研究静止流体内部压力的变化规律。

一、流体的主要物理量

1. 流体的密度

单位体积流体所具有的质量称为流体密度，以符号 ρ 表示，单位为 kg/m^3。

$$\rho = \frac{m}{V} \tag{2-1}$$

式中　ρ——流体的密度，kg/m^3；

　　　m——流体的质量，kg；

　　　V——流体的体积，m^3。

2. 相对密度

一定温度下流体的密度与 277K 时纯水的密度之比称为相对密度，以符号 d_{277}^T 表示，表达式为

$$d_{277}^T = \frac{\rho}{\rho_{水}} \qquad (2-2)$$

式中　ρ——被测液体在某温度下的密度，kg/m^3；

　　　$\rho_{水}$——纯水在 277K 时的密度，kg/m^3。

由于纯水在 277K 时的密度为 $1000kg/m^3$，因此，只要已知相对密度，就可以求出该条件下某液体的密度。例如，98％的硫酸在 293K 时其相对密度为 1.84，则其密度为 $1840kg/m^3$。

$$\rho = 1000 d_{277}^T \qquad (2-3)$$

3. 比体积

单位质量流体的体积称为比体积，单位为 m^3/kg。

$$\nu = \frac{V}{m} = \frac{1}{\rho} \qquad (2-4)$$

式中　ν——流体的比体积，m^3/kg；

式（2-4）表明，流体的比体积与密度互为倒数。

4. 密度计算

不同流体密度不同，同一流体的密度随温度和压力而变化。

（1）液体密度　液体密度是不可压缩流体，其密度受压力影响很小，可忽略不计。一般认为液体密度仅随温度变化。例如，纯水在 277K 的密度为 $1000kg/m^3$，293K 时为 $998.2kg/m^3$。因此，选用密度数据时，一定要注明温度。液体的密度一般可从相关手册直接查得。

化工生产中遇到的大多是混合物，混合液体密度的近似值可由下式求得：

$$\frac{1}{\rho} = \frac{x_{\omega_1}}{\rho_1} + \frac{x_{\omega_2}}{\rho_2} + \cdots + \frac{x_{\omega_n}}{\rho_n} \qquad (2-5)$$

式中　　　　ρ——混合液体的密度，kg/m^3；

ρ_1，ρ_2，$\cdots$，ρ_n——混合液体中各组分的密度，kg/m^3。

【例 2-1】　已知 293K 时 98％的硫酸的相对密度为 1.84，求该种硫酸的密度及 10t 硫酸所占的体积。

解　已知 $m = 10t = 10000kg$，求 ρ、V。

根据式（2-3）得　　　　　　$\rho = 1000d = 1840$（kg/m^3）

根据式（2-4）得　　　　　　$V = \frac{m}{\rho} = \frac{10000}{1840} = 5.44$（$m^3$）

（2）气体密度　气体具有可压缩性和热膨胀性，其密度受温度和压力影响较大，常见气体的密度可从手册中查得。在气体的压力不太高、温度不太低时的情况下，可近似地利用理想气体状态方程算出，即

$$\rho = \frac{pM}{RT} \qquad (2-6)$$

式中　p——气体的压力，kPa；

　　　T——气体的温度，K；

　　　M——气体的千摩尔质量，kg/kmol；

　　　R——摩尔气体常数，$8.314kJ/(kmol \cdot K)$。

对于气体混合物，其密度仍可按式（2-6）计算，但应以混合气体的平均千摩尔质量 $M_均$ 代替 M。$M_均$ 可按下式计算求得：

$$M_均 = M_1 y_1 + M_2 y_2 + \cdots + M_n y_n \tag{2-7}$$

【例 2-2】 空气可认为由 21% O_2、79% N_2 组成（均指体积分数），求在 250kPa 和 353K 时空气的密度。

解 根据式（2-7）得 $M_均 = 32 \times 0.21 + 28 \times 0.79 = 28.84$ （kg/kmol）

再由式（2-6）得 $\rho_均 = \dfrac{p M_均}{RT} = \dfrac{250 \times 28.84}{8.314 \times 353} = 2.46$ （kg/m³）

>> 想一想

1. 思考一下，影响流体密度的主要因素有哪些？

2. 已知 293K 时，98% 的浓硫酸的相对密度为 1.84，其密度为_____。

3. 已知 20℃苯和甲苯的密度分别为 870 kg/m³ 和 867.5kg/m³，试计算含苯 40%、甲苯 60%（质量分数）的混合溶液的密度。

4. 变换气的组成为 18% N_2、54% H_2、28% CO_2（均为体积分数），试求质量为 7800kg 的变换气在 300K 和 100kPa 时的体积。

二、流体的压强

1. 流体的压强

流体垂直作用于单位面积上的力称为流体的静压强，简称压强或压力，以符号 p 表示。其数学表达式为

$$p = \frac{F}{A} \tag{2-8}$$

式中 　p——流体的压强，Pa；

　　　F——垂直作用于这个面积上的力，N；

　　　A——流体的作用面积，m²。

压强的单位很多。在 SI 制中，压力的单位为 Pa。在工程实际中还有一些常用单位，如 atm（标准大气压）、at（工程大气压）、mmHg、mH_2O 等，各单位之间的换算关系为

$$1atm = 760mmHg = 10.33mH_2O = 1.01325 \times 10^5 Pa$$

$$1at = 735.6mmHg = 10mH_2O = 9.81 \times 10^4 Pa$$

2. 绝对压强、表压和真空度

压强的大小通常用两种不同的基准来表示，一种是绝对零压，另一种是大气压。单位面积上作用力为零的压强称绝对零压（或绝对真空）。以绝对零压为基准测量的压强称为绝对压强，简称绝压，是设备或流体内部的真实压强；以大气压为基准测量的压强称为表压或真空度，它是设备内部的真实压强和外界大气压的差值。

表压是从压力表上读得的压力值，它表示绝对压强高出大气压的部分。绝压与表压的关系为

$$表压 = 绝对压力 - 大气压$$

真空度是真空表上的读数，它表示绝对压强低于大气压的数值。绝对压力与真空度的关系为

$$真空度 = 大气压 - 绝对压力$$

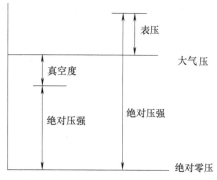

图 2-1 绝压、表压和真空度的关

绝对压力、表压和真空度的关系如图 2-1 所示。以大气压为基准，上侧是表压，下侧是真空度，所以真空度又叫负表压。

应当指出，大气压强随大气温度、湿度和所在地区的海拔高度而变。因此，在计算时，应以当时、当地气压表上的读数为准。

为了避免混淆，当压强以表压和真空度表示时，应在单位后加括号予以标注，如 80kPa（表压）、15kPa（真空）等。不加说明时，即可视为绝对压强。

目前，弹簧管压力表是工业上应用最广泛的测压仪表，可分为压力表、真空表和压力真空表三类，如图 2-2 所示。

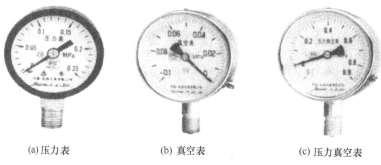

(a)压力表   (b) 真空表   (c) 压力真空表

图 2-2 弹簧管压力表类型

【例 2-3】 天津、兰州两地大气压强分别为 101.33kPa 和 85.3kPa，苯乙烯真空精馏塔的塔顶要求维持 5.3kPa 的绝对压强，试计算两地真空表的读数。

解 根据 真空度＝大气压－绝对压力

天津 $p_{真}=101.33-5.3=96.03$（kPa）

兰州 $p_{真}=85.3-5.3=80$（kPa）

> **想一想**

1. 压强常用的单位有哪几种？它们之间怎样换算？

2. 同一压力用表压和真空度表示时，其大小相等，方向相反。这句话对吗？

3. 压力表上的读数表示绝对压强比大气压高出的数值，称为_____。

4. 某设备内的表压为 300kPa，该地区大气压为 100kPa，若在大气压为 80kPa 的高原地区，要维持设备内的绝压不变，则此压力表的计数为多少？

三、流体静力学基本方程式

如图 2-3 所示，容器中盛有静止液体，其密度为 ρ，从中任取一段垂直液柱，上、下底面积均为 A，取容器底为基准水平面，液柱上、下底面与基准面的垂直距离分别为 Z_1 和 Z_2，作用于液柱上、下底面的压强分别为 p_1 和 p_2。讨论在垂直方向上该液柱的受力平衡，得出：

$$p_2 = p_1 + \rho g(Z_1 - Z_2) \tag{2-9}$$

如果液柱上底取液面，作用在液面上方的压力为 p_0，液柱高度 $h = Z_1 - Z_2$，则上式可以写成

$$p_2 = p_0 + h\rho g \tag{2-10}$$

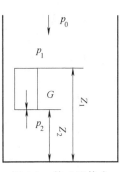

图 2-3　静止流体内部力的平衡

式（2-9）和（2-10）称为流体静力学方程式。从静力学方程式可看出静止流体内部压力的变化规律。

① 当液面上方压力一定时，静止液体内部任一点处的压力与液体的密度和该点距离液面的深度有关。液体密度越大，深度越深，该点的压力越大。

② 连通着的同一静止液体内部，同一水平面上各点的压力相等。压力相等的水平面称为等压面。

③ 当液面上方的压力或液体内部任意一点的压力发生变化时，液体内部各点的压力也会发生同样大小的变化。

应当指出，静力学基本方程式是以液体为例推导出来的，同样适用于气体。因为气体的密度很小，特别是在高度相差不大的情况下，可近似地认为静止气体内部各点的压力都相等。

【例 2-4】　如图 2-4 所示，测压管分别与 A、B、C 相通，连通管的下部是汞，上部是水，三个设备内液面在同一水平面上。试分析：

① 1、2、3 处的压力是否相等？

② 4、5、6 处的压力是否相等？

解　1、2、3 处压力不相等，4、5、6 处压力相等。

1、2、3 三点在连通着的静止液体的同一水平面上，但不是同一液体，故 1-2-3 不是等压面；

4、5、6 三点在连通着的同一静止液体内部，同一水平面上各点的压力相等，故 4-5-6 是等压面。

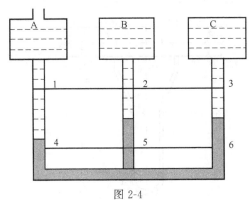

图 2-4

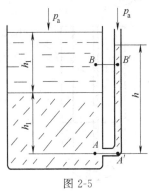

图 2-5

【例 2-5】　贮槽内盛有相对密度为 1.2 的某溶液，假设液面上方的压强为 $p_0 = 100\text{kPa}$，求距离液面 6m 处液体所受的压力。

解　根据静力学基本方程式

$$\begin{aligned}
p &= p_0 + h\rho g \\
&= 100 \times 10^3 + 6 \times 1.2 \times 10^3 \times 9.81 \\
&= 1.706 \times 10^5 \ (\text{Pa}) = 170.6 \ (\text{kPa})
\end{aligned}$$

想一想

1. 如图 2-5 所示，开口容器内盛有水和油，油层的高度 $h_1 = 0.7\text{m}$，密度 $\rho_1 = 800\text{kg}/$

m³；水的高度 $h_2＝0.6m$，密度 $\rho_2＝1000\ kg/m^3$。（1）试判断下列关系是否成立，$p_A＝p_{A'}$、$p_B＝p_{B'}$；（2）试计算水在玻璃管中的高度 h。

2. 如图 2-6 所示某储罐侧面有三个管径相同的出口管。罐内盛满水，将三个出口管阀门同时开启，三幅图表示出口管外的三种水流状态，哪个正确？并说明理由。

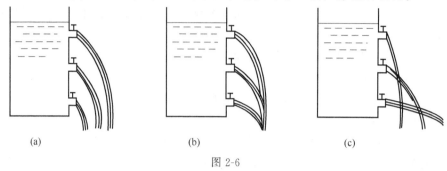

           (a)   (b)   (c)

图 2-6

四、流体静力学方程式的应用举例

流体静力学原理的应用很广泛，化工生产中某些装置和仪表的操作原理都是以它为基础的，如连通器、水压机等，主要应用在以下几个方面。

1. 测量压力

液柱压力计是利用液体静压平衡原理测定压力的，它的种类很多。最常用的是 U 形管压力计，其结构如图 2-7 所示。它是一根 U 形玻璃管，中间配有读数标尺，管内装有某种液体作为指示液，指示液的装入量一般为 U 形管总高的一半。指示液必须与被测流体不互溶，不产生化学反应，而且其密度要大于被测流体的密度。常用的指示液有水银、油、着色水和四氯化碳等。

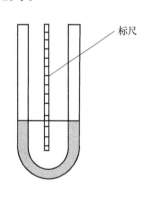

图 2-7　U 形管压强计

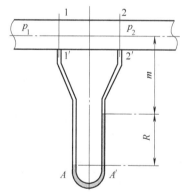

图 2-8　测量压力差

使用时，将 U 形管的两端口直接与两测压点 1、2 相连。当 $p_1＝p_2$ 时，U 形管两支管内液面处于同一高度；当 1、2 两点的压力不同且 $p_1＞p_2$ 时，则出现一个液位差，两点的压差越大，液位差 R 值就越大。如图 2-8 所示，由读数 R 可求得管路两个截面间的压力差。

$$\Delta p＝p_A－p_{A'}＝R\rho_示 g \tag{2-11}$$

由式（2-11）可以看出，液柱压力计所测的压力差只与读数 R、指示液和被测流体的密度差有关，而与 U 形管的粗细、长短无关。

当用 U 形管压力计来测定流体某一点处的压力时，可将 U 形管的一端通大气，另一端与设备或管道某一截面连接的被测流体相连。当读数 R 在通大气一侧，则 R 反映测压点处流体的绝对压力与大气压力的差值，即为设备内的表压力；当读数 R 在测压点一侧，则为真空度。

2. 测量液位

在化工生产中，经常要了解各种贮槽、高位槽及埋在地面下的容器内的贮存量，或需要控制设备里的液位高度，都要使用液位计进行液位测量。测量设备内的液位的装置有很多，下面介绍几种以静力学基本原理设计的液位计。

（1）玻璃管液位计 玻璃液位计是化工生产中常用的液位计，其结构如图 2-9 所示，在容器底部和液面上方某一高度器壁上各开一个小孔，用玻璃管将两孔相连，配以读数标尺，则玻璃管内所示的液面高度即为容器内的液面高度。

玻璃管液位计结构简单，使用方便，但是玻璃的强度低，易破损，所以不适于远程测量。

（2）液柱压差液位计 图 2-10 所示为利用 U 形管压差计近距离测量液位的装置。

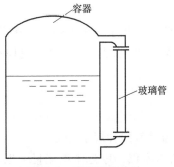

图 2-9 玻璃管液位计

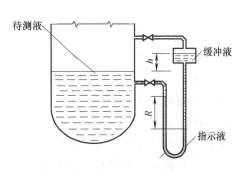

图 2-10 压差法测量液位

（3）液封高度的确定 在化工生产中，为保证安全、维持正常生产，经常要用液柱产生的压力将气体封闭在设备内，以防气体泄漏、倒流或有毒气体逸出而污染环境，有的则是为了防止压力过高而起到泄压的作用。一般常用的液体是水，因此称为水封。

如图 2-11 所示，液封高度可根据静力学基本方程式计算，若要求设备内的压强不超过 p（表压），则水封管应插入深度 h 为：

$$h = \frac{p}{\rho g} \tag{2-12}$$

如果水封的目的是保证液体不泄漏，管子插入水下的高度就比计算值略大些。（想想看为什么？）

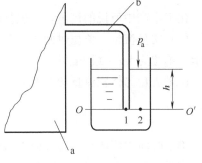

图 2-11 乙炔发生炉水封
a—乙炔发生炉；b—水封管

![想一想图标] **想一想**

1. 当用 U 形管压力计来测量某一点的压强时，可将 U 形管的一端与测压点相连，另一端通大气。如 R 在测压点一侧，则为_____；若 R 在通大气一侧，则为_____。

2. 液柱压力计所测的压差，只与_____、_____和_____的密度差有关，与 U 形管的长短、粗细无关。

3. 在常压氢气管线上，相同测压点连有两套测压装置，其中一台就地测量，另一台引至三楼测量，其测量结果是否相同？

4. 观察生活中哪些地方用到静力学原理。

① 观察自行车维修服务点的空气压缩机上的压力表，记下表上的读数和单位。

② 观察水银柱血压计，属于哪种仪表？单位是什么？测一下自己的血压，并换算成 SI 制中的单位。

③ 留心看看氧气瓶，观察瓶出口处的仪表，指出属于哪种仪表？记下表上的读数和单位。

④ 到单位的水房看看供热水的储水器，观察其压力计和液位计，记下表上的读数和单位。

项目二　流体动力学

流体动力学的研究内容是流体在什么条件下流动，流动过程中有关物理量（压强、流速等）如何变化，流体流动需要多少外加功等。为了解决好这些问题，必须研究流体动力学。下面先介绍有关流体流动的基本概念。

一、流量与流速

1. 流量

单位时间内流经管道任一截面的流体量称为流量，通常有两种表示方法。

（1）体积流量　单位时间内流过管道任一截面的流体体积，称为体积流量。以符号 q_V 表示，单位为 m^3/s 或 m^3/h。

$$q_V = \frac{V}{t} \tag{2-13}$$

化工生产中所说的流量，一般指体积流量。

（2）质量流量　单位时间内流经管道任一截面的流体质量，称为质量流量。以符号 q_m 表示，单位为 kg/s 或 kg/h。

质量流量与体积流量的关系为

$$q_m = q_V \rho \tag{2-14}$$

2. 流速

单位时间内流体在流动方向上流过的距离，称为流速。

实践证明，由于流体具有黏性，流体在管道内流动时，流体质点在管道径向截面上各点的流速并不相同。在截面中心流速最大，越靠近管壁流速越小，在管壁处速度为零。为了方便起见，工程上所说的流速通常是指整个管道截面上的平均流速，以符号 u 表示，单位是 m/s。

$$u = \frac{q_V}{A} \tag{2-15}$$

或

$$q_V = uA$$

式中　q_V——流体的体积流量，m^3/s；

A——与液动方向垂直的管道截面积，m^2。

由式（2-14）和式（2-15），可得体积流量、质量流量与流速的关系为

$$q_V = uA \tag{2-16}$$

$$q_m = uA\rho \qquad (2\text{-}17)$$

在流动过程中，液体的密度可认为是不变的，当管径不变时，其流速保持不变。

【例 2-6】 在一个截面积为 0.1m^2 的管道中输送相对密度为 1.84 的硫酸，要求每小时输送硫酸的质量为 662.4t，求该管道中硫酸的体积流量和流速。

解 已知 $q_m = 662.4\text{t/h}$ 则 $q_m = \dfrac{662.4 \times 10^3}{3600} = 184$（kg/s）

已知硫酸的相对密度为 1.84，则密度 $\rho = 1.84 \times 10^3$（kg/m³）

根据式（2-14），得 $q_V = \dfrac{q_m}{\rho} = \dfrac{184}{1.84 \times 10^3} = 0.1$（m³）

根据式（2-15），得 $u = \dfrac{q_V}{A} = \dfrac{0.1}{0.1} = 1$（m/s）

3. 管径的估算

对于圆形管道，若管道的内径以 d 表示，则管子的有效截面积为 $A = \dfrac{\pi}{4}d^2$，代入式（2-16）得

$$q_V = uA = u \cdot \frac{\pi}{4}d^2 \qquad (2\text{-}18)$$

整理可得

$$d = \sqrt{\frac{4q_V}{\pi u}} = \sqrt{\frac{q_V}{0.785u}} \qquad (2\text{-}19)$$

由式（2-19）可知，当流量一定时，流速越大，管径越小，可节约基建费用，但流速过大时流体流经管路的阻力增大，动力消耗增大，操作费用随之增加；反之，流速小时，操作费用减小，但是管径增大，管路的基建费用增加。因此，选择流速时，应综合考虑操作费用和基建费用。一般最适宜的流速应使每年的操作费用和按使用年限计算的设备的折旧费之和为最小。根据生产经验，某些流体常用流速范围如表 2-1 所示。

表 2-1 某些流体在管道内的常用流速范围

流体的类别及情况	流速范围 /(m/s)	流体的类别及情况	流速范围 /(m/s)
水及一般液体	1～3.0	饱和蒸汽	
黏性液体(油类、硫酸等)	0.5～1.0	0.3kPa(表压)	20～40
一般气体(常压)	10～20	0.8kPa(表压)	40～60
高压气体	15～25	过热蒸汽	30～50

一般，密度大或黏度大的流体，流速取小一些；对含有固体杂质的流体，流速宜取大一些，避免固体杂质沉积在管道中。

⇄》想一想

1. 什么是体积流量、质量流量和流速？它们之间的关系是什么？

2. 液体在管径不变的管道内流动时，其流速保持不变。这句话对吗？

3. 管子内直径为 100mm，当 277K 的水流速为 2m/s 时，试求水的体积流量 q_V（m³/h）和质量流量 q_m（kg/s）。

二、稳定流动下的物料衡算

1. 稳定流动与不稳定流动

（1）稳定流动　流体流动系统中，若任一截面处的流速、流量、压力等与流动有关的物理量仅随位置变化，而不随时间变化，称为稳定流动［见图2-12（a）］。

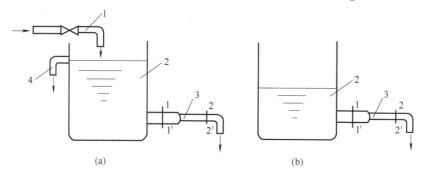

图 2-12　稳定流动与不稳定流动

1—进水管；2—容器；3—排水管；4—溢流管

（2）不稳定流动　流体流动时，任一截面处的流速、流量和压力等有关物理量既随位置变化也随时间变化，称为不稳定流动［见图2-12（b）］。

化工生产中，设备的开车、停车或调节时会造成暂时的不稳定流动。正常连续生产时，流体的流动均属稳定流动。本章重点讨论稳定流动问题。

2. 稳定流动系统的物料衡算——连续性方程

图 2-13 所示的稳定流动系统中，流体连续地从 1-1′面流入，从 2-2′面流出，由于把流体看作是连续介质，所以流体充满管道。若在 1-1′和 2-2′面之间进行物料衡算，由于稳定条件下系统内无质量的积累和消耗，则根据质量守恒定律，单位时间内流过系统任一截面的流体质量相等，即

$$q_{m,1}=q_{m,2} \tag{2-20}$$

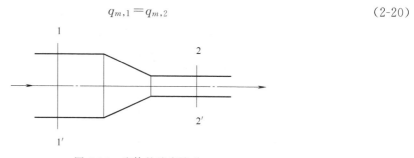

图 2-13　流体的稳定流动

由式（2-20）可得

$$u_1 A_1 \rho_1 = u_2 A_2 \rho_2 \tag{2-21}$$

对于管道的任一截面

$$u_1 A_1 \rho_1 = u_2 A_2 \rho_2 = \cdots\cdots = u_n A_n \rho_n \tag{2-22}$$

式（2-20）～式（2-22）均称为连续性方程，它表明在稳定流动系统中流体流经管道各截面时的质量流量相等，而流体流速则随管道截面积 A 和流体密度 ρ 的不同而变化。连续性方程式是研究管道各截面上流速的变化规律，而此规律与管路和布置以及管路上是否装有管件、阀门或输送设备等无关。

对于不可压缩流体，ρ 为常数，则式（2-22）可写成

$$u_1 A_1 = u_2 A_2 = \cdots = u_n A_n = uA = 常数 \tag{2-23}$$

由式（2-23）可见，不可压缩液体流经各截面的质量流量相等，且体积流量也相等。即流速 u 与管道的截面积成反比。截面积越大，流速越小；反之，截面积越小，流速越大。

对于圆形管道，$A=0.785d^2$，则式（2-23）可写成

$$\frac{u_1}{u_2}=\left(\frac{d_2}{d_1}\right)^2 \tag{2-24}$$

由上式可见，不可压缩流体在圆形管道内流动时，任一截面的流速与管径的平方成反比。

【例 2-7】 某输水管路由一段 $\phi108mm\times4mm$ 的圆管 1 与一段 $\phi89mm\times4mm$ 的圆管 2 连接而成。若水以 $60m^3/h$ 的流量流过该管路，试求此两段圆管内的水的流速。

解 圆管 1 的内径为：$d_1=108-2\times4=100$（mm）

圆管 2 的内径为：$d_2=89-2\times4=81$（mm）

水通过圆管 1 的流速为：

$$u_1=\frac{q_V}{A_1}=\frac{\dfrac{60}{3600}}{0.785\times0.1^2}=2.12 \text{（m/s）}$$

由不可压缩流体的连续性方程式（2-24）可得

$$u_2=\left(\frac{d_1}{d_2}\right)^2 u_1=\left(\frac{100}{81}\right)^2\times2.12=3.23 \text{（m/s）}$$

⊋》 想一想

1. 什么是稳定流动？连续性方程的推导依据是什么？

2. 在稳定流动系统中，水连续地由粗管流入细管，粗管内径是细管内径的两倍，试分析细管内的流速是粗管的几倍？

3. 直径为 $\phi57mm\times3.5mm$ 的细管逐渐扩大到 $\phi108mm\times4mm$ 的粗管，若流体在细管内的流速是 4m/s，则粗管内的流速为多大？

三、稳定流动系统的能量衡算——伯努利方程

当流体在流动系统中作稳定流动时，根据能量守恒定律，对任一段管路系统内的流体进行能量衡算，即可得到伯努利方程。伯努利方程反映了流体流动时各种能量的变化规律，也是解决生产实际中流体流动问题的基础。

1. 流体流动时所具有的机械能

（1）位能 流体在重力作用下，因质量中心高于基准水平面而具有的能量，称为位能。位能是一个相对值，与所选基准面有关，因此，计算前应当先选一个基准水平面。如果质量为 m（kg）的流体距离基准水平面为 Z（m），此时流体具有的位能为

$$位能=mgZ \text{（J）}$$

$$1kg \text{ 流体所具有的位能}=gZ \text{（J/kg）}$$

$$1N \text{ 流体所具有的位能}=Z \text{（m）}$$

习惯上把 1N 流体具有的能量称为压头，那么 1N 流体具有的位能称为位压头。必须注意，以压头表示能量大小时，应说明是哪一种流体，而不能简单地说压头是多少米。

（2）动能 流体按一定的流速运动而具有的能量，称为动能。质量为 m（kg）的流体，流速为 u（m/s）时，其动能为

$$动能=\frac{1}{2}mu^2(\mathrm{J})$$

$$1\mathrm{kg}\text{ 流体所具有的动能}=\frac{u^2}{2}\text{ (J/kg)}$$

$$1\mathrm{N}\text{ 流体所具有的动能}=\frac{u^2}{2g}\text{ (m)}$$

1N 流体所具有的动能称为动压头。

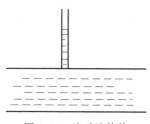

图 2-14　流动流体静
压能示意图

（3）静压能　和静止流体相同，流动着的流体内部同样有静压力的存在。如果在内部有流体流动的管壁上开一小孔，并在小孔处装一根垂直的细玻璃管，流体便会在玻璃管内上升一定的高度，如图 2-14 所示。上升的液柱即是静压力的表现，其高度表示管内该截面处流体静压力的大小。流体在管道内流动时，受静压力的推动使流体向前运动而具有的能量，即静压力推动流体运动所做的功，称为静压能。

质量为 $m(\mathrm{kg})$、密度为 $\rho(\mathrm{kg/m^3})$ 的流体，在流道内某一截面处的静压力为 p（Pa），则流体具有的静压能为

$$静压能=m\frac{p}{\rho}\text{ (J)}$$

$$1\mathrm{kg}\text{ 流体所具有的静压能}=\frac{p}{\rho}\text{ (J/kg)}$$

$$1\mathrm{N}\text{ 流体所具有的静压能}=\frac{p}{\rho g}\text{ (m)}$$

1N 流体所具有的静压能称为静压头。

位能、动能及静压能三种能量均为流体在某截面处所具有的机械能，三者之和称为某截面上的总机械能。

2. 外加能量

在一个流动系统中，还有流体输送机械（泵或风机）对流体做功，以增加流体的能量，从而把流体从一个设备送到另一个设备。通常把 1kg 流体从流体输送机械所获得的能量称为外加功或外加能量，用符号 W_e 表示，单位为 J/kg。1N 流体获得的外加能量称为外加压头，用符号 H_e 表示，单位为 m。

3. 能量损失

实际流体具有黏性，在流动过程过程中会产生阻力，为了克服阻力就要消耗流体内的机械能，这部分机械能称为系统的能量损失。1kg 流体在流动系统中损失的能量，用符号 $\sum h_f$ 表示，单位为 J/kg。1N 流体在流动系统中损失的能量称为损失压头，以符号 H_f 表示，单位为 m。

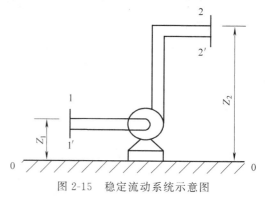

图 2-15　稳定流动系统示意图

4. 稳定流动系统的能量衡算——伯努利方程

如图 2-15 所示的稳定流动系统，在 1-1′ 和 2-2′ 截面之间做能量衡算，根据能量守恒定律

输入的机械能＋外加能量＝输出的机械能＋损失能量

若以 1kg 流体为衡算基准，则有

$$Z_1 g+\frac{u_1^2}{2}+\frac{p_1}{\rho}+W_e=Z_2 g+\frac{u_2^2}{2}+\frac{p_2}{\rho}+\Sigma h_f \tag{2-25}$$

若以 1N 流体为衡算基准，即各能量用压头表示，可得

$$Z_1+\frac{u_1^2}{2g}+\frac{p_1}{\rho g}+H_e=Z_2+\frac{u_2^2}{2g}+\frac{p_2}{\rho g}+H_f \tag{2-26}$$

式 （2-25） 和式 （2-26） 均称为实际流体在稳定流动系统中的机械能衡算式，习惯上称为伯努利方程。它反映了流体在流动过程中各种能量的转换关系及变化规律，在流体输送中具有重要的意义。

5. 伯努利方程的讨论

① 如果流体没有黏性，流体流动过程中没有能量损失，这种流体称为理想流体。若在流动系统中没有外加能量，则式 （2-26） 变为

$$Z_1+\frac{u_1^2}{2g}+\frac{p_1}{\rho g}=Z_2+\frac{u_2^2}{2g}+\frac{p_2}{\rho g} \tag{2-27}$$

式 （2-27） 称为理想流体的伯努利方程。由式中可以看出，理想流体在没有外加能量的情况下，在管道内作稳定流动时，流体在不同截面上总机械能是守恒的，即 $Z_1+\frac{u_1^2}{2g}+\frac{p_1}{\rho g}=$ 常数，但不同形式的机械能可以相互转换。

② 如图 2-16 所示，高位槽液面通过溢流管保持恒定，槽下装有一根导管，在 a、b、c 三处各装一根细导管 （相当于单管压力计），导管末端装有流量调节阀。当阀门关闭时，流体处于静止状态，若以 O-O' 截面作为基准水平面，各点流速为零，动能为零，a、b 两点的位能为零，在两点上的位能、动能全部转化为静压能，因此在 a、b 两侧压点上玻璃管内的液柱高度相等，且与高位槽内液面处于同一高度。当阀门开启后，各测压点细玻璃管内液柱高度发生变化，由于 b 处管径增大，流速减小，动能也随之减小，一部分动能转换为静压能，则 $p_a<p_b$，用液柱高度表示时 $h_a<h_b$；截面 c 处与 a 处管径相同，动能增大，则部分静压能转化为动能，$h_c<h_b$；因截面 a 至截面 c 之间有压头损失，所以 $h_c<h_a<h_b$。该实验装置说明了流体的能量是可以相互转换的。

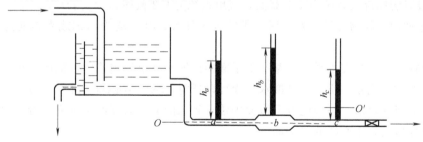

图 2-16　能量转换示意图

③ 在没有外加能量的情况下，流体只能从高能量处流向低能量处。但在实际生产中，常常需要把流体从低能量处流向高能量处，则必须通过输送机械向流动系统提供外加能量，以增加上游截面的能量，从而完成输送工作。需要加入的外加能量可由式 （2-26） 变换得出

$$H_e=\Delta Z+\Delta\frac{u^2}{2g}+\frac{\Delta p}{\rho g}+H_f \tag{2-28}$$

④ 如果流体处于静止状态，则 $u=0$；没有流动就没有阻力产生，即 $H_f=0$；没有外加

能量的情况下，式（2-25）变为

$$Z_1 g + \frac{p_1}{\rho} = Z_2 g + \frac{p_2}{\rho} \qquad (2\text{-}29)$$

式（2-27）为静力学方程式的另一种形式。由此可见，伯努利方程不仅表示了流体流动的规律，还表示了流体静止的规律，静止不过是流动的一种特殊形式。

必须指出，伯努利方程适用于不可压缩流体。对于可压缩流体，当压强变化不大，即 $\frac{p_1 - p_2}{p_1} < 20\%$ 时，仍可用伯努利方程计算，但式中的 ρ 要用两截面处的平均密度 $\rho_m = \frac{\rho_1 + \rho_2}{2}$ 代替，由此产生的误差在工程上是允许的。

⏵⏵ 想一想

1. 伯努利方程的推导依据是什么？

2. 理想流体在等径管路中作稳定流动时，试分析不同机械能形式将会如何转化。

3. 流体流动过程中有哪些能量形式？它们遵循什么规律？你能写出表示其规律的方程式吗？

4. 由伯努利方程可知，流体流动过程中，能量是可以＿＿＿＿＿＿＿。

5. 伯努利方程不仅说明了流体＿＿＿＿＿＿＿的规律，还说明了流体＿＿＿＿＿＿＿的规律。

四、伯努利方程的应用

1. 应用伯努利方程需要注意的问题

伯努利方程和连续性方程是描述流体流动规律的基本方程，是解决流体流动问题的基础，几乎可以这样说，应用这两个方程可以解决所有有关流体输送和流量测量等实际问题。应用伯努利方程解题时要注意以下几个问题。

（1）画流程示意图　根据题意，画出流程示意图

（2）合理选择截面，划出能量衡算范围　为了计算方便，应尽量做到以下三点。

① 截面与流体流动方向垂直，且两截面间流体是稳定连续流动。

② 一般以流体流入系统为 1-1′ 截面，流出系统为 2-2 截面。

③ 所选截面上的物理量，除了所要求的为未知外，其他均为已知或者是通过其他关系可以求得的。

（3）选择合适的基准水平面　基准水平面的选取是为了确定液体位能的大小，实际上是确定两截面上的位能差，所以，基准水平面可以任意选取，但必须与地面平行。为了计算简化，避免位能出现负值，一般选取两截面中位置较低的截面为基准水平面。若截面垂直于地面，则基准面应选管中心线的水平面。

（4）单位必须一致　计算中要注意各物理量的单位保持一致，特别是压强，不仅单位要一致，同时表示方法也要一致，即同为绝压或同为表压，不能混合使用。运算中压强的单位均为 Pa。

2. 伯努利方程的应用举例

（1）确定高位槽液面高度　在化工生产中，利用设备位置的高度差产生流体所要求的流速（或流量）的例子很多，如水塔、高位槽（见图 2-17）等，只要高位槽内的液面稳定，加料的流量即可稳定。其主要问题是根据流量确定设备间的位高差。

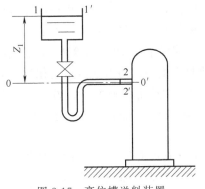

图 2-17　高位槽送料装置

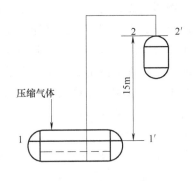

图 2-18　压缩气体送料装置

（2）确定送液的压缩气体的压强　如图 2-18 所示。

（3）确定流动系统所需的外加能量　当地下贮槽和高位槽均为敞口容器时，常常需要流体输送机械对液体做功来完成流体的输送，流体则需通过输送设备获得高压（见图 2-18），以满足生产工艺的要求。系统需要的外加能量是选用输送机械型号的重要依据。

【例 2-8】 图 2-19 所示为洗涤塔的供水系统，洗涤塔内的绝压为 210kPa，贮槽水面绝压为 100kPa，塔内水管与喷头的连接处的绝压为 225kPa，塔内水管出口处高于贮槽水面 20m，管路为 $\phi57mm\times2.5mm$ 的钢管，送水量为 15m³/h，设系统中全部的能量损失为 5mH₂O，求输水泵所需的外加压头。

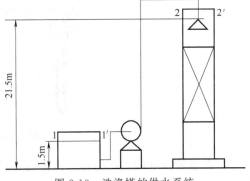

图 2-19　洗涤塔的供水系统

解　取储水槽水面为 1-1′截面，塔内水管与喷头连接处为 2-2′截面，基准水平面定为与 1-1′截面重合。

列出 1-1′截面和 2-2′截面间的伯努利方程，由式（2-26）得

$$Z_1+\frac{u_1^2}{2g}+\frac{p_1}{\rho g}+H_e=Z_2+\frac{u_2^2}{2g}+\frac{p_2}{\rho g}+H_f$$

移项得

$$H_e=\Delta Z+\Delta\frac{u^2}{2g}+\frac{\Delta p}{\rho g}+H_f$$

其中　$Z_1=0$，$u_1=0$，$p_1=100kPa$；

$Z_2=20m$，$p_2=225kPa$，$H_f=5mH_2O$；$\rho=1000kg/m^3$

根据题意算出

$$u_2=\frac{q_V}{0.785\times d^2}=\frac{15}{0.785\times0.052^2\times3600}=1.96（m/s）$$

将以上各值代入上式，得

$$H_e=20+\frac{1.96^2}{2\times9.81}+\frac{(225-100)\times10^3}{1000\times9.81}+5$$

$$=20+0.196+12.74+5$$

$$=37.94（m）$$

（4）流量测量　在化工生产中，为了控制生产过程在稳定条件下进行，或对某一过程或

设备进行物料衡算，必须知道参与变化的物料数量，因此，流量的测定在生产中非常重要。

测定流量的方法很多，用来测定流量的装置称为流量计。流量计根据流通截面积、压力是否变化可分为两大类：一类是差压式流量计（又称定截面流量计），其特点是定截面、变压差，即节流元件的流道截面是恒定的，当流体流动时产生的压力差随流量变化时，通过测定流体的压强差来测定流量（或流速），如孔板流量计、文丘里管流量计；另一类是截面流量计，其特点是变截面定压差，即流体的流道随流量而变化，流体通过流道的压差是恒定的，如转子流量计。

① 孔板流量计　孔板流量计是一种应用很广泛的节流式流量计。它是将中央有圆孔的金属板（称为孔板）用法兰固定在管路上，孔板与流体流动方向垂直，孔的中心位于管道中心线上，如图 2-20 所示，孔板两侧的测压孔与 U 形管压力计相连，这样构成的装置称为孔板流量计，孔板称为节流元件。

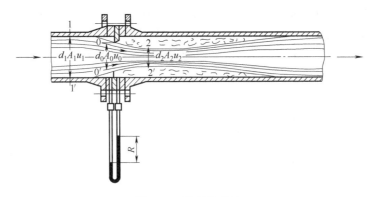

图 2-20　孔板流量计

a. 孔板流量计的工作原理　流体在 $1-1'$ 截面处的流速为 u_1，压力为 p_1，当流体流过小孔时，因孔径突然缩小，流体开始收缩，流速增大，压力下降，即动能增大，而相应的静压强 p_2 就最低。因此，当流体以一定的流量流经小孔时，就产生一定的压强差，流量越大，所产生的压强差也就越大。所以根据测量压强差的大小来测量流体流量。

b. 孔板流量计的安装与使用要点

Ⅰ. 尽可能使用孔径大的孔板，以减小流体流经孔板时的能量损失。

Ⅱ. 安装孔板流量计时，上、下游必须各有一段内径不变的直管作为稳定段。通常上游直管长度为 $50d$，下游直管长度为 $10d$。

Ⅲ. 孔板流量计构造简单、容易制造、安装方便。但能量损失大，且孔口边缘容易腐蚀和磨损，所以流量计应定期校正。

② 转子流量计　转子流量计的构造如图 2-21 所示，在一根截面积自下而上逐渐扩大的垂直锥形玻璃管 1 内装有一个能够旋转自如的由金属或其他材质制成的转子 2（或称浮子）。被测流体从玻璃管底部流入，经过管子与管壁间的环隙，从顶部流出。

当流体自下而上流过垂直的锥形管时，转子受到两个力的作用：一个是垂直向上的推动力，它等于流体流经转子与锥管间的环形截面所产生的压力差，这个压力差托起转子，使转子上升；另一个是垂直向下的净重力，它等于转子所受的重力减去流体对转子的浮力。当流量加大，使压力差大于转子的净重力时，转子就上升；当压力差与转子的净重力相等时，转子处于平衡状态，即悬浮在某一位置。当流量增大时，流体流经环隙的流速增大，则转子上下的压力差增大，而转子的净重力不变，转子原有的平衡被打破，转子上升，重新达到平衡；同理，流量减小，转子将下降到某一高度。因此，转子的悬浮位置随流量而变化。在玻璃管外表面上刻有读数，根据转子的停留位置，即可读出被测流体的流量。

转子流量计是变截面定压差流量计，作用在转子上下游的压力差为定值，而转子与锥管环形截面积随流量而变。转子在锥管中的位置高低即反映流量的大小。

转子流量计的安装及操作应注意以下几点。

a. 转子流量计必须垂直安装，流体必须下进上出。

b. 为了便于检修，转子流量计的前后必须安装切断阀，还必须安装带有调节阀的旁路管，如图 2-22 所示。

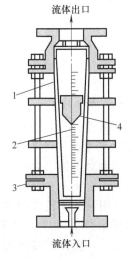

图 2-21　转子流量计的构造

1—锥形硬玻璃管；2—刻度；

3—突缘填料函盖；4—转子

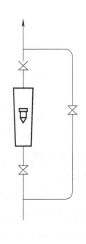

图 2-22　转子流量计

安装示意图

c. 转子流量计操作时应缓慢启闭阀门，以防转子突然升降而卡住或击碎玻璃。

转子流量计读数方便，压头损失小，准确度高，测量范围宽，适用于腐蚀性流体的测量。但是玻璃管不耐受高温高压，在安装和使用时容易破碎。

想一想

1. 利用伯努利方程解决工程问题时应注意哪些问题？怎样选基准面和截面？

2. 为什么确定高位槽的液面高度一定，加料量即可稳定？

3. 转子流量计和孔板流量计的主要区别在于，转子流量计是恒＿＿＿＿＿＿＿、变＿＿＿＿＿＿＿＿，而孔板流量计是恒＿＿＿＿＿＿＿＿＿、变＿＿＿＿＿＿＿＿。

4. 转子流量计的转子位置越高，其测定的流量越大。这话对吗？

5. 观察家庭安装的燃气表、水表分别属于哪一种仪表？记下表上的读数和单位。

6. 图 2-23 所示为 CO_2 水洗塔供水系统。水洗塔内绝对压力为 210kPa，贮槽水面绝对压力为 100kPa。塔内水管与喷头连接处高于水面 20m，管路为 ϕ57mm×3.5mm 钢管，送水量为 15m³/h。塔内水管与喷头连接处的绝对压力为 225kPa。设压头损失为 5mH_2O，试求泵的外加压头。

项目三 液体在管内的流动阻力

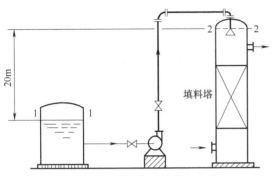

图 2-23 CO_2 水洗塔供水系统

观察河水流动可以发现，河道中心的水流最急，越靠近河边水流越慢，甚至于靠近河边的地方速度几乎为零。流体在管道中的流动情况也是如此，管中心处速度最大，越靠近管壁速度越小，管壁处速度为零，这说明流体流动过程中存在流体阻力。

产生流体阻力的原因有以下几个方面。

（1）流体的内摩擦力　内摩擦力就是流体内部分子之间相互吸引、相互制约的力，流体流动时必须克服内摩擦力而损失能量。所以，内摩擦力是产生流体阻力的主要原因。

（2）液体的流动状态　流体在流动过程中，有时会产生大小不等的旋涡，各质点的速度的大小、方向都发生改变，质点之间的相互碰撞和互换位置也会消耗一部分能量。因此，流体的流动状态也是产生流体阻力的原因之一。

（3）流体的流道状况　管壁的长度、内径及粗糙程度，也会对流体阻力有一定影响。

一、流体的黏度

流体流动时，由于分子间存在吸引力，质点之间的相互作用形成了流体的内摩擦力，流体流动时产生内摩擦力的性质称为黏性。衡量黏性大小的物理量称为黏度，用符号 μ 表示，在 SI 制中黏度的单位为 Pa·s。黏度是流体的重要物性参数之一，流体的黏度越大，其流动性越差，输送也较困难。例如，油比水的黏度大，油的流动性比水差，油流动比水慢；蜂蜜黏度很大，很难流动。因此，黏度对流体的输送及在流体中传热、传质过程有很大的影响。

液体的黏度与流体的性质和温度有关。液体的黏度随温度升高而减小。这是因为，温度升高，液体分子间距离增大，引力下降，内摩擦力减小。而对于气体，温度升高，气体分子运动速度增大，分子间的内摩擦力增加，因而气体的黏度随温度的升高而增大。压力对流体黏度影响很小，一般可忽略不计。但是在极高或极低的压力条件下需考虑压强的影响，压强越大，黏度越大。

流体不管在静止还是在流动状态下都具有黏性，但只有在流体流动时才能显示出来。流体的状态不同，黏性的差别非常悬殊。

想一想

1. 试分析产生流体阻力的原因有哪些。

2. 判断下列说法是否正确。

① 流体流动时有黏度，静止时无黏度。（　　　）

② 流体的黏度越大，内摩擦力越大。（　　　）

③ 流体的黏度越大，在相同流速下的内摩擦力越大，流体阻力也越大。（　　　）

3. 什么叫黏度？其物理意义是什么？

4. 流体的温度对其黏度有什么影响？

二、流体流动形态

1. 流体的流动类型

流体在管道内稳定流动时，流体的流动形态可分为两种基本类型：层流和湍流。

层流时，流体内各个质点始终沿着与管轴平行的方向作直线运动，质点无径向脉动，互不混合。湍流时，流体质点的运动比层流时复杂得多，除了靠近管壁处还保留层流的形态外，大部分流体质点不再保持平行流动，而是相互碰撞扰乱，随机作不规则的杂乱运动，流体质点速度的大小和方向随时间而变化。

2. **流动类型的判断**

采用不同的流体和不同的管径进行实验发现：影响流体流动类型的因素除流速 u 外，还有管径 d、流体的密度 ρ 和黏度 μ，流体在管内的流动状况由上述这几个物理量组成的无量纲数群 $du\rho/\mu$ 决定。通常把几个物理量所组成的无量纲的数群称为特征数，这个特征数是1883 年英国科学家雷诺通过实验首先总结出来的，故称为雷诺数，用符号 Re 表示。

$$Re = \frac{du\rho}{\mu} \qquad (2\text{-}30)$$

大量的实验结果表明，流体在圆形直管内流动时，当 $Re \leqslant 2000$ 时，流动为层流；当 $Re > 4000$ 时，流动为湍流；当 Re 在 $2000 \sim 4000$ 之间时，可能是层流，也可能是湍流，称为过渡流。

Re 的大小标志着流体的湍动程度，Re 越大，流体的湍动程度越大，质点在流动时的碰撞和混合越剧烈，内摩擦力越大，流体阻力越大。

必须指出，流体的流动类型只有两种，即层流和湍流，过渡流不表示流动类型。

3. **层流内层**　流体在圆管内流动为湍流流动时，无论湍动程度多大，在紧靠管壁处总有一层作层流流动的薄层，这层薄层称为层流内层。实验证明，层流内层的厚度 δ 随 Re 的增大而减小。

层流内层的厚度虽然很小，但由于这层液体只作平行的直线运动，质点之间不相互混合，对传热和传质过程有很大的影响。有关这方面的问题，将在后面相关章节中进行讨论。

>> 想一想

1. 流体的流动形态有几种？

2. 判断流体流动类型的依据是＿＿＿＿＿＿。当 $Re > 4000$ 时，流动一定为＿＿＿＿；当 $Re \leqslant 2000$ 时，流动一定为＿＿＿＿。

3. 流体在圆形直管内作层流流动时的速度分布是什么？最大流速与平均流速的关系是什么？湍流时呢？

4. 何谓层流内层？层流内层的厚度与什么因素有关？

5. 为什么不能低估层流内层的影响？

三、流体阻力

1. **流体阻力的计算**

流体在管路中流动时会遇到阻力，简称流体阻力。流体阻力分为直管阻力和局部阻力两部分。直管阻力是指流体流经一定管径的直管时由于流体的内摩擦力而产生的阻力，以 H_f 表示。局部阻力是流体流经管路中的管件、阀门及截面的突然扩大和突然缩小等局部障碍时所引起的阻力，如图 2-24 所示。在这些地方，由于流速的大小和方向的突然变化，加剧了质点间的相对运动，形成旋涡，造成较大的流体压头损失，以 H'_f 表示。

管路系统的总能量损失是管路上全部直管阻力和局部阻力之和，即 $\Sigma H_f = H_f + H'_f$。

2. **降低流体阻力的途径**

流体阻力越大，流体输送过程中消耗的动力越大，能耗和生产成本就越高，因此，从节约能源和减低生产成本两方面来说，都要设法降低流体阻力。根据上述分析，降低 ΣH_f 可采取如下的措施。

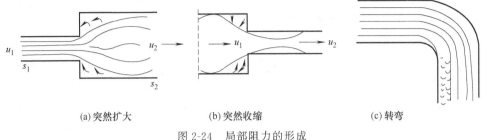

(a) 突然扩大　　　　　(b) 突然收缩　　　　　(c) 转弯

图 2-24　局部阻力的形成

① 合理布局，管路尽量走直线，少拐弯；不必要的管件、阀门不装。

② 适当加大管径。

③ 允许的话，将气体压缩或液化后输送；高黏度液体远距离输送时，可用加热方法（蒸汽伴管）以降低黏度。

④ 在被输送液体中加入减阻剂，如丙烯酰胺、聚氧乙烯化合物、羟基纤维等，以减少介质对管壁腐蚀和杂质的沉淀，从而减少漩涡，降低阻力。

想一想

1. 滞流时，λ 与 Re 的关系为_____，λ 与管壁的_____无关。

2. 在 Re 相同的情况下，管壁越粗糙，则 λ_____。

3. 一定量的流体在圆形直管内作层流流动，若管长及流体不变，而管径增加至原来的两倍，产生的流动阻力将变为原来的_____。

4. 工程上的管道分为哪两大类？各包括哪些管子？

5. 管路系统若要降低流体阻力，应从哪几方面着手？

课题二　液体输送机械

【教学目标】

1. 掌握离心泵、往复泵的基本构造、工作原理、主要性能参数、特性曲线、流量调节、操作要点，以及气缚、汽蚀现象产生的原因及预防措施。

2. 理解影响输送机械的主要因素和各工作部件（如活塞、泵缸、泵壳、叶轮等）的性能、作用原理、结构形式及安装要求。

3. 了解其他化工用泵（旋涡泵、齿轮泵、计量泵、真空泵等）的基本结构和工作原理，以及适用场合及操作要求。

在化工生产中，经常遇到流体流动的问题。为保证生产的正常运行，常常需要把流体从低处送到高处，从低压变为高压，从一个设备送到另一个设备。要完成这些工作，必须对液体提供外加能量，这种为流体提供能量的机械称为流体输送机械。其中输送液体的机械称为泵。

化工厂中常用的液体输送机械，按其工作原理可分为如下三类。

（1）容积泵 利用工作容积周期性的变化来输送液体，如往复泵、齿轮泵、螺杆泵等。

（2）叶片泵 利用旋转的叶片和液体之间的作用来输送液体，如离心泵、旋涡泵、轴流泵等。

（3）流体作用泵 利用另一种流体运动过程中的能量变化来输送液体，如喷射泵、酸蛋等。

项目一 离 心 泵

一、离心泵的结构和工作原理

1. 离心泵的结构

离心泵结构简单，流量均匀，易于调节和控制，流量和压头范围较广，且适用于输送多种特殊性质的物料，所以在化工生产中的应用最为广泛，约占化工用泵的 $80\%\sim90\%$。

离心泵的结构如图 2-25 所示。主要由蜗形泵壳和叶轮组成。

2. 离心泵的工作原理

在泵启动前，向泵内灌满被输送的液体。启动后，叶轮由轴带动高速旋转，叶片间的液体也随之旋转，在离心力的作用下液体从叶轮中心被抛向外缘，流速可增大至 $15\sim20\text{m/s}$，动能增加，进入蜗形泵壳后由于流道面积逐渐扩大而减速，又将部分动能转变为静压能，最后以较高的压力排出。

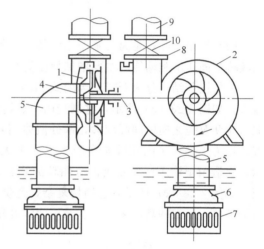

图 2-25 离心泵简图

1—叶轮；2—泵壳；3—泵轴；4—吸入口；5—吸入管；
6—底阀；7—滤网；8—排出口；
9—排出管；10—出口阀

当液体从叶轮中心被甩向外缘时，在叶轮中心形成了一定的真空，由于贮槽液面上方的压力大于泵入口处的压力，在压差的作用下，液体便被连续压入泵内。可见，只要叶轮不断地转动，液体便会不断地被吸入和排出。这就是离心泵的工作原理。离心泵之所以能输送液体，主要依靠离心力的作用，故称为离心泵。

离心泵在启动前要灌满液体，以排出泵内的空气。如果启动时没有灌满液体，或运转中漏入空气，因空气的密度远远小于液体的密度，故叶轮旋转时产生的离心力较小，造成吸入口真空度过低，贮槽液面与泵吸入口处的压力差不足以将液体压入泵内，这种叶轮转动但不能输送液体的现象称为气缚。

为了使泵内充满液体，通常在吸入管底部安装一止逆阀，其作用是防止启动前灌入的液体或前一次停泵后管路中存留的液体漏掉。

3. 离心泵的主要部件

（1）泵壳 泵的外壳多制成蜗壳形，故又称蜗壳，如图 2-26 所示。叶轮在蜗壳内的旋转方向与流道面积逐渐扩大的方向一致，液体越接近出口，流通截面积越大，故从叶轮四周甩出的高速液体进入此通道内，流速逐渐降低，使部分动能有效地转换为静压能。泵壳不仅汇集由叶轮甩出的液体，同时又是一个能量转换场所。

一般大型离心泵还装有导轮，如图 2-27 所示。导轮是一个固定在泵壳内、带有前弯形叶片的圆环，叶片弯曲的程度与液体从叶轮流出来的方向相适应，引导液体在泵壳通道内平衡地改变方向，减小了从叶轮外缘进入泵壳时因碰撞造成的能量损失。液体由叶轮高速甩出后，沿导轮的叶片均匀而缓和地将部分动能转换成静压能。

图 2-26 泵壳及壳内液体的流动状

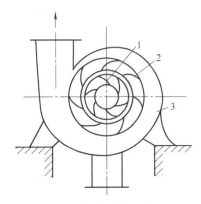

图 2-27 泵壳及导轮
1—叶轮；2—导轮；3—泵

（2）叶轮　叶轮是离心泵的主要部件，其作用是将原动机的机械能直接传给液体，以增加液体的静压能和动能（主要增加静压能）。

叶轮按其结构分为开式、半闭式和闭式三种，如图 2-28 所示。开式叶轮在叶片两侧无盖板，如图 2-28（a）所示，它制造简单、清洗方便，适用于输送含有较大量悬浮物的物料，但叶轮和泵壳之间的间隙较大，部分液体在叶片间运动时会发生倒流，故效率较低，输送的液体压力不高；半闭式叶轮在吸入口一侧无盖板，而在另一侧有盖板，如图 2-28（b）所示，它适用于输送易沉淀或含有颗粒的物料，效率也较低；闭式叶轮在叶片两侧有前后盖板，如图 2-28（c）所示，它结构复杂，造价高，但效率也高，适用于输送不含固体杂质的清洁液体，一般的离心泵叶轮多采用闭式叶轮。

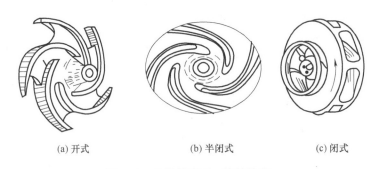

(a) 开式　　　　　　　(b) 半闭式　　　　　　　(c) 闭式

图 2-28 叶轮的类型（按结构分）

按吸液方式的不同，叶轮可分为单吸式和双吸式两种，如图 2-29 所示。单吸式叶轮结构简单，液体只能从一侧吸入。双吸式叶轮可同时从叶轮两侧对称地吸入液体，显然，双吸式叶轮不仅具有较大的吸液能力，而且可基本上消除轴向推力。

（3）轴向力平衡装置　闭式和半闭式叶轮的后侧有盖板，在运转时，离开叶轮的一部分高压液体会渗入盖板与泵壳之间的空腔中，而叶轮前侧吸入口为低压液体，故叶轮前、后侧出现压力差，必然产生一个叶轮向吸入口轴向的推力，称为轴向力。该力使电机的负荷增

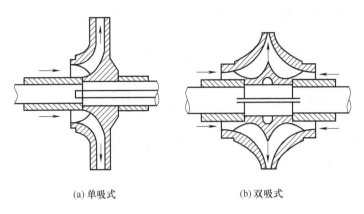

(a) 单吸式   (b) 双吸式

图 2-29 离心泵吸液方式

大，严重时引起叶轮向吸入口窜动，使叶轮与密封环发生摩擦，甚至造成泵的振动、磨损和运转不正常。因此，必须平衡轴向力。

在小型离心泵中，为了减小轴向推力，通常在叶轮后盖板上钻若干个小孔，使一部分高压液体漏至吸入腔，以减少叶轮两侧的压力差，从而减轻了轴向推力的不利影响，但同时也降低了泵的效率。这些小孔称为平衡孔。平衡孔是最简单的轴向力平衡装置。

对于大型泵和多级泵，多采用平衡盘装置来平衡轴向力。平衡盘的结构如图 2-30 所示，平衡盘装置由平衡盘和平衡环组成，平衡盘装在末级叶轮的后面轴上，和轴一起转动，平衡环固定在出水段泵体上，平衡盘与泵体间有一轴向间隙。当泵运转时，平衡盘一侧与泵出口的液体相通，压力较高；另一侧平衡室与入口相通，压力较低。平衡盘两侧所受压力不等，使产生一个与轴向推力方向相反的平衡力，从而防止泵轴的窜动。

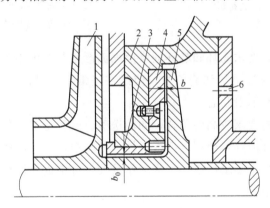

图 2-30 平衡盘装置

1—末级叶轮；2—尾段；3—平衡套；4—平衡环；5—平衡盘；6—接吸入口的管口；
b—平衡环与平衡盘的缝隙宽度；b_0—平衡套与平衡盘之间的缝隙宽度

（4）轴封装置 由于泵轴转动而泵壳固定不动，泵轴和泵壳接触处必然存在间隙，为了防止泵内高压液体从间隙漏出，或外界空气漏入泵内，就必须在这里设置密封装置，通常把泵轴和泵壳之间的密封称为轴封装置。常用的轴封装置有填料密封和机械密封。

① 填料密封 填料密封的装置称做填料函，俗称填料箱，如图 2-31 所示，它主要由与泵壳连在一起的填料函壳、填料、液封圈和填料压盖等组成。填料函壳是将泵轴穿过泵壳的环隙作成密封圈，填料一般用浸油或涂石墨的石棉绳等。将石棉绳缠绕在泵轴上，当拧紧螺

钉时，压盖将填料压紧在填料函壳与泵轴之间，从而达到密封的目的。内衬套能防止填料被挤入泵内。

填料密封结构简单，但功率消耗大，且沿轴会有少量液体外泄，需要定期维修，不适用于易燃、易爆、有毒和贵重液体的输送。

② 机械密封　机械密封是由一个装在转轴上随轴转动的动环和另一固定在泵壳上的静环构成的，如图 2-32 所示，两环的端面借弹簧力互相贴紧作相对转动而达到密封的目的，所以又称为端面密封。一般动环用硬质材料，如高硅铸铁或堆焊硬质合金制成。静环一般用非金属材料，如浸渍石墨、酚醛塑料制成。

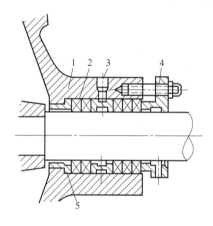

图 2-31　填料密封

1—填料函壳；2—软填料；3—液封圈；

4—填料压盖；5—内衬套

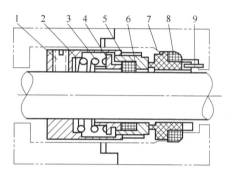

图 2-32　机械密封

1—螺钉；2—传动座；3—弹簧；4—推环；

5—动环密封圈；6—动环；7—静环；

8—静环密封圈；9—防转销

在安装机械密封时，要求动环和静环的摩擦端面严格与轴中心线相交合；两环的摩擦端面要求加工精度很高；通过调整弹簧压力，使泵在正常工作时，两端面之间形成一薄层液膜，以达到良好的密封和润滑状态。

机械密封适用于密封要求较高的场合，如输送酸、碱、易燃、易爆及有毒的液体。与填料密封相比，机械密封性能好，使用寿命长，轴不易磨损，功率消耗小。其缺点是要求零件加工精度高，对安装的技术要求严格，维修工作量大，价格也比填料函高得多，但仍广泛应用于各种类型的离心泵中。

想一想

1. 叶轮的作用是什么？它有哪些类型？各适用于什么场合？

2. 泵壳的形状有什么特点？其作用是什么？

3. 常用的轴封有哪几类？其作用是什么？

4. 密封环的作用是什么？

5. 为什么要有轴向力平衡装置？常用的平衡措施有哪些？

6. 气缚现象是怎么回事？你知道实际生产中怎样防止吗？

7. 离心泵为什么启动前要灌满液体？为什么吸入管末端装单向底阀？

【技能训练】　离心泵结构认识训练

· 训练目标　了解泵的内部构造，学习拆装泵的方法。

· 训练要求

1. 拆卸与装配的顺序相反。

2. 拆下的部件和零件必须有次序地摆放。

3. 拆下的零部件应按原来的结构连接在一起。

二、离心泵的主要性能

要正确选择和使用离心泵，必须了解离心泵的性能，因此，泵出厂时泵上都附有铭牌，标明泵在最高效率时的各种性能参数。以下介绍几个主要的性能参数。

(1) 流量　即离心泵的输液能力，是指单位时间内泵所排出的液体体积，用符号 q_V 表示，单位为 m^3/s 或 m^3/h。

泵的流量取决于泵的结构（如单吸或双吸等）、尺寸（主要为叶轮的直径与叶片的宽度）、转速及密封装置的可靠程度等。操作时，泵的实际流量还与管路阻力及所需压力有关，所以泵的流量不是一个固定值，而能在一定范围内变动。铭牌上的流量为泵的额定流量。

(2) 扬程　泵能给予单位重量（1N）液体的外加能量，称为泵的扬程，或称泵的压头，用符号 H 表示，单位为米（m）。泵的扬程大小取决于泵的结构（如叶轮直径的大小、叶片的弯曲情况等）、转速和流量等。离心泵的流量和扬程目前尚不能从理论上作出精确的计算，一般用实验方法测定，可用下式计算。

$$H=Z+\frac{p_{\text{表}}+p_{\text{真}}}{\rho g}+\frac{u_2^2+u_1^2}{2g} \tag{2-31}$$

应当注意，不要把扬程和升扬高度等同起来。泵将液体从低处送到高处的高度差，称为升扬高度。升扬高度与泵的扬程和管路的特性有关，泵运转时，其升扬高度值一定小于扬程。

(3) 功率和效率　单位时间液体流经泵所得到的能量，称为泵的有效功率，以符号 P_e 表示，单位为瓦（W）。其计算式是

$$P_e=q_V H\rho g \tag{2-32}$$

单位时间内泵从电机所获得的能量，称为轴功率，以符号 P 表示，单位为瓦（W）。离心泵在运转中，泵内的一部分高压液体倒流到泵的入口，甚至漏到泵外，这样必然损失一部分能量；液体流经叶轮和泵壳时，由于液体方向和速度的变化，以及液体间的相互碰撞等，也消耗一部分能量；此外，泵轴与轴承、轴封之间的机械摩擦也会消耗一部分能量，故使泵的轴功率 P 一定大于有效功率 P_e。

有效功率与轴功率的比值，称为泵的总效率，以符号 η 表示，即

$$\eta=\frac{P_e}{P}\times 100\% \tag{2-33}$$

泵的效率值与泵的类型、大小、结构、制造精度和输送液体的性质有关。一般小型离心泵的总效率为 $50\%\sim70\%$。大型泵效率可达 90% 左右。

出厂的新泵一般都配有电机。若自配电机时，为防止电机超负荷，常按最大流量下的轴功率 P 计算电机功率 $P_{\text{电}}$，一般 $P_{\text{电}}=(1.1\sim1.2)P$。

（4）允许吸上真空高度 $H_允$ 和允许汽蚀余量 Δh　为了保证泵能正常工作，不发生汽蚀现象，生产厂提供给用户便于计算安装高度的参数，也是离心泵的性能，由实验测定。其意义在以后章节介绍。

想一想

1. 离心泵铭牌上的参数是什么时候的数值？

2. 泵的扬程和升扬高度是一回事吗？

3. 离心泵正常运转中的能量损失有哪些？

4. 离心泵电机是依据什么来配备的？并说明为什么。

三、离心泵的特性曲线

1. 离心泵的特性曲线

离心泵的扬程 H、功率 P 和效率 η 都随流量 q_V 的变化而变化，生产厂把 q_V-H、q_V-P 和 q_V-η 的变化关系画在同一张坐标纸上，得出一组曲线，称为离心泵的特性曲线。泵的特性曲线通常由实验测定，其测定条件为 293K 的清水，转速固定。图 2-33 是国产 IS100-80-125 型离心泵的特性曲线。

各种型号的泵特性曲线虽不相同，但它们都具有共同的特点。

（1）q_V-H 线　表示压头和流量的关系。流量越大，扬程越小。

（2）q_V-P 线　表示泵轴功率和流量的关系。轴功率随流量的增大而上升，当流量为零时轴功率最小。所以离心泵启动时应关闭出口阀，降低启动功率，以保护电机。

（3）q_V-η 线　表示泵的效率和

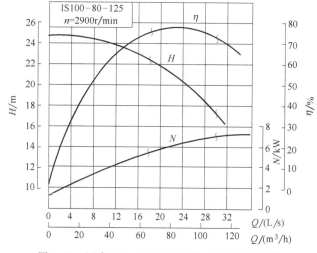

图 2-33　国产 IS100-80-125 型离心泵的特性曲线

流量的关系。开始时泵的效率随流量的增大而增大，到最高点后又随流量的增大而减小。这说明离心泵在一定转速下有一个最高效率点，该点称为泵的设计点，泵在该点对应的压头和流量下运行最为经济。根据生产项目选用离心泵时，应尽量使泵在该点附近运转，一般以泵的效率不低于最高效率的 92% 为合理，称为高效率区。

2. 液体物理性质对离心泵性能的影响

生产厂所提供的特性曲线是以清水作为工作介质测定的，当输送其他液体时，要考虑液体密度和黏度的影响。

（1）黏度　当输送液体的黏度大于实验条件下水的黏度时，泵体内的能量损失增大，泵的流量、压头、效率都减小，轴功率增大。

（2）密度　离心泵的体积流量及压头与液体密度无关，功率则随密度增大而增加。

想一想

1. 何谓离心泵的特性曲线？由哪几条曲线组成？其变化规律是什么？

2. 离心泵启动时灌满液体是防止_____现象的发生，关闭出口阀的目的是_____。

3. 离心泵正常工作时，其工作点在什么区域？

4. 泵输送液体的黏度增大时，_____、_____、_____减小，而_____增大；泵输送液体的密度增大时，则_____不变，而_____增大。

四、离心泵的安装与调节

1. 泵的安装

（1）安装高度 由离心泵的工作原理可知，泵能吸上液体是靠液面与泵入口间的压力差的作用，当液面压强为定值时，泵吸液的压差就有一个限度，即不大于液面压强，因此离心泵的安装高度也有一个限度。离心泵的吸入口与贮槽液面间允许的最大垂直距离称为允许安装高度或吸上高度。

如图 2-34 所示，离心泵安装在贮槽液面上 $H_大$ 处，$H_大$ 即为吸上高度，其计算式为

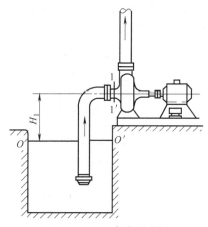

图 2-34 吸上高度示意图

$$H_大 = \frac{p_0 - p_1}{\rho g} - \frac{u_1^2}{2g} - H_f \qquad (2\text{-}34)$$

（2）汽蚀现象及影响安装高度的因素 当贮槽液面上的压强 p_0 一定时，吸上高度越高，则泵入口压强越小。当压强降至输送温度下液体的饱和蒸气压时，在泵入口处液体就会沸腾汽化，产生的大量气泡随液体进入高压区时，又被周围的液体压碎，而重新凝结为液体。在气泡凝结时，气泡处形成真空，周围的液体以极大的速度冲向气泡中心，造成冲击和振动。巨大冲击力的反复作用使泵表面材质疲劳，从开始点蚀到形成裂缝，使叶轮和泵壳表面的金属脱落，形成斑点和小裂缝，称为汽蚀。

汽蚀发生时，泵体因受冲击而发生震动，并发出噪声；因产生大量气泡，使流量、扬程下降，严重时泵无法正常工作。因此，离心泵安装时一定要考虑流体温度、吸入管阻力及流体流量变化的影响。为了安全可靠，泵的实际安装高度应比最大安装高度 $H_大$ 低 0.5～1m。

2. 流量调节

① 调节离心泵出口阀的开启程度。采用阀门调节流量快捷简便，且流量可连续变化，适合化工连续生产的要求。但是，阀门关小时，管路中阻力增大，能量损失增大，易使泵不能在最高效率区域内工作，不经济。用改变阀门开度的方法来调节流量，多用在流量调节幅度不大且经常需要调节的场合。

② 改变泵的转速和叶轮的直径。该法调节流量动力消耗少，经济性较好，效率高。但是，改变转速时需要变频装置，使泵的整体结构变得复杂，且设备费用增加，调节很不方便，只有在调节幅度大、时间长的季节性调节中才使用。但是，随着科学技术的发展，无级变速设备在工业中的应用克服了上述缺点。变频调速技术也可应用于泵的变频调速，所以，这种调节也将成为一种调节方便且节能的流量调节方式。

想一想

1. 汽蚀是怎么形成的？有什么危害？生产中怎样避免其发生？

2. 某离心泵安装在正常高度，输送液体的温度无变化，在正常运转中流量逐渐下降，以至不能送液，此时应判断为气缚。这个判断对吗？

3. 离心泵启动后有时会吸不上液体，你看可能是什么原因？怎样才能使泵吸上液体？

4. 离心泵有哪几种流量调节方法？各有何利弊？常用的调节方法是什么？

5. 离心泵的流量调节阀应装在泵的进口管路还是出口管路上？阀门关小时，真空表和压力表的计数怎样变化？

6. 离心泵安装高度计算结果可能出现负值，此时泵应该怎样安装？

五、离心泵的操作与运转

（1）离心泵安装　为保证不发生气缚现象，安装位置尽可能靠近储液槽；吸入管直径大于泵入口的直径时，变径处要避免存气。安装方式如图 2-35 所示。

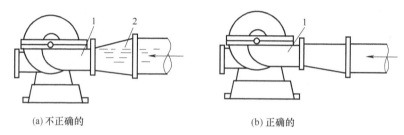

(a) 不正确的　　　　　　　　　　(b) 正确的

图 2-35　吸入口变径连接法

1—吸入口；2—空气囊

（2）启动前　要进行盘车，检查泵轴有无摩擦或卡死现象；向泵内灌满液体，将泵内的空气排净，以防止气缚现象发生而使泵无法输送液体。

（3）正常启动　据资料介绍，一般电动机启动时的电流是正常运转时的 5～7 倍，如果带负荷启动，电流值更大。所以，启动时应将出口阀全关，使泵在流量为零的情况下启动，使泵所需的启动功率最小，可避免启动时电机过载而烧坏；待电机运行正常后，再逐渐打开出口阀，并调节到生产所需的流量。

（4）运转中　经常检查泵的流量和出口压力。如流量过小，需检查填料是否漏气或叶轮被堵，及时采取解决措施；如压力过小，需检查叶轮、密封是否损坏，必要时更换。定期检查轴承是否过热。注意有无不正常噪声。

（5）正常停车　离心泵停车时，应先关出口阀再停电机。否则，停车后，压出管路中的高压液体可能倒流入泵内，叶轮反转而造成事故。无论短期、长期停车，严冬季节必须将泵和管路内的液体排放干净，以免锈蚀或冻结，胀坏叶轮和泵壳。

⇨ 想一想

1. 离心泵安装与运转中应注意什么？

2. 离心泵在启动和停车时为什么均要先关出口阀？

六、离心泵的类型

离心泵的类型很多，按输送液体的性质不同可分为清水泵、耐腐蚀泵、油泵、污水泵、杂质泵，按吸液方式不同可分为单吸泵、双吸泵，按叶轮的数目不同可分为单级泵、多级泵。各种类型的离心泵均已按照其结构特点的不同自成系列化和标准化，可在有关手册中查取。下面介绍主要类型的离心泵。

（1）清水泵　清水泵是化工常用泵，包括 IS 型、Sh 型、D 型泵，适用于输送清水或物性与水相近、无腐蚀性的清洁液体，其中以 IS 型泵用得最多。

IS 型泵是按国际标准（ISO）设计、研制的新产品，具有结构可靠、振动小、噪声小、效率高等显著特点。如图 2-36 所示，其结构中只有一个叶轮，从泵的一侧吸液，叶轮装在伸出轴承的轴端处，好像是伸出的手臂一样，故称为单级单吸悬臂式离心泵。全系列扬程范围为 5~125m，流量范围为 6.3~400m³/h。

IS 型泵的型号以字母加数字所组成的代号表示。如 IS50-32-125 型，IS 表示国际标准单级单吸悬臂式离心泵；50 表示泵入口直径，mm；32 表示泵排出口直径，mm；125 表示泵叶轮直径，mm。

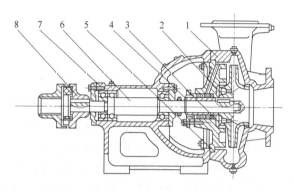

图 2-36　IS 型离心泵

1—泵体；2—叶轮；3—密封环；4—护轴套；5—后盖；6—泵轴；7—机架；8—联轴器部件

D 型泵为多级泵，常用于要求扬程较高而流量不太大的场合。如图 2-37 所示，其结构是将几个叶轮串联安装在一根轴上，被输送液体在叶轮中多次接收能量，最后达到较高的扬程。D 型泵全系列扬程范围为 14~35m，流量范围为 10.8~850 m³/h。以 D12-25×3 型泵为例，D 表示多级泵；12 表示公称流量，m³/h；25 表示每一级的扬程，m；3 表示叶轮级数。根据型号可知该泵在最高效率时的总扬程为 75m。

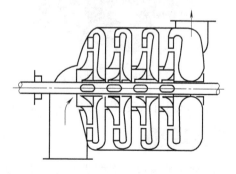

图 2-37　多级泵

Sh 型泵为双吸泵，常用于要求流量大而扬程不太高的场合。它最大的特点是从叶轮的两侧同时吸液，相当于在同一根轴上并联两个叶轮一道工作，故其流量较大，如图 2-38 所示。Sh 型泵的全系列扬程范围为 9~125m，流量范围为 50~14000 m³/h。以 100Sh90 型泵为例，100 表示泵入口直径，mm；Sh 表示单级双吸式；90 表示设计点的扬程，m。

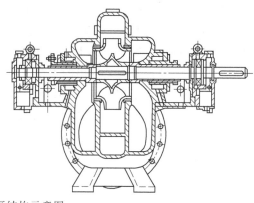

图 2-38　Sh 型泵结构示意图

（2）耐腐蚀泵　化工生产中许多料液具有腐蚀性，这就要求采用耐腐蚀泵。如图 2-39 所示。这类泵的特点是与液体接触的部件用耐腐蚀材料制成。我国生产的耐腐蚀泵的系列代号为 F。全系列扬程范围为 15～105m，流量范围为 2～400 m^3/h。以 25FB-16A 型为例，25 表示吸入口的直径，mm；F 表示耐腐蚀泵；B 表示所用的材料为铬镍合金钢；16 表示设计点的扬程；A 表示装配是比标准直径小一号的叶轮。

（3）油泵　输送石油产品等低沸点料液的泵，称为油泵。如图 2-40 所示。油泵的特点是密封性能良好。我国生产的离心式油泵的系列代号为 Y。当输送 473K 以上的油品时，还要对轴封装置和轴承等进行良好的冷却，故这些部件常装有冷却水套。国产油泵有单级、多级和单吸、双吸等不同类型。其全系列扬程范围为 60～600m，流量范围为 6.25～500m^3/h。以 80Y100×2A 型为例，80 表示吸入口的直径，mm；Y 表示油泵；100 表示设计点的扬程，m；2 表示级数；A 表示叶轮外径经第一次切削。

图 2-39　耐腐蚀泵　　　　　　　　　　图 2-40　油泵

此外，还有杂质泵、液下泵，以及用于提取地下水的深井泵等。

想一想

1. 常用的离心泵有哪些类型？它们通常用于什么场合？

2. 简述选择离心泵的方法和步骤。

3. 试写如下泵规格中各组字符的含义。

IS80-65-160　　　　D12-50×4　　　　50F-25A　　　　80Y100B

七、离心泵常见故障及处理方法

见表 2-2。

表 2-2　离心泵常见故障及处理方法

故障现象	产生故障原因	排除方法
泵体振动	(1)两联轴器不同心 (2)叶轮磨损或阻塞,造成叶轮不平衡 (3)泵内发生汽蚀 (4)泵轴弯曲,泵内转动部件与静止部件有严重摩擦 (5)地脚螺栓松动	(1)找正两联轴器的同心度 (2)清洗或更换叶轮,找正平衡 (3)降低吸上高度 (4)矫正或更换泵轴,查找摩擦原因并消除 (5)拧紧地脚螺栓
轴承发热	(1)轴承损坏 (2)轴承盖压得过紧,内部没有间隙 (3)泵体轴承孔磨损,轴承外环产生转动,摩擦生热 (4)轴承润滑不良(油少或油质不好)	(1)更换轴承 (2)增加压盖垫片厚度 (3)更换泵体或维修轴承孔 (4)清洗轴承,加油或换油
流量下降	(1)转速降低 (2)叶轮阻塞 (3)密封环磨损 (4)吸入空气 (5)排出管路阻力增加	(1)检查电压是否太低 (2)检查并清洗叶轮 (3)更换密封环 (4)检查吸入管路,压紧或更换填料 (5)检查阀门及管路中可能阻塞之处
泵不出液	(1)叶轮或进口阀堵塞 (2)吸入管路或仪表处漏气 (3)进、出口阀损坏,未打开 (4)吸上高度过大	(1)清除异物 (2)查找漏气原因,消除漏气现象 (3)更换或维修阀门 (4)降低吸上高度

想一想

1. 离心泵常见故障有哪些?生产中如何处理?

2. 一台试验用离心泵,正常操作不久,泵入口处的真空度逐渐降低为零,泵出口处的压力表也逐渐降低为零,此时泵完全打不出水,发生故障的原因是（　　）。

A. 忘了灌水　　　B. 压出管路堵塞　　　C. 吸入管路漏气　　　D. 发生汽蚀

【技能训练】离心泵操作技能训练

一、离心泵特性曲线的测定

• 训练目标　了解离心泵的特性,掌握离心泵的正常操作;测定离心泵在特定条件下的特性曲线。

二、离心泵开停车及串并联

• 训练目标　了解离心泵注意事项,离心泵串并联基本方法。

项目二　往　复　泵

一、往复泵的结构及工作原理

1. 往复泵的构造

往复泵的结构如图 2-41 所示,由泵体和传动机构两部分组成。泵体部分的主要部件包括泵缸、活塞、活塞杆、吸入阀、排出阀,其中吸入阀和排出阀均为单向阀。

2. 工作原理

往复泵的活塞由电动的曲柄连杆机带动，把曲柄的旋转运动变为活塞的往复运动；或直接由蒸汽机驱动，使活塞做往复运动。其工作原理可分为吸入和排出两个过程。

当活塞不停地做往复运动，泵交替地吸液和排液，就能不断地输送液体。往复泵通过活塞将外部能量以静压能的形式直接传给液体。

活塞左右运动的端点称为止点，两止点之间的距离称为冲程。活塞往复运动一次，完成吸入、排出液体各一次，这种泵称为单动泵。单动泵的吸液和排液是间歇的，流量很不均匀。

想一想

1. 往复泵主要由哪些部件构成？

2. 简述往复泵的工作原理。

3. 液体经过往复泵时怎样获得能量？

4. 什么叫止点？什么是冲程？什么是单动泵？

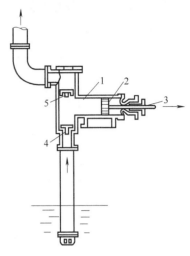

图 2-41　往复泵装置简图

1—泵缸；2—活塞；3—活塞杆；

4—吸入阀；5—排出阀

二、往复泵的主要性能与特点

1. 流量不均匀

往复泵的流量与泵缸尺寸、活塞冲程及往复次数有关，而与泵的扬程无关，即无论在多大的扬程下工作，只要活塞往复一次，泵就排出一定体积的液体，所以往复泵是一种典型的容积泵。其理论流量等于活塞扫过的容积，即

单动泵
$$q_{VT} = Asf \tag{2-35}$$

式中　q_{VT}——理论流量，m^3/s；

　　　A——活塞截面积，m^2；

　　　s——活塞冲程，m；

　　　f——活塞往复频率，Hz。

实际上，由于填料函、活门、活塞等处密封不严，阀门启闭不及时等原因，往复泵实际流量要小于理论流量，即

$$q_V = \eta_V q_{VT} \tag{2-36}$$

式中　q_V——实际流量，m^3/s；

　　　η_V——容积效率。

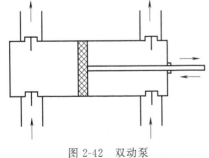

图 2-42　双动泵

为了改善排液的不均匀性，可采用双动泵或三动泵。双动泵的主要特点是在活塞两侧都装有阀室，则可使吸液、排液同时进行。其动作原理如图 2-42 所示。活塞的每一次行程都在吸液和向管路排液，因而供液连续。当活塞向右移动时，右侧的吸入阀关闭，排出阀打开，右侧排液，同时左侧排出阀在压出管路的液体作用下关闭，吸入阀则打开；反之亦然。因此，活塞每往复运动一次，吸入排出液体各两次。

双动泵基本实现了管路中排液的连续化，但流量仍不够均匀。为此，生产中还采用由三个泵缸组成的多动柱塞泵。三动泵是在同一个曲轴上装有三个互成 120° 的曲柄，每个曲柄与一个单动泵的柱塞相连，曲轴每转动一周，三个泵各完成一次吸液和排液过程，由于互相交错，一台泵的排液过程尚未结束，另一台泵又开始了排液过程，不仅总的流量增大，且流量更为均匀。合成氨厂中的三缸柱塞铜铵液泵即是三动泵。

实际生产中，为了提高流量的均匀性，可以采用增设空气室，空气室对液流的波动可以起缓冲作用。

2. 压头高

往复泵是靠挤压作用压出液体，其压头在理论上可以任意高，与泵本身的几何尺寸和流量无关，只决定于管路情况。由于液体是不可压缩的，只要泵的机械强度和原动机的功率足够，输送系统要求多高的压头，往复泵就能提供多高的压头。因此，往复泵工作时不允许将排出阀关死，并要在排出管路上安装安全阀。

但实际上由于构造材料的强度有限，泵内的部件有泄漏，故往复泵的压头仍有一个限度。而且，压头太大，也会使电机或传动机构负载过大而损坏。

3. 功率和效率

往复泵的功率和效率的计算与离心泵相同，一般比离心泵高，通常为 0.72~0.93，以蒸汽为动力的蒸汽往复泵效率可达 0.83~0.88。

4. 具有自吸作用

往复泵是利用活塞的往复运动改变泵缸容积进行吸液和排液的，它在运转过程中能够将吸入管中的空气通过活塞压送到排出管路，并使贮槽的液体自动进入泵内，即往复泵具有自吸作用，因此，在启动前不需要灌泵，也不必安装底阀。但是为了避免活塞与泵缸处于干摩擦状态，或为了缩短启动时间，启动前进行灌泵，使吸入管路和泵缸内充满液体。

⟴ 想一想

1. 往复泵的流量有什么特点？为了改善这一状况，可采取什么措施？
2. 空气室有什么作用？其原理是什么？
3. 为什么往复泵的压头可实现高压头？其压头与流量有关吗？
4. 往复泵启动时是否需要灌满液体？为什么？

三、往复泵的操作要点

往复泵的特点是流量固定而不均匀，但扬程高、效率高。往复泵可用以输送黏度较大的液体，但是由于泵内阀门、活塞受腐蚀或被颗粒磨损、卡住，都会导致严重的泄漏，故不宜用以输送腐蚀性液体和有固体颗粒的悬浮液；另外，由于可用蒸汽直接驱动，因此往复泵特别适宜于输送易燃、易爆的液体。

① 由于往复泵是靠贮池液面上的大气压与泵内的压差来吸入液体，因而安装高度有一定的限制。

② 往复泵有自吸作用，启动前无需灌泵。

③ 往复泵一般不设出口阀，如果有出口阀，启动前先打开出口阀，再启动电机。

④ 往复泵是容积泵，理论上可以通过改变泵的结构、转速来调节流量。

a. 旁路阀调节　往复泵的流量是固定的，不能像离心泵一样改变出口阀的开启程度来调节流量，生产中一般采用回流支路调节法，让部分被压出的液体返回贮池，使主管中的流量发生变化。显然，这种调节方法虽然简单，但会造成一定的能量损失，不经济，只适用于流量变化幅度较小的经常性调节。

b. 改变曲柄转速　因电动机是通过减速装置与往复泵相连的，所以改变减速装置的传动比可以很方便地改变曲柄转速，从而改变活塞自往复运动的频率，达到调节流量的目的。

想一想

1. 往复泵的安装高度有没有限制？为什么？

2. 往复泵启动和运转中为什么不能将出口阀关闭？其流量如何调节？

3. 往复泵调节流量的方法是什么？与离心泵有何不同？

4. 下面的说法是否正确。

① 往复泵有自吸作用，其安装高度没有限制。（　　）

② 启动前必须先灌满液体，并将出口阀关闭。（　　）

四、往复泵常见事故及处理

见表 2-3。

表 2-3　往复泵常见事故及处理方法

故障现象	产生故障原因	排除方法
压力表指针波动	(1)安全阀、单向阀工作不正常 (2)进出口管路堵塞或漏气 (3)管路安装不合理，振动 (4)压力表失灵	(1)检查调整 (2)检查处理 (3)修改配管 (4)维修或更换压力表
流量不足	(1)柱塞密封泄漏 (2)进、出口阀关闭不严 (3)泵内有气体 (4)往复次数不够 (5)进、出口阀开度不够或阻塞 (6)过滤器阻塞 (7)液位过低	(1)修理、更换密封 (2)修理、更换阀门 (3)排出气体 (4)调节 (5)调节开度，清洗阻塞处 (6)清洗过滤器 (7)增高液位
泵体振动或产生异常响声	(1)轴承间隙过大 (2)传动机构损坏 (3)螺栓松动 (4)进、出口阀零件损坏 (5)缸内有异物 (6)液位过低	(1)调整更换 (2)修理或更换 (3)紧固螺栓 (4)更换阀件 (5)清除异物 (6)提高液位
轴承发热	(1)轴弯曲或轴承装配不良 (2)轴承间隙过小 (3)润滑系统故障，油量不足或过多 (4)轴承润滑不良，油质不好	(1)校直轴，更换轴承 (2)调整间隙 (3)排除故障，调整油量 (4)清洗轴承，换油
油温过高	(1)油质不好 (2)冷却不良 (3)油位过高或过低	(1)更换油 (2)发送到冷却装置 (3)调整油位
油压过低	(1)叶轮或进口阀堵塞 (2)吸入管路或仪表处漏气 (3)进、出口阀损坏，未打开 (4)吸上高度过大	(1)清除异物 (2)查找漏气原因，消除漏气现象 (3)更换或维修阀门 (4)降低吸上高度

项目三 其他化工用泵

在化工生产中，所输送液体的种类很多，工作状态也各不相同，对泵的要求也各不相同。为了适应这些状况，除了大量使用离心泵、往复泵之外，还广泛采用一些其他类型的泵。

一、正位移泵

1. 计量泵

计量泵是往复泵的一种，它是利用往复泵流量固定这一特点而设计的。除了有一套可精确调节流量的流量调节机构外，基本构造和往复泵相同。

计量泵有柱塞式和隔膜式两种，如图 2-43 所示。它们都是通过偏心轮把电机的旋转运动变成柱塞的往复运动。它们都是由转速稳定的电机通过可变偏心轮带动柱塞做往复运动，通过改变偏心轮的偏心程度达到改变柱塞冲程或隔膜运动的次数，以此来实现流量的调节。

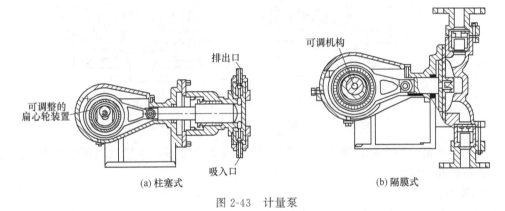

(a) 柱塞式　　　　　　　　　　　(b) 隔膜式

图 2-43　计量泵

2. 转子泵

（1）齿轮泵　齿轮泵主要由泵壳和两个相互啮合的齿轮构成，结构如图 2-44 所示。其中一个为主动轮，由电动机带动；另一个为从动轮，安装在另一个轴上，当主动轮转动时，被啮合着向相反方向旋转。两齿轮与泵壳间形成吸液和排液两个空间。吸入腔内两轮的齿相互错开，于是形成低压而吸入液体；随齿轮转动沿壳壁被吸入的液体到达排出腔，排出腔内两齿相互合拢，于是形成高压而排出液体。一般出口压强可达几个至几十个大气压。

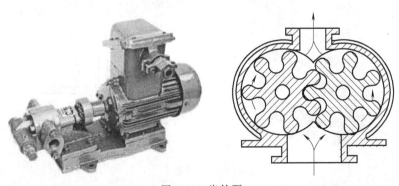

图 2-44　齿轮泵

齿轮泵的压头较高而流量较小，可用于输送黏稠液体甚至膏状物料（如输送封油），但不能用于输送含有固体颗粒的悬浮液。

（2）螺杆泵 螺杆泵内有一个或一个以上的螺杆，如图 2-45 所示。在单螺杆泵中，螺杆在有内螺旋的壳内运动，使液体沿轴向推进，挤压到排出口。在双螺杆泵中，一个螺杆转动时带动另一个螺杆，螺纹互相啮合，液体被拦截在啮合室内沿杆轴前进，从螺杆两端进入，从中央排出。转速越高，螺杆越长，排液压力越高。三螺杆泵排出压力可达 10MPa 以上。此外还有多螺杆泵。

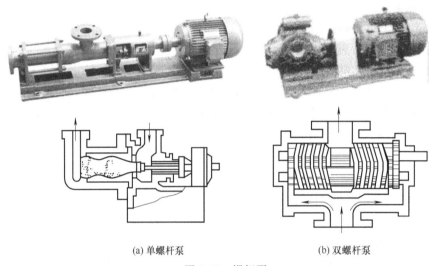

(a) 单螺杆泵　　　　　　　　(b) 双螺杆泵

图 2-45　螺杆泵

螺杆泵压头高、效率高、噪声小、流量均匀，适用于在高压下输送黏稠性液体，并可以输送带颗粒的悬浮液。

3. 隔膜泵

隔膜泵也是往复泵的一种，其结构如图 2-46 所示。由一弹性薄膜（耐腐蚀橡胶或弹性金属片）将泵分隔成互不相通的两部分，分别是被输送液体和柱塞存在的区域，柱塞不与被

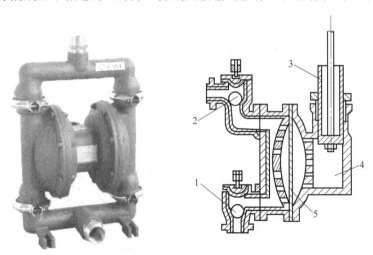

图 2-46　隔膜泵

1—吸入活门；2—压出活门；3—柱塞；4—水（或油）缸；5—隔膜

输送液体接触，隔膜左边所有部件均为耐腐蚀材料制成或涂有耐腐蚀物质，右边则盛有水或油。当泵和柱塞往复运动时，迫使隔膜交替地向两端弯曲，使被输送液体在不与柱塞接触的情况下在隔膜左侧经球形活门吸入和排出。

隔膜泵内与被输送液体接触的唯一部件就是球形活门，这易于制成不受液体侵害的形式。因此，在工业生产中，隔膜泵主要用于输送腐蚀性液体或含有固体悬浮物的液体。

往复泵（包括计量泵）、齿轮泵、螺杆泵、隔膜泵等都是依靠工作容积的变化而吸入和排出液体，其流量的大小只与运动部件的位移有关，与管路的情况无关，但往复泵的压头只与管路情况有关。这类泵统属于容积泵，又称正位移泵。凡属正位移泵，都不能用出口阀来调节流量，否则可能因压力剧增而造成事故。

想一想

1. 计量泵的主要特点是通过调节偏心轮的_____改变柱塞的_____，从而达到准确地调节_____的目的。有_____、_____两种基本形式。

2. 齿轮泵主要由_____和两个_____构成，齿轮转动方向_____。化工生产中常用来输送_____。

3. 螺杆泵主要由_____和一根或多根_____组成，螺杆越长，转速越高，则_____越高。它适用于高压下输送_____。

4. 隔膜泵的结构是用_____将柱塞与_____隔开，主要用于输送_____液体。

5. 什么是正位移泵？哪些泵属于正位移泵？

6. 正位移泵的共同特点是什么？能用调节出口阀的开启程度来调节流量吗？原因是什么？

二、旋涡泵

旋涡泵是一种特殊类型的离心泵，其主要构件有泵壳和叶轮，泵壳呈圆形，叶轮是一个圆盘，四周铣有凹槽，呈辐射状排列，如图 2-47 所示。叶轮在泵壳内转动，其间有圆形流道，泵的顶部有吸入口和压出口，由隔板隔开。

在充满液体的旋涡泵内，当叶轮高速旋转时，由于离心力的作用，叶片凹槽中的液体以一定的速度抛向流道，在截面较宽的流道内液体流速减慢，一部分动能转化为静压能，同时叶片凹槽内因液体被抛出而形成低压，因而流道内压力较高的液体又可重新进入叶片凹槽，再度受离心力的作用继续增大压力。这样，液体由吸入口吸入，在随叶轮旋转的同时又在流道与各叶片之间多次反复以旋涡形运动，到达出口时获得了较高的压头。

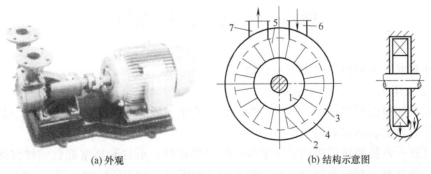

(a) 外观   (b) 结构示意图

图 2-47 旋涡泵

1—叶泵；2—径向叶片；3—泵壳；4—流道；5—隔板；6—吸入口；7—压出口

旋涡泵与往复泵一样，不能用调节出口阀的开启程度来改变流量，采用回流支路调节流量比较经济。适用于高压头、小流量的场合。输送液体的黏度不宜过大，否则泵的压头和效率都将大幅度下降。

>> 想一想

1. 旋涡泵的结构和工作原理如何？
2. 旋涡泵启动时应怎样操作？流量如何调节？原因是什么？

课题三 气体输送机械

【教学目标】

1. 掌握往复式、离心式压缩机、鼓风机和通风机的基本构造、工作原理、主要性能参数、特性曲线、流量调节与操作要点，以及喘振现象产生的原因及预防措施。

2. 理解影响输送机械的主要因素和各工作部件（如活塞、活门、气缸、叶轮、扩压器、弯道、回流器等）的性能、作用原理、结构形式及安装要求。

3. 了解其他气力输送机械（旋转式鼓风机、压缩机等）的基本结构和工作原理、适用场合及操作要求。

在化工生产中，往往需要将气体物料从低压变为高压，或需要把气体从一处输送到另一处，因此气体的压缩和输送是化工厂常见的操作。

气体是可压缩流体，在压送过程中，气体的压强、体积和温度都会发生变化，且变化的大小对压送机械的结构有很大的影响。气体压缩和输送机械按其终压（出口压强）或压缩比（出口压强与进口压强之比），可分为四类。

① 压缩机：压缩比大于 4，终压在 300kPa（表压）以上。

② 鼓风机：终压在 15～300kPa（表压），压缩比小于 4。

③ 通风机：终压不大于 15kPa（表压），压缩比在 1～1.15。

④ 真空泵：用于减压，终压为当时当地的大气压，其压缩比由真空度决定。

气体压缩和输送机械按工作原理及其结构分为离心式、往复式、旋转式以及流体作用式等，其中往复式压缩机在中小型化工厂应用很广，离心式压缩机在大型化工厂应用较多。

项目一 往复式压缩机

一、往复式压缩机的工作原理和结构

1. 往复式压缩机的主要结构

往复式压缩机的形式很多，但几乎都是由一些相同的零部件组成的，其中直接参与压缩过程的部件有汽缸、活塞和活门。

（1）汽缸 汽缸是压缩机构成压缩容积的主要部件，汽缸和活塞配合完成气体的压缩。根据压强、排气量、型号和用途不同，气缸的结构不同。根据压强的不同，一般分为低压缸和高压缸两类。压力小于 5×10^3 kPa 的低压缸和小于 8×10^3 kPa 且尺寸较小的汽缸通常用铸铁制造；压力小于 15×10^3 kPa 时，用铸钢制造；压力再高时，则用合金钢锻制。化工往复压缩机中，大多在汽缸外壁装有冷却水套，以冷却汽缸内的气体和部件。

（2）活塞　活塞是用来压缩气体的基本部件。往复式压缩机一般采用盘状活塞，如图 2-48 所示，活塞顶部与汽缸内壁及汽缸盖构成封闭的工作容积。为防止气体由高压侧泄漏到低压侧，在活塞上装有活塞环（亦称涨圈），活塞环在未压紧的自由状态下其直径稍大于汽缸直径，在装入汽缸后依靠本身弹性紧紧压贴在汽缸表面上，以保证良好的密封性能。开口处尽量错开，以减少气体外泄。

（3）活门　活门也叫气阀，是往复式压缩机中一个很重要的部件，也是易损部件。活门按工作原理可分为自动式气阀和强制式气阀两类，目前绝大多数压缩机中采用自动气阀。

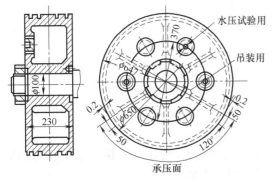

图 2-48　活塞示意图

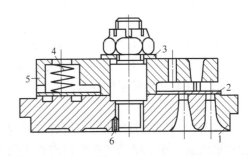

图 2-49　低压段排气阀组合图
1—阀座；2—阀片；3—垫片；4—弹簧；
5—升高限制器；6—制动螺钉

活门的结构如图 2-49 所示，它由阀座、阀片、弹簧、升高限制器等零件组成。这种阀用作排气阀时，当汽缸内压强稍大于出口管内的压强时，借助压差将阀片顶起，气体从阀座的孔隙中流出，并从阀片与底座之间的缝隙通过，阀片开启并贴到升高限制器上；当阀片两侧气体的压强相等时，在弹簧的作用下，阀片紧贴在阀座上，将孔隙关闭，完成排气过程。这种阀用作吸气阀时，只要将整个活门调换一下方向装入吸气孔端即可。

活门的好坏直接影响压缩机的排气量、功率消耗及运转的可靠性。为了保证压缩机良好工作，活门必须严密、阻力小、开启迅速、结构紧凑。

2. 往复压缩机的工作原理

往复压缩机的工作原理与往复泵类似，均是依靠活塞在汽缸内作往复运动，引起工作容积的扩大和缩小，从而吸气和排气。

由于气体的可压缩性，往复压缩机的实际工作过程比较复杂，为了讨论方便，用压容图表示气体在各阶段的状态变化。现以单级单动往复压缩机为例来说明其工作循环，如图 2-50 所示。

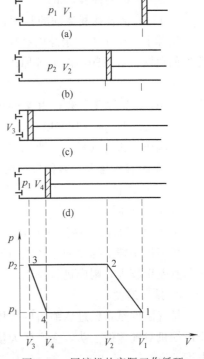

图 2-50　压缩机的实际工作循环

往复式压缩机的实际工作循环，由吸气——压缩——排气——膨胀四个阶段组成，p-V图上的四条线代表了这四个阶段的变化过程。图 2-50 所示的压缩机的一个工作循环中，吸气和排气各一次，称为单动式压缩机。如果在汽缸两端都设有吸气阀和排气阀，这样在一个工作循环中吸气和排气各两次，则称为双动式压缩机。

想一想

1. 气体压送机械按压缩比的大小可分为哪几类？按结构和工作原理可分为哪几类？

2. 往复式压缩机的汽缸是构成_____的基本部分，一般分_____和_____两类，汽缸外有_____，以冷却_____和_____。

3. 活塞是用来_____的基本部件，一般采用_____。

4. 往复式压缩机的实际工作循环由_____、_____、_____、_____四个阶段组成。

5. 试说明活门的结构及工作原理。

6. 余隙系数越大，压缩比越大，则容积系数越小。这话对吗？

二、往复式压缩机的性能

1. 排气量

又称压缩机的生产能力，以符号 q_V 表示，单位为 m³/s。理论上的排气量 q_{VT} 等于活塞扫过的汽缸容积，单动式压缩机理论上的排气量可以按下式计算：

$$q_{VT} = ASf = \frac{\pi}{4}D^2Sf \tag{2-37}$$

式中　A——活塞的截面积，m²；

　　　D——活塞直径，m；

　　　S——活塞冲程，m；

　　　f——活塞往复运动的频率，Hz。

实际上，由于汽缸余隙内高压气体的膨胀占据一部分汽缸的容积，同时，填料函、活门等处的泄漏，以及阀门阻力等原因，其实际排气量总是比理论排气量要小，即

$$q_V = \lambda q_{VT} \tag{2-38}$$

式中，λ 为送气系数，由实验测得，一般 $\lambda = 0.7 \sim 0.9$。新压缩机，$p_2 < 1000$kPa 时，$\lambda = 0.85 \sim 0.95$；$p_2 > 1000$kPa 时，$\lambda = 0.8 \sim 0.9$。

影响压缩机排气量的主要原因有以下几点。

① 余隙容积越大，残留气体膨胀后所占的容积越大，吸气量越少，排气量下降；

② 气体通过填料函、阀门、活塞杆等处的泄漏，引起排气量下降。

③ 进气阀阻力大，开启迟缓，进入汽缸的气量减少，排气量也随之下降。

④ 进入汽缸的气体温度升高，气体膨胀，占据汽缸容积，使排气量下降。

压缩机铭牌上标注的生产能力通常都是指标准状态下的体积流量，如果实际操作时的状态与其差别较大，则应进行校正。

2. 排气温度

排气温度是指经过压缩后的气体温度，以符号 T_2 表示，单位为 K。气体被压缩后，由于压缩机对气体做了功，会产生大量的热量，使气体的温度升高，所以排气温度总大于吸气温度。

实际生产中压缩机的排气温度 T_2 可以通过下式计算：

$$T_2 = T_1 \left(\frac{p_2}{p_1} \right)^{\frac{r-1}{r}} \quad\quad (2-39)$$

式中　T_1——吸气温度，K；

　　p_2/p_1——出口压强与进口压强之比，又称压缩比；

　　　　r——多变指数。

压缩机的排气温度不能过高，否则会使润滑油分解以至炭化，并损坏压缩机部件。

3. 功率

压缩机在单位时间内消耗的功，称为功率。压缩机铭牌上标注的功率为压缩机的最大功率。气体被压缩时，压缩比越大，功率消耗也越大；反之，则功率越小。

由于压缩机运动机构的摩擦、活门阻力等原因，实际消耗的功率比理论功要多。所以压缩机的轴功率应为

$$P = \frac{P_e}{\eta} \quad\quad (2-40)$$

式中　η——往复压缩机的效率，一般 $\eta = 0.7 \sim 0.9$。

4. 压缩比

气体的出口压强与进口压强之比称为压缩比 $\frac{p_2}{p_1}$。压缩比一般不超过6。若压缩比过大，会使气体温度升得很高，不仅使功耗增大，而且会使润滑油黏度降低，失去润滑作用，损坏设备；同时由于余隙中气体的压强很高，膨胀后体积很大，占据汽缸有效容积多，使汽缸吸气量下降或不能吸气，即容积系数减小；此外，压缩比过大，压缩机消耗的功率过大。故在一个汽缸里不能实现很大的压缩比。

想一想

1. 往复式压缩机为什么要留余隙？余隙过大有什么危害？

2. 为什么实际排气量总比理论送气量低？

3. 在一个汽缸内，限制压缩比不能过大的原因有哪些？

三、多级压缩

在化工生产中，常常需将一些气体从常压提高到几兆帕或几百兆帕，这时压缩比就很大，而在一个汽缸内压缩比不能过大，因此，当压缩比大于8时，需采用多级压缩。所谓多级压缩就是把压缩机中的两个或两个以上汽缸串联在一起，如图2-51所示的为两级压缩流程。气体在第1级汽缸1内被压缩后，经中间冷却器2和油水分离器3，使气体降温，分离出润滑油和冷凝水，避免带入下一汽缸，然后再送入第2级汽缸4进行压缩，以达到所需要的最终压强。每经过一次压缩称为一级，连续压缩的次数就是压缩机的级数。每一级压缩比是总压缩比的级根数。

采用多级压缩有以下优点。

① 提高了容积系数。

② 避免了排气温度过高。

③ 降低了功率消耗。

但是，若级数过多，则压缩机结构复杂，冷却器、油水分离器等辅助设备增多，造价

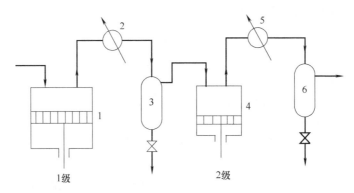

图 2-51　两级压缩流程图

1—第 1 级汽缸；2,5—中间冷却器；3,6—油水分离器；4—第 2 级汽缸

高，克服系统流动阻力的能耗也增加。因此，往复式压缩机的级数一般不超过 6 级，每级的压缩比以 2～5 为宜。

想一想

1. 何为多级压缩？什么情况下采用多级压缩？

2. 多级压缩中，通常有哪些附属装置？其作用是什么？

3. 多级压缩的优点有哪些？

四、往复压缩机的分类及型号

1. 往复式压缩机的分类

往复式压缩机的分类方法很多，通常有以下几种。

① 按活塞在往复运动一次过程中吸、排气次数，分为单动、双动式压缩机。

② 按气体受压缩的次数，分为单级、双级和多级压缩机。

③ 按压缩机出口压强的高低，分为低压（1.013MPa 以下）、中压（1.013～10.132MPa）、高压（10.132～101.325MPa）和超高压（101.325MPa 以上）压缩机。

④ 按压缩机生产能力的大小，分为小型（10m³/min 以下）、中型（10～30m³/min）和大型（30m³/min 以上）压缩机。

⑤ 按所压缩的气体种类，分为空气压缩机、氧气压缩机、氮气压缩机、氨气压缩机等。

⑥ 按汽缸在空间位置的不同，分为立式、卧式、角式和对称平衡式等，这是压缩机最主要的一种分类方法。

立式往复压缩机，代号为 Z，由于汽缸中心线与地面垂直，活塞做上下运动，对汽缸作用力小、磨损小、振动小，整机占地面积也小，但机身较高，操作、检修不便，仅适合于中、小型压缩机。卧式往复压缩机，代号为 P，由于汽缸中心线是水平的，故机身较长，占地面积大，但操作、检修方便，适用于大型压缩机。

角式往复压缩机，其代号根据汽缸位置形式可分为 L 型、V 型、W 型等。如图 2-52（a）、图 2-52（b）及图 2-52（c）所示。其主要优点是活塞往复运动的惯性力有可能被转轴上的平衡重量所平衡，基础比立式还小。因汽缸是倾斜的，维修不方便，也仅适用于中、小型压缩机。

对称平衡式往复压缩机的汽缸对称地分布在电动机的两侧，活塞呈对称运动，即曲轴两侧相对的两列活塞对称地同时伸长、同时收缩，故称为对称平衡型，其代号为 H、M 等，如图 2-52（d）和图 2-52（e）所示。H 型，汽缸对称分布在电动机飞轮两侧；M 型，电动机位于各列汽缸的外侧，压缩机汽缸中心线上的汽缸数便称为一列。M 型压缩机共有两列汽缸。此种形式压缩机的平衡性能好，运行平稳，整机高度较低，便于操作维修，通常用于大型压缩机。

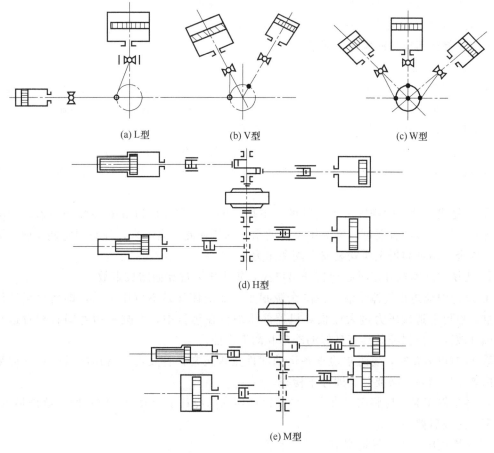

图 2-52　汽缸排列示意图

2. 往复式压缩机的型号

往复式压缩机的型号以字母加数字所组成的代号表示，我国往复式压缩机的编号有统一的规定，如图 2-53 所示。

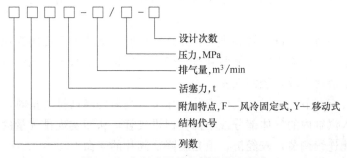

图 2-53　往复式压缩机编号格式规定

例如：4HF18-32/54-Ⅰ型压缩机

4 表示列；H 表示型；风冷式；活塞力为 18t；排气量为 32m³/min；排气压力为 54×0.1MPa 即 5.4MPa；Ⅰ表示设计次数为第一次。

⊡》想一想

1. 往复式压缩机有哪些分类方法？各自分为哪些形式？

2. 试说明选择往复式压缩机的一般方法和步骤。

五、往复式压缩机的操作与调节

1. 往复式压缩机的操作与运转

往复式压缩机是一个系统庞大、结构复杂的运转设备，要使设备运行良好，除机器本身性能和安装质量等良好外，还必须精心操作运行，在设备操作规程中都有明确规定。在此，结合有关压缩机的知识，提出几条主要的注意事项。

① 为防止吸入气体中夹带灰尘、铁屑等进入汽缸，在压缩机吸入口应安装气体过滤器，确保汽缸内壁和滑动部件不被磨损和刮伤。应定期清洗或更换过滤元件，避免吸入阻力增加。

② 往复式压缩机的排气量是间歇的、不均匀的，通常在出口处安装缓冲容器，以降低气流脉动，同时缓冲容器可使气体中夹带的水和油沫在此分离下来，注意要定期排放。为确保操作安全，缓冲容器上应安装安全阀和压力表。

③ 往复式压缩机开车时必须打开出口阀，防止压力过高而造成事故。

④ 运行中应防止气体带液。汽缸余隙很小，而液体又是不可压缩的，即使少量液体进入汽缸，也可能造成压力过大而损坏机器。压缩机在运行中，汽缸和活塞间有相对运动摩擦，温度较高，需保证其具有良好的冷却和润滑性能。

⑤ 压缩机运转时，要时常检查各运动部件是否正常，若发现异常声响及噪声，应采取相应措施予以消除，必要时立即停车检查。

⑥ 冬季停车时，应将汽缸夹套、中间冷却器内的冷却水全放掉，防止因结冰破坏汽缸、水夹套，造成管路堵塞。

2. 往复式压缩机的气量调节

在机器运行中，往复式压缩机的排气量不是固定不变的。生产中气体的用量不可能随时等于压缩机的排气量，当用气量小于压缩机的排气量时，便要对压缩机进行气量调节，以使压缩机的排气量适应生产的要求。常用的气量调节方法有以下几种。

（1）节流进气调节　在压缩机进气管路上安装节流阀，节流阀关小，进气受到节流，压力降低，使排气量减少。该法的调节结构简单，但经济性差，常用于无需频繁调节的中、大型压缩机中。

（2）旁路回流调节　在进气管和排气管路之间用回流支路和旁能阀连通，调节时只要部分或全部打开旁通阀，使排出的气体回到进气管中，使排气量减少。该法可连续调节，但是排气量减少而功率消耗不减，经济性差。

（3）顶开吸气阀调节　在吸气阀内安装一压叉，当需要降低排气量时，压差强行吸气阀的阀片，使已吸入汽缸内的气体部分或全部流回进气管，从而实现排气量的调节。该法结构简单，功耗小，能连续调节，较经济，但是会降低阀片的寿命。

（4）补充余隙容积调节　在汽缸盖上或汽缸两侧连通一个补充余隙调节器，通过加大余隙容积使吸入的气体量减少，从而减少排气量。该法基本没有功率消耗，不会影响零件寿命，是一种既经济又可靠的方法，但是结构复杂，多用于大型压缩机。

⊡》想一想

1. 往复式压缩机在操作运转中有哪些注意事项？
2. 往复式压缩机一般采用哪些方法调节气量？怎样操作？
3. 往复式压缩机为什么要良好地冷却和润滑？

项目二　离心式压缩机

一、离心式压缩机的工作原理和结构

1. 离心式压缩机的工作原理

离心式压缩机又称透平式压缩机，它的结构和工作原理与多级离心泵相似，气体在叶轮带动下作旋转运动，由于离心力的作用使气体压强增高，经过一级一级的增压作用，最后可以得到相当高的排气压强。

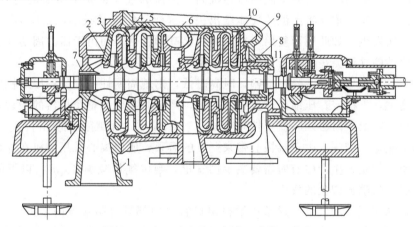

图 2-54　离心式压缩机的典型结构示意图

1—吸气室；2—叶轮；3—扩压室；4—弯道；5—回流器；6—蜗壳；

7,8—轴端密封；9—隔板密封；10—轮盖密封；11—平衡盘

图 2-54 所示的是一台六级两段离心压缩机的典型结构示意图。气体经吸气室进入到一段第一级叶轮内，在叶轮高速旋转的带动下，气体获得很大的动能，气体从叶轮四周甩出后进入扩压室，将气体的部分动能转化为静压能，提高气体压力。由此依次进入二、三级叶轮，进一步提高气体压力。经三级压缩后，因气体压力增大、温度升高，需将高温气体由蜗壳引出机的中间冷却器冷却，冷却后的气体再由二段第四级气体进口处进入第四级叶轮，继续进行升压，最后从第六级叶轮甩出来进入末级蜗壳进行最后增压，这样，气体以较大的压力离开汽缸进入输送管路。

2. 离心压缩机的主要结构

离心压缩机的主体结构由转动部分和固定部分两部分组成。转动部分包括主轴、叶轮、平衡盘等部件，又称转子；固定部分包括汽缸、扩压器、弯道和回流器等部件，又称定子。每个叶轮和与之相应配合的固定元件称为一级。

3. 离心压缩机的特点

离心式压缩机与往复式压缩机相比，具有体积小、重量轻、占地面积小、运行平稳、排气量大，且均匀无脉冲、结构紧凑、运转周期长等优点。但其制造精度要求高，操作适应性差，气体的性质对操作性能影响较大，气流速度大，气体与流道内的部件摩擦损失较大，效率不如往复式压缩机高。

想一想

1. 离心式压缩机的主体结构由哪两部分组成？每一部分又包括哪些部件？
2. 离心式压缩机由哪些主要部件构成？

二、离心压缩机的性能及气量调节

1. 离心式压缩机喘振现象

离心式压缩机通常都标有最小流量 $q_{V,\min}$ 和最大流量 $q_{V,\max}$，它是实际操作的流量 q_V 范围，此范围内效率 η 较高，运行较经济。

(1) 喘振现象　当实际流量减少到 $q_{V,\min}$ 以下时，离心式压缩机出现不稳定工作状态，发生喘振（或飞车）现象。所谓喘振现象，是指压缩机供气量小于 $q_{V,\min}$ 时，压缩机压力突然下降，排出管路中的高压气体倒流回压缩机内。倒流的气体补充了压缩机内的流量不足，叶轮又恢复正常工作，重新将倒流的气体压出去，这样又使流量减小，则压力又突然下降，气体倒流又一次发生。如此周而复始，在压缩机出口和管网之间由于压力周期性变化，使系统中发生周期性的气流振荡现象，即为喘振现象。

喘振时，气流发生脉动，噪声加剧，时高时低，出现周期性的变化；压缩机压力突然下降，变动幅度大，不稳定；压缩机产生强烈振动，严重时会引起整个机器的振动，甚至破坏整个装置。故实际操作时必须将流量控制在 $q_{V,\min}$ 以上，以防止喘振现象的发生。

(2) 防止喘振的措施　由于喘振会带来严重的后果，所以离心式压缩机在操作中不允许发生喘振现象。但是，生产中有时需要减少供气量，当供气量减小到 $q_{V,\min}$ 以下的不稳定工作区时，势必导致喘振现象的发生。

为了防止喘振现象的发生，通常压缩机出口管路中都装有防喘振的装置。如图 2-55 所示，在出口管路中装放空阀或部分放空并回流就是其中的两种防喘振措施。当压缩机的排气量降低到接近喘振点流量时，通过文氏管流量传感器 1 发出信号给伺服电动机 2，使电动机开始动作，将防喘振阀 3 打开，使一部分气体放空或回流至吸气管内，使通过压缩机的气量总是大于管网中的气量，从而保证系统总是处在正常的工作状态。

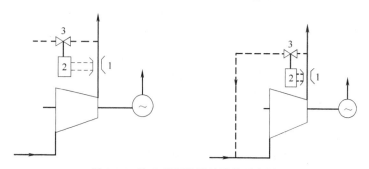

图 2-55　防止喘振装置的结构示意图

1—流量传感器；2—伺服电动机；3—防喘振阀

2. 离心式压缩机的气量调节

在实际工作中，离心压缩机和离心泵一样安装在管网系统中，常常遇到要求流量变化的问题。为了保证系统对压力或流量的要求，就需要对压缩机进行调节。气量调节实际上就是调节管风特性或压缩机特性。离心式压缩机常用的气量调节方法有调整进口或出口阀门的开启程度、改变压缩机转速等。

（1）改变转速　压缩机的转速不同，对应的特性曲线就不同。因此，可通过改变压缩机转速改变工作点，满足管网对气量的要求。改变转速调节流量是最经济的方法，且调节范围广泛，无节流损失，适合于驱动机为汽轮机和燃气机的离心压缩机。

（2）进口节流调节法　即调节进口阀的开启程度。对转速一定的压缩机，在进气管上安装节流阀，通过改变阀门的开度来改变压缩机的特性曲线，达到调节流量的目的。该法操作简单，经济性能好，可使压缩机的特性曲线向小流量方向移动，进而使喘振流量也向小流量方向移动，扩大了压缩机的稳定工作范围。常用于转速固定的离心压缩机的流量调节。

（3）出口节流调节法　即调节出门阀的开启程度。在压缩机排气管上安装节流阀，通过改变阀门的开度便可改变管网的阻力，从而改变管网的特性曲线，而对压缩机特性曲线没有影响。这种调节方法操作简单，但由于气体节流带来的损失太大，使整个机器的效率大大降低，最不经济，且喘振临界点仍为原喘振点，在压缩机上一般不用它作为正常调节的方法。

⚙》想一想

1. 离心式压缩机的特性曲线是怎样的？

2. 什么是喘振？喘振有什么危害？可采用什么措施来防止喘振现象的发生？

3. 离心式压缩机的气量调节方法有哪几种？

项目三　通　风　机

一、通风机的分类

1. 通风机的分类

通风机是一种在低压下沿管道输送气体的机械。化工生产常用的通风机主要有两种类型，即轴流式和离心式。

（1）轴流式通风机　轴流式通风机的结构如图2-56所示，在机壳内装有快速旋转的叶轮，叶轮上固定有12片形状与螺旋桨相似的叶片。当叶轮转动时，叶片推动空气，使之沿着与轴平行的方向流动，叶片将能量传递给空气，使排出的气体的压力略有升高，其特点是压力不大而送风量大。

轴流式通风机的体积小，重量轻，常安装在墙壁或天花板上，主要用于车间的通风换气、空冷器和凉水塔等的通风。

（2）离心式通风机　离心式通风机的结构和工作原理与单级离心泵相似，如图2-57所示，同样具有一个蜗壳和一个调整旋转的叶轮。蜗壳的作用是收集由叶轮抛出的气体，并将部分动能转化为静压能。叶轮的作用是将电动机的能量传递给气体。为适应气体的可压缩性和大流量的要求，叶轮的直径和宽度比离心泵的叶轮要大得多，且叶片数目较多，而长度较短。

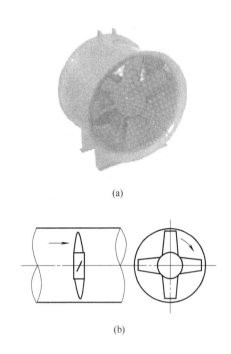

(a)

(b)

图 2-56 轴流式通风机装置及结构示意图

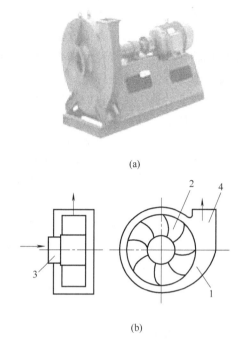

(a)

(b)

图 2-57 高压离心式通风机装置及结构示意图
1—蜗壳；2—工作叶轮；3—吸入口；4—排出口

想一想

1. 通风机分为哪两大类？主要用在什么场合？

2. 轴流式通风机的结构和原理是怎样的？

3. 离心式通风机分哪几类？其结构及原理是什么？

二、通风机的性能

离心式通风机的性能参数有风量、全风压与静风压、轴功率和效率等。

（1）风量 风量是指气体在单位时间内流入风机进口的气体体积，以符号 q_V 表示，单位为 m^3/h 或 m^3/s。

（2）全风压与静风压 全风压是指单位体积的气体通过风机所获得的能量，用符号 p_T 表示，单位为 kPa。全风压包括静风压和动风压。

静风压是指单位体积气体在通风机进、出口处的静压能之差，即 $p_2 - p_1$，用符号 p_S 表示，单位为 kPa。

动风压是指单位体积气体在通风机进、出口处的动能之差，即 $\dfrac{u_2^2 - u_1^2}{2}\rho$，用符号 p_K 表示，单位为 kPa。

如果不加说明，通常所说的风压是指全风压。风压与输送气体的密度有关，密度越大，风压越高。密度与气体的性质、温度和压力有关，风机铭牌上标注的风压值是在 101.3kPa 和 293K、空气密度为 $1.2kg/m^3$ 的条件下测定的。选用风机时，必须将管路系统所需要的实际风压 p_T' 换算成以上标准状态下的风压 p_T，然后以 p_T 的数值作为选用风机的依据。

（3）轴功率和效率 离心式通风机的轴功率依风量 q_V（单位为 m^3/s）、风压 p_T（单位为 Pa）和效率 η 计算，以符号 P_a 表示，单位为 kW。

想一想

1. 离心式通风机的性能参数有哪些？
2. 全风压、静风压、动风压分别指什么？
3. 风机铭牌上的风压是在什么条件下测得的？

项目四 鼓 风 机

一、离心式鼓风机

离心式鼓风机又称透平式鼓风机，其结构和工作原理和离心式压缩机类似。图 2-58 所示为一台五级离心鼓风机。当叶轮在机壳内高速旋转时，气体由吸气口进入机壳，在第一级叶轮离心力的作用下使气体压力提高，然后由导轮将气体导入第二级叶轮，再依次通过以后各级的叶轮和导轮，最后由排出口排出。

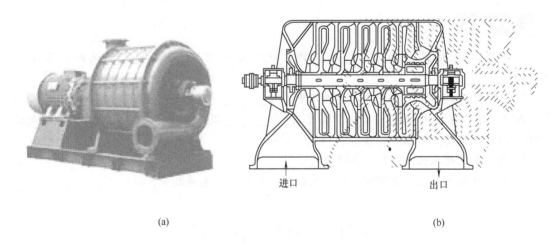

(a)   (b)

图 2-58 五级离心式鼓风机装置及结构示意图

离心鼓风机的外壳直径和宽度都比较大，叶轮叶片数目较多，转速较高，送气量大，但产生的风压不高，出口表压力一般不超过 300kPa。由于离心式鼓风机的压缩比不高，压缩过程中气体获得的能量不多，温度升高不明显，无需设置冷却装置，各级叶轮的直径大体上相同。

想一想

简述离心式鼓风机的结构和工作原理。

二、罗茨鼓风机

罗茨鼓风机的结构、工作原理和齿轮泵相似，如图 2-59 所示，在一个跑道似的机壳内有两个"8"字形转子，两转子之间和转子与机壳之间留有很小的缝隙（0.2～0.5mm），两转子的旋转方向相反，将机壳内分成一个低压区和高压区，气体从低压区吸入，从高压区排出。如果改变转子的旋转方向，应将吸入口与排出口互换，因此，开车前应仔细检查转子的旋转方向。

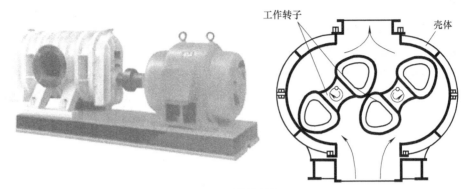

图 2-59　罗茨鼓风机

罗茨鼓风机属于正位移型，风量与转速成正比，当转速一定时，即使出口压强有变化，排气量也基本保持稳定。采用回流支路调节气量，出口阀不能完全关闭。气体进入鼓风机前，应除去尘屑和油污，出口安装气体稳压罐和设安全阀。操作时，气体温度不能超过85℃，否则转子会因受热膨胀而卡住。罗茨鼓风机常用在硫酸和合成氨等生产中。

⟫ 想一想

1. 罗茨鼓风机风量与 ＿＿＿＿ 成正比，当转速一定而出口压强变化时，其排风量＿＿＿＿＿＿＿＿。

2. 罗茨鼓风机属于＿＿＿＿＿＿，操作中采用＿＿＿＿＿＿调节气量，出口阀＿＿＿＿＿＿，气体入口应除去尘屑和油污，出口应装有关＿＿＿＿＿＿及＿＿＿＿＿＿。操作温度不应超过358K，以防转子受热膨胀而卡住。

3. 简述罗茨鼓风机的结构与工作原理。

4. 罗茨鼓风机常见故障有哪些？产生的原因是什么？怎样处理？

项目五　真　空　泵

一、真空泵的主要性能

从设备或系统中抽出气体，使其中的绝对压强低于大气压强，所用的抽气机械称为真空泵。真空泵本质上也是气体压送机械，只是它的进口压强低、出口为常压。

通常将真空泵分为干式和湿式两大类。干式真空泵只能从设备中抽出干燥气体，其真空度高达 $96\%\sim99\%$；湿式真空泵在抽气的同时允许带走较多的液体，只能产生 $85\%\sim90\%$ 的真空度。从结构上分，真空泵有水环式、往复式和喷射式等形式。

真空泵的主要性能有抽气速率和极限真空等指标，选用真空泵时主要依据这两个指标。

(1) 抽气速率　抽气速率也就是真空泵的生产能力，是指单位时间内真空泵在残余压力下所吸入气体的体积，单位为 m^3/h。

(2) 极限真空　极限真空又称残余压力，是指真空泵所能达到的最低绝对压力值，单位为 Pa。

（3）真空度百分数　真空度百分数是真空度与大气压的比值，即

$$p_{真}(\%)=\frac{真空度}{101.3\times10^3}\times100\%$$

⟳ 想一想

1. 真空泵分_____和_____两大类。_____只能从容器中抽出干燥气体，真空度可达_____；_____抽吸气体时允许带有少量液体，产生的真空度可达_____。

2、从结构上分，真空泵可分为_____、_____和_____等形式。

3、选用真空泵时，主要依据_____、_____这两个指标。

二、真空泵的类型

1. 往复式真空泵

往复式真空泵的结构及工作原理与往复式压缩机基本相同，差异不大，但是目的不同，压缩机是为了提高出口气体压力，而真空泵是在远低于一个大气压下操作，降低入口处气体压力，其排气压强为 101.3kPa（绝压）。

为降低余隙气体的影响，除真空泵余隙系数必须很小外，在真空泵汽缸左右两端设置一个平衡气道，如图 2-60 所示，在活塞终点时的汽缸内壁上加工出一个凹槽，当活塞排气终了时能连通平衡气道，且在很短时间内使余隙中部分残留气体从活塞一侧流向另一侧，降低余隙气体的压力，提高生产能力。

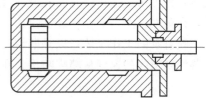

图 2-60　平衡气道示意图

真空泵和压缩机一样，汽缸外壁采用冷却装置，以除去气体压缩和机件摩擦所产生的热量。另外，真空泵采用的活门更轻巧，阻力更小，启闭更及时、方便。

往复式真空泵属干式真空泵，操作时必须采取有效措施，确保真空泵的正常工作。例如设置冷凝器，将湿气体中水蒸气冷凝下来，并与进入真空泵的干燥气分开，必要时还可配洗罐，以防所抽气体带液，否则可能造成严重的设备事故。

往复真空泵的缺点是转速低、排气不均匀、结构复杂、运动部件多、易于磨损等，故有被其他真空泵替代的可能性。

2. 水环泵

水环真空泵的结构如图 2-61 所示，圆形外壳内偏心地安装一个叶轮，叶轮上有许多径向叶片，泵壳内约充有一半容积的水。当叶轮旋转时，形成水环，水环的内圆正好与叶轮在叶片根部相切，使机内形成一个月牙形空间。水环具有密封作用，使叶片将空隙形成大小不等的密封小室。若叶轮逆时针旋转，因为水的活塞作用，左边的小室扩大，气体从吸入口吸入；右边的小室变小，气体由排出口排出。

运转时需要不断地补充水，以维持水的活塞作用。若被抽吸的气体不宜与水接触，泵内也可充其他的液体，故又称为液环式真空泵。

水环泵是一种湿式真空泵，最高真空度可达 86kPa。水环真空泵的特点是结构简单、紧凑，没有活门，经久耐用，制造、维修方便，使用寿命长、操作可靠。但效率低，约为 30%～50%，所产生的真空度受泵内水温的控制。主要用于抽吸设备内的空气，或其他无腐蚀性、不溶于水、不含固体颗粒的气体。

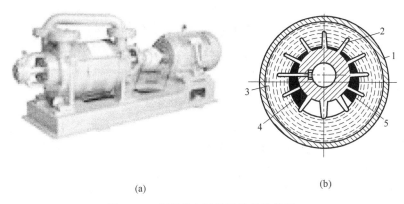

(a)　　　　　　　　　　　　　(b)

图 2-61　水环真空泵装置及结构简图

1—外壳；2—叶片；3—水环；4—吸入口；5—排出口

3. 喷射式真空泵

喷射泵是利用流体流动时静压能转换为动能而造成的真空来抽送流体。它既可用于吸送气体，也可用来抽送液体。在化工生产中，喷射泵主要用于抽真空，故它又称为喷射真空泵，在蒸发、蒸馏操作中经常使用。

喷射泵的工作流体可以是蒸汽，也可以是液体。如图 2-62 所示为单级蒸汽喷射泵。工作蒸汽以很高的速度从喷嘴喷出，在喷射过程中蒸汽的静压能转变为动能，在气体吸入口处

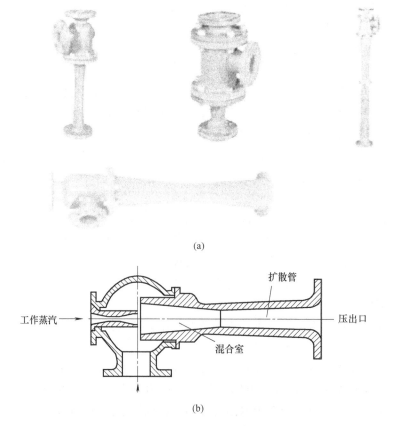

(a)

(b)

图 2-62　喷射式真空泵装置及结构示意图

产生低压，而将气体吸入。吸入的气体与蒸汽混合后进入扩散管，流速降低，压力随之升高，并从压出口排出。

单级蒸汽喷射泵可达到 90% 的真空度。若要获得更高的真空度，需采用多级喷射泵。如三级蒸汽喷射泵，可造成绝对压力为 $33\sim0.5kPa$ 的真空。

喷射泵结构简单，无运动部件，不易发生故障，能输送高温、腐蚀性的及含有固体颗粒的流体。但效率很低，工作流体消耗量很大，故一般多用于抽真空，不作输送用。由于抽送液体与工作流体混合，其应用范围受到一定的限制。

想一想

1. 往复式真空泵与往复式压缩机有什么异同点？为了降低余隙的影响，往复式真空泵在结构上采取了什么措施？

2. 简述水环泵的工作原理，它有什么特点？

3. 试说明喷射式真空泵的工作原理。

课题四　分　离　操　作

【教学目标】

1. 掌握沉降、过滤、离心分离的基本概念，沉降器、板框过滤机、转筒真空过滤机、离心机的结构、原理、操作过程和主要方法。

2. 理解影响沉降、过滤速度的因素，以及过滤介质、助滤剂的作用。

3. 了解其他几种液-固分离设备、气体净制设备的结构和操作要点。

自然界中的物质绝大多数是混合物，混合物的分离是化工生产中的重要过程。混合物一般分为均相混合物和非均相混合物。由相同相态组成的混合物系称为均相物系，例如清洁的空气、纯净水、苯与甲苯混合溶液等。由不同相态组成的混合物系称为非均相物系，主要有气体非均相物系（即由气体与固体或液体组成的混合物，如含尘空气）和液体非均相物系（即由液体和固体组成的混合物，如含泥沙的河水等）。

在非均相物系中，通常有一相处于分散状态，称为分散相，例如悬浮在气体或液体中的固体颗粒；而另一相在分散相的周围，处于连续状态，称为连续相，例如包围在固体颗粒周围的气体和液体。分散相和连续相的密度一般存在很大的差异，密度较大的称为重相，密度较小的称为轻相。

非均相物系的分离在化工生产中应用很广，主要有以下几方面。

① 为了满足工艺条件的要求，要将多相混合物原料进行分离，如烧碱生产中食盐水进入电解槽前的精制。

② 为了得到合格的产品，需要将从反应器出来的生成物进行分离。如石油裂解后经分馏得汽油、柴油、煤油等。

③ 回收有价值的物质。如从流化床反应器出口的气体中回收催化剂颗粒。

④ 减少环境污染，保证生产安全。如排放的"三废"中的废气，在排放前，应将固体颗粒和有害物质进行分离。

本书只介绍利用连续相和分散相之间物理性质的不同，在外力的作用下进行的分离，属于混合物的机械分离。

项目一　分离操作的基本概念

一、分离操作的分类

混合物的分离包括传统分离技术和新型分离技术。新型分离技术中以膜分离技术最为重要。科技的发展对分离技术要求越来越高，现代电子工业中，集成电路、二氧化硅的生产，要求提供的 CO_2 和 H_2 纯度高达 99.99% 和 99.9999%；太空中宇宙飞船内设立空间实验室，要求安装绝对可靠的生命保障系统，包括 CO_2 的收集、分离，氧气的制造，生活污水的分离等。这些要求用传统的分离技术很难实现，须用新型分离技术来完成。

传统分离技术包括均相物系分离和非均相物系分离。均相物系分离包括蒸发、蒸馏、吸收等，分离过程中会涉及物质发生相变，本书后面的相关课题将专门介绍。

非均相物系的分离主要依靠力学原理来实现混合物的分离，一般不涉及相变。按照分离操作的依据和作用力的不同，非均相物系分离主要有以下几种。

① 沉降　根据连续相和分散相的密度不同，在重力场和离心力场中使两相产生相对运动，而实现分离操作，如重力沉降、离心沉降、惯性分离等。

② 过滤　根据两相在固体多孔介质中透过性的差异，在外力的作用下进行分离的操作，如重力过滤、离心过滤等。

③ 湿法除尘　根据对气体增湿或洗涤来进行分离的操作，如文氏管洗涤器、泡沫除尘器等。

④ 静电除尘　根据两相电性的差异，在电场作用下进行分离的操作，如静电除尘等。

⟳》想一想

1. 传统分离技术分_____和_____两大类。

2. 非均相物系的分离包括_____、_____、_____和_____几种。

3. 非均相物系的分离在化工生产中有哪些应用？

4. 下列混合物属于非均相物系的有_____。其中，悬浮液有_____；乳浊液有_____，含尘气体有_____，含雾气体有_____，含泡沫液体有_____。

① 体积分数为 50% 的酒精　　　② 质量分数为 42% 的 NaOH 水溶液

③ 洁净的空气　　　　　　　　④ 除尘处理不合格的烟囱冒的烟

⑤ 浓雾天气的室外空气　　　　⑥ 含沉淀的墨汁

⑦ 医用注射液　　　　　　　　⑧ 浑浊的河水

⑨ 碘酒　　　　　　　　　　　⑩ 正在沸腾的水

5. 下列混合物中，属于连续相的填 a，属于分散相的填 b。

(1) 浑浊河水中的泥沙属于（　　　）。

(2) 沙尘暴天气的含尘空气中，灰尘属于（　　　），含尘空气中的气体属于（　　　）。

(3) 在电解法制烧碱的盐水精制工序，含沉淀物的盐水中，沉淀物属于（　　　），盐水溶液属于（　　　）。

6. 下列分离操作属于非均相物系分离的操作是_____。

① 烧碱生产过程中的沉降和过滤（除去粗盐水中的固体颗粒制取精盐水）

② 硝酸生产中的吸收（稀硝酸吸收 NO_2）

③ 硫酸生产中的旋风分离（从焙烧炉气出来的炉气的除尘）

④ 烧碱生产中的盐碱分离（将蒸发后碱液中的食盐颗粒分离出去，制得液碱产品）

⑤ 原油裂解后蒸馏得到汽油、煤油、柴油、重油等石油品种。

⑥ 碳酸氢铵生产中，将碳酸氢铵颗粒与母液分离。

二、沉降的基础

沉降是指在某种力场中使密度不同的两相物质发生相对运动，从而达到两相分离的目的。根据所受力的不同，沉降可分为重力沉降和离心沉降。

1. 重力沉降

在重力作用下颗粒与流体之间发生相对运动而实现分离的操作过程，称为重力沉降。

（1）重力沉降速度　重力沉降速度是指颗粒在连续相流体中的沉降运动速度。

（2）影响重力沉降速度的因素　在实际沉降操作中，影响沉降速度的因素如下。

① 颗粒特性　对于同种颗粒，球形颗粒的沉降速度大于非球形颗粒的沉降速度。颗粒的直径大，密度越大，则沉降速度越大，越容易进行分离。颗粒浓度大，沉降时受周围颗粒的影响而使沉降速度减慢。

② 流体的性质　流体与颗粒的密度差越大，沉降速度越大；流体的黏度越大，沉降速度越小。因此，分离高温含尘气体时，通常先降低气体的温度，使黏度降低，以增加颗粒的沉降速度，达到更好的分离效果。

③ 流体的流动状态　流体应尽可能处于稳定的低速流动状态，以减少干扰，提高分离效率。

④ 器壁效应　在沉降过程中，由于器壁对颗粒产生摩擦而减小沉降速度。

通常，当颗粒在液体中沉降时，温度升高，液体黏度下降，沉降速度增大；对气体，温度升高，气体黏度减小，对沉降不利。

2. 离心沉降

离心沉降是利用惯性离心力的作用使固体颗粒与流体发生相对运动而实现分离的操作过程。

当固体颗粒随流体做圆周运动时，形成惯性离心力场。在惯性离心力作用下，颗粒随介质旋转运动。由于颗粒的密度大于液体的密度，它所产生的离心力大于液体，在惯性离心力的作用下沿径向方向沉降，固体颗粒被甩向外围，沿器壁沉降下来。

若颗粒为球形，则当颗粒在沉降方向上所受各种力互相平衡时，颗粒作匀速沉降，即颗粒在径向上的相对运动速度就是颗粒在此位置上的离心沉降速度。由于离心力比重力大得多，因此离心沉降速度比重力沉降速度大得多，分离效果也好得多。

⚡》想一想

1. 沉降因受力的不同可分为_____和_____两类。

2. 重力沉降是指在_____作用下颗粒与流体发生_____而实现分离的操作。重力沉降速度是在颗粒作_____时的速度。

3. 离心沉降是指在_____作用下颗粒与流体发生_____而实现分离的操作。

4. 影响重力沉降速度的因素有哪些方面？

5. 离心沉降与重力沉降有何异同？

三、过滤分离基础

过滤主要是分离悬浮液的普遍而有效的单元操作之一。

1. 过滤的基本原理

过滤是在推动力的作用下使悬浮液通过一种多孔性物质的隔层，流体从隔层的小孔中流过，其中固体颗粒被截留在隔层上，从而将悬浮液中的固体颗粒分离出来的单元操作。图2-63所示的是过滤操作简图。在过滤操作中，所用的多孔性物质的隔层称为过滤介质，待分离的悬浮液称为滤浆，被截留在过滤介质上的固体颗粒层称为滤渣或滤饼，通过滤渣和过滤介质的澄清液称为滤液。

2. 过滤操作的基本过程

(1) 过滤　过滤正常进行的阶段，悬浮液通过过滤介质成为澄清液。由于一部分颗粒比过滤介质的小孔稍大，所以在过滤操作开始阶段会有一些细小颗粒穿过过滤介质而使滤液浑浊，但是随过滤的继续进行，有些颗粒便在过滤介质的孔道中形成"架桥"现象，如图2-64所示。随着颗粒的逐渐堆积形成滤饼，滤饼孔道比介质孔道小得多，事实上滤饼起到过滤介质的作用，此时滤液才开始澄清，这时的过滤才是有效操作。

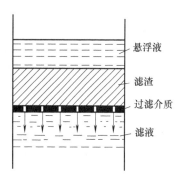

图 2-63　过滤操作简图

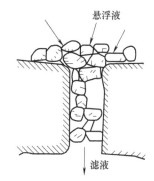

图 2-64　架桥现象示意图

(2) 洗涤　滤饼增至一定厚度，过滤速度会变得很慢，应该把滤饼清除。在清除滤饼之前，滤饼的空隙中还存有部分滤液。将这部分滤液从滤饼中清洗出来，称为洗涤。用水或溶剂清洗滤饼得到的液体叫洗液。

(3) 去湿　洗涤后，将滤饼用压缩空气吹干或真空吸干，称为去湿。

(4) 卸料　将洗涤、去湿后的滤饼卸下，称为卸料。

(5) 复原　卸料后，过滤机要进行复原，重新进行下一轮的过滤操作。

过滤操作是间歇式操作，其周期包括过滤、洗涤、卸料、去湿、复原五个阶段。

3. 过滤操作的分类

按过滤推动力的不同，过滤可分为以下三种类型。

(1) 重力过滤　利用悬浮液本身液柱重力作为过滤的推动力的过滤，称为重力过滤，又叫常压过滤。

(2) 离心过滤　依靠离心力作为过滤推动力的过滤，称为离心过滤。

(3) 压差过滤　依靠在滤饼上游和滤液出口之间压力差推动而进行的过滤，称为压差过滤，包括以下两种类型。

① 加压过滤　在悬浮液上面加压的过滤，称为加压过滤，一般加的压力小于 1MPa。

② 减压过滤　在过滤介质下面抽真空，也叫真空过滤。

4. 过滤介质及助滤剂

工业上常用的过滤介质种类很多，选择合适的过滤介质是过滤操作中的一个重要问题。

(1) 过滤介质　过滤介质的作用是使滤液通过、截留固体颗粒及支承滤饼。所以，对过滤介质的基本要求是：具有多孔性，阻力小，液体易通过；化学稳定性好、耐腐蚀、耐高温；具有足够的机械强度，表面光滑，价格低廉。工业上常用的过滤介质有以下几种。

① 织物状介质　这是使用最广泛的一种过滤介质，如用棉、麻、羊毛、蚕丝或石棉等天然纤维以及各种合成纤维、玻璃纤维织成的非金属过滤介质等，或用金属丝等织成的滤网。织物介质造价低，清洗、更换方便。

② 粒状介质　如细纱、石砾、玻璃碴、木炭屑、硅藻土、膨胀珍珠岩粉、石棉粉等固体颗粒堆积成一定厚度的床层结构。粒状介质适用于过滤含滤渣较少的悬浮液。

③ 多孔固体介质　多孔固体介质是具有很多微细孔道的固体材料制成的管或板等，如多孔陶瓷板、多孔塑料、烧结金属网、金属纤维烧结毡、烧结铝氧化物等。其优点是耐腐蚀、孔隙小、过滤效率高，适用于过滤含少量微粒的腐蚀性悬浮液。

随着操作的进行，滤饼的厚度和流动阻力都逐渐增加。若构成滤饼的颗粒是由不易变形的颗粒组成（如晶体物料），当滤饼两侧的压差增大时，颗粒的形状和床层的空隙都基本不变，此类滤饼称为不可压缩滤饼。反之，若滤饼由无定形的颗粒组成（如一般胶体颗粒），当压差增大时，颗粒的形状和床层的空隙均会有不同程度的改变，此类滤饼称为可压缩滤饼。

(2) 助滤剂　滤饼分为可压缩滤饼和不可压缩滤饼。对于由胶体颗粒组成的可压缩滤饼，其形状会在过滤过程中改变，使孔道变小，以至堵塞滤孔。为了防止这一情况发生，通常使用助滤剂。可在过滤介质表面铺上一层颗粒均匀、质地坚硬、不可压缩的粒状材料，以防止介质孔道堵塞；也可按一定比例加入悬浮液中，在形成滤饼时使能均匀地分散在滤饼中，改变滤饼结构，增加滤饼刚性，使过滤速率得到提高。加入的这种物质称为助滤剂，它能构成疏松的滤饼骨架，使滤饼结构松散，滤液畅通，避免滤布早期堵塞和过滤阻力过大。

对助滤剂的基本要求：具有较好的刚性，能与滤饼形成多孔床层，使滤饼具有良好的渗透性和较小的过滤阻力；具有良好的化学稳定性，不与悬浮液反应，并且不溶解于液相中。

助滤剂一般是质地坚硬的细小颗粒，如硅藻土、石棉、活性炭、珍珠岩、锯屑等。

5. 影响过滤速率的因素

(1) 悬浮液的性质　悬浮液的黏度越小，过滤速率越快。因此，有时还将滤浆先适当预热，使其黏度下降。

(2) 过滤推动力　要使过滤操作得以进行，必须保持一定的推动力，即在滤饼和介质的两侧保持一定的压差。可采用加压或抽真空的方法获得较大压差。但只适用于不可压缩滤饼。

(3) 过滤介质和滤饼性质　过滤介质的影响主要表现在过程阻力和过滤效率上。例如金属网与棉毛织品的空隙大小相差很大，则生产能力和过滤效果差别也就很大。滤饼的影响因素主要为颗粒的形状、大小，滤饼的紧密度和厚度等。

想一想

1. 在过滤操作中，待分离的悬浮液称为_____，通过过滤介质的液体称为_____，被过滤介质截留的固体颗粒称为_____或_____，通过滤渣和过滤介质的澄清液称为_____。

2. 一个完整的过滤操作过程可分为_____、_____、_____、_____四个阶段。

3. 对过滤介质有什么要求？常用的过滤介质有哪几种？

4. 助滤剂在什么情况下使用？其作用是什么？

5. 钛白粉生产过程净化工序的过滤操作中，先将粒度为 60～80 目的木炭粉调成悬浮液，用泵送入板框压滤机，然后才打入滤浆开始过滤，木炭粉属于何种辅助材料？这样做的目的是什么？

6. 影响过滤速率的因素有哪些？

7. 按推动力的不同，过滤可分哪几类？

8. 工业生产中，提高过滤速率的方法有哪些？

四、离心分离基础

1. 离心分离的分类

离心分离可分为两大类。

利用离心力进行沉降操作的，称为沉降式离心分离。当悬浮液（或含尘气体）随转鼓高速旋转时，若转鼓上不开滤孔，固体颗粒被甩向鼓壁而沉降，液体（或气体）向上溢流出去而实现分离。

利用离心力进行过滤操作的，称为过滤式离心分离。转鼓壁上钻许多小孔，衬以金属网或滤布，旋转中的液体通过滤网、滤布和滤孔被甩到鼓外，固体颗粒被滤布截留在鼓内，成为滤饼。

2. 离心机的分离因数

分离因数是离心机性能的一个重要参数。它是反映离心机分离能力大小的指标。离心机的分离因数是指物料在离心力场中所受离心力与重力场中所受重力的比值，以符号 α 表示，其值可近似地由下式计算：

$$\alpha = \frac{Rn^2}{900} \tag{2-41}$$

式中　R——旋转半径，m；

　　　n——转鼓的转数，r/min。

分离因数是用来表示离心机特性的重要因素之一。显然，分离因数的数值越大，说明离心力越大，越有利于固体粒子的分离。从式（2-41）可以看出，增大转鼓的直径和转速都能增大 α 值，但增大转速比增大转鼓的直径更为有利，因此，为了增大离心机的分离因数，一般是增加机器的转速。为了避免因为转鼓转速增加和离心力增大而引起过大的应力，在增大转速的同时要适当减小转鼓的直径，以保证转鼓有足够的机械强度，因此高速离心机转鼓的直径通常都比较小。

想一想

1. 离心分离的基本原理是固体颗粒产生的惯性离心力_____液体产生的惯性离心力。

a. 小于   b. 等于   c. 大于

2. 何谓离心机的分离因数？如何提高分离因数？

项目二 过 滤 机

工业上过滤操作的设备称为过滤机。由于生产工艺不同，形成的悬浮液性质相差很大，料浆的处理量也相差很大，所以过滤设备的类型很多。按操作方法不同，过滤可分为间歇式和连续式两类。按过滤推动力可分为重力过滤、加压过滤、真空过滤和离心过滤等。实际生产中应用较多的是板框过滤机、转筒真空过滤机和加压叶滤机。

一、板框过滤机

1. 板框过滤机的结构

板框压滤机是间歇操作过滤机中应用最广泛的一种，也是最早应用于工业生产过程的过滤设备。图 2-65 所示的为板框压滤机的装置。主要由压紧装置、固定头、滤框、滤板、滤布等部件构成，是由许多滤框、过滤介质和滤板按一定顺序安装在机架上。

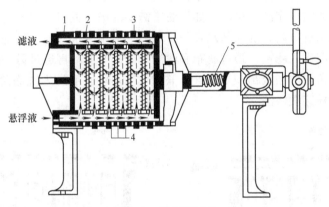

图 2-65 板框压滤机

1—固定头；2—滤板；3—滤框；4—滤布；5—压紧装置

滤板和滤框通常为正方形，也有长方形和圆形的。滤板包括非洗板和洗涤板，为便于识别，滤板和滤框的侧面铸有 1、2、3 数字的小钮，外缘铸有 1 钮的称为过滤板，外缘铸有 2 钮的称为滤框，外缘铸有 3 钮的称为洗涤板。

滤板的表面具有条状或棱状凹槽，滤布覆盖其上，形成许多沟槽形通道，走滤液或洗涤液，滤布夹在交替排列的滤板和滤框之间，通过压紧装置严密压紧，防止渗漏。装合时，每两块板和一块滤框构成一个过滤空间，称为滤室。板和框的两上角均有一个暗孔，装合后连成两条通道，一条是悬浮液通道，另一条是洗涤水通道。此外，框的上角有一暗孔通进料通道，洗涤板的上角有一暗孔通洗涤水通道。非洗涤板和洗涤板的下角（悬浮液的对角线的位置）都有滤液的出口，非洗涤板的另一下角（洗涤水通道的对角线位置）有洗涤液的出口旋塞，如图 2-66 所示。

2. 板框过滤机的操作过程

（1）装合 过滤前，应将板和框按钮数 1-2-3-2-1 的顺序排列，然后把板、框和滤布按前述顺序排列，并转动机头，将板、框和滤布压紧。

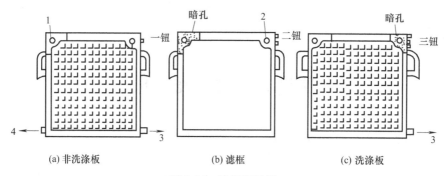

图 2-66 滤板和滤框

1—悬浮液入口；2—洗涤液入口；3—滤液出口；4—洗涤液出口

（2）过滤 过滤操作时，悬浮液在一定压力下从悬浮液通道和滤框上方的暗孔进入滤框的空间内，如图 2-67（a）中所示悬浮液过滤的路程。滤液透过滤布，沿板上沟槽流下，汇集于下端，经滤液出口阀流出。固体微粒在框内形成滤渣。

待滤渣充满滤框后，就结束过滤阶段的操作。如不再洗涤滤渣，就放松机头螺旋，松动板框，取出滤渣，然后将滤框和滤布洗净，重新装合，准备下一次的过滤操作。

（3）洗涤 当滤室内充满滤饼时，如果滤饼需要洗涤，关闭悬浮液进口阀和洗涤板的出口旋塞，打开洗涤水进口阀，洗涤剂水在一定压力下从洗涤水通道经过洗涤剂板上方暗孔进入洗涤板，经过滤布进入滤室，透过滤布和滤渣的全部厚度，再通过另一侧滤布进入非洗涤板，自非洗涤板下角的洗涤液出口阀流出。图 2-67（b）所示的为洗涤阶段洗涤液的路程，这种操作方式称为横穿洗涤法。

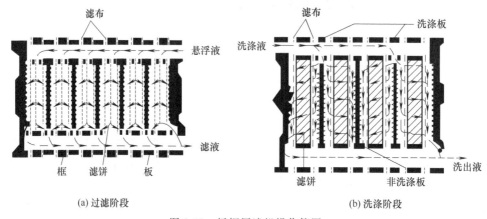

图 2-67 板框压滤机操作简图

（4）卸渣 洗涤完成后，旋开压紧装置松开各板和框，取出滤渣，并将滤布洗净，然后重新装合，开始下一个工作循环。

板框压滤机的每个循环由装合、压紧、过滤、洗涤、卸料和清理等操作构成。这些阶段所需的总时间称为一个操作周期。如果滤渣需要洗涤，就应计入洗涤滤渣的时间。

板框压滤机的优点是：过滤面积大，推动力大，操作压力可高达 1.5MPa，对滤浆适应能力强，所需辅助设备少，结构简单，使用可靠。

缺点是：间歇操作，装卸板框和清除滤饼的劳动强度大，生产效率低，滤渣洗涤慢，不均匀；由于经常拆卸和在压力下操作，滤布磨损严重。

想一想

1. 按操作方法不同，过滤可分_____和_____两类。按过滤推动力可分_____、_____、_____和_____等。

2. 板框过滤机属于_____操作，每个操作周期由_____、_____、_____和_____四个阶段组成。

3. 板框过滤机的操作要点有哪些？

4. 板框过滤机常见的故障有哪些？是什么原因造成的？如何处理？

【技能训练】　板框式过滤机的操作训练

- 训练目标　熟悉板框压滤机的基本结构、工作原理及正常开停车步骤。

二、转筒真空过滤机

转筒真空过滤机是连续操作过滤机中应用最广泛的一种，它是依靠真空系统形成的转筒内外的压差来进行过滤的，如图2-68所示。

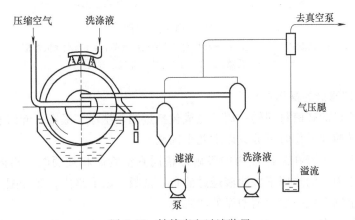

图2-68　转筒真空过滤装置

1. 转筒真空过滤机的结构

图2-69所示的是一台外滤式转筒真空过滤机的操作简图。过滤机的主要部分是一个水

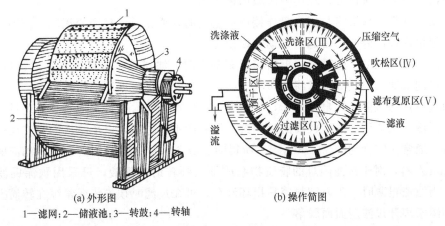

(a) 外形图　　　　　　　　　(b) 操作简图

1—滤网；2—储液池；3—转鼓；4—转轴

图2-69　转筒真空过滤机操作示意图

平放置的回转圆筒，叫转筒。筒的表面有孔眼，并包有金属网和滤布，它在装有悬浮液的槽内作低速回转。转筒的下半部浸在悬浮液内。转筒内部沿径向用隔板分隔成互不相通的扇形格，这些扇形格经过空心主轴内的通道和分配头的固定盘上的小室相通。

配头由紧密贴合的转动盘与固定盘构成，如图2-70所示。转动盘与转筒连成一体，随转筒旋转，固定盘固定在机架上。固定盘内侧面有若干长度不等的弧形凹槽，各凹槽分别与滤液、洗涤水及压缩空气相连通。在转筒转动时，借分配头的作用，使转筒内各个扇形格依次同真空管路或压缩空气管路接通，从而在回转一周的过程中使每个扇形格依次进行过滤、洗涤、吸干、吹松和卸渣五个步骤的循环操作。

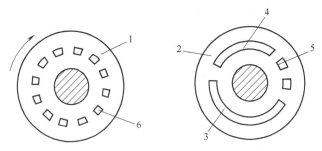

图 2-70　分配头示意图

1—转动盘；2—固定盘；3—与真空管路相通的孔隙；4—与洗涤液贮槽
相通的孔隙；5，6—与压缩空气相通的圆孔

2. 转筒真空过滤机的操作过程

转筒真空过滤机的转筒每回转一周，完成包括过滤、洗涤、吸干、卸渣和清洗滤布等几个阶段的操作。转筒在操作时可分成以下几个区域。

（1）过滤区Ⅰ　当浸在悬浮液内的各扇形格同真空管路相接通时，格内与真空管路相通。在转筒内外压力差的作用下，滤液透过滤布，被吸入扇形格内，经分配头被吸出。滤渣被截留，在滤布上则形成一层逐渐增厚的滤饼。

（2）吸干区Ⅱ　当扇形格离开悬浮液时，格内仍与真空管路相接通，滤饼中残留的滤液在真空下被吸干。

（3）洗涤区Ⅲ　上方的洗涤喷嘴打开，将洗涤水喷洒在滤渣上，洗涤液同滤液一样经分配头被吸出。滤渣被洗涤后，在同一区域内被吸干。

（4）吹松区Ⅳ　扇形格与固定盘连接压缩空气的管道相通，格内变正压，压缩空气经分配头从扇形格内部向外吹，使滤饼松动，以便卸料。

（5）滤布复原区Ⅴ　这部分扇形格移近到刮刀时，滤饼就被刮落下来。滤饼被刮落后，可由扇形格内部通入空气或蒸汽将滤布吹洗净，重新开始下一循环的操作。

转筒真空过滤机能连续自动操作，节省人力，生产能力大，特别适宜于处理量大、容易过滤的悬浮液，也适用于温度较高的悬浮液，但温度不能过高，以免滤液的蒸气压过大而使真空失效，通常真空度约为33～86kPa。所得的滤渣含水量一般为30％左右，滤渣的厚度一般在40mm左右，对于过滤困难的胶质物系或细微颗粒的悬浮液，可采用预涂助滤剂，也很方便。当滤渣很薄时，刮刀卸料容易损坏滤布，可在过滤时预先将绳索绕在转筒上，卸渣时滤渣随绳索离开过滤表面而脱落。

转筒真空过滤机附属设备多，投资费用高，过滤面积不大。近年来，过滤设备和新过滤技术不断涌现，有些已在大型生产中获得很好的效益，例如涂层转筒真空过滤机、真空带式过滤机、采用动态过滤技术的叶滤机等。

3. 转筒真空过滤机的操作要点

（1）开车前的准备工作

① 检查滤布。滤布应清洁无缺损，注意不能有干浆。

② 检查滤浆。滤浆槽内不能有沉淀物或杂物。

③ 检查转鼓与刮刀之间的距离，一般为 1～2mm。

④ 查看真空系统真空度大小和压缩空气系统压力大小是否符合要求。

⑤ 给分配头、主轴瓦、压辊系统、搅拌器和齿轮等传动机构加润滑脂和润滑油，检查和补充减速机的润滑油。

（2）开车

① 点车启动。观察各传动机构运转情况，如平稳、无振动、无碰撞声，可试空车和洗车 15min。

② 开启进滤浆阀门向滤槽中注入滤浆，当液面上升到滤槽高度的 1/2 时再打开真空、洗涤、压缩空气等阀门，开始正常生产。

（3）正常操作

① 经常检查滤槽内的液面高低，保持液面高度为滤槽的 60％～75％，高度不够会影响滤饼的厚度。

② 经常检查各管路、阀门是否有渗漏，如有渗漏应停车修理。

③ 定期检查真空度、压缩空气压力是否达到规定值，洗涤水分布是否均匀。

④ 定时分析过滤效果，如滤饼的厚度、洗涤水是否符合要求。

（4）停车

① 关闭滤浆入口阀门，再依次关闭洗涤水阀门、真空和压缩空气阀门。

② 洗车。除去转鼓和滤槽内的物料。

4. 转鼓真空过滤机的使用与维护

① 要保持各转动部位有良好的润滑状态，不可缺油。

② 随时检查紧固件的工作情况，发现松动要及时拧紧，发现振动要及时查明原因。

③ 滤槽内不允许有物料沉淀和杂物。

④ 备用过滤机应每隔 24h 转动一次。

想一想

1. 转筒真空过滤机的主要部件是一个水平放置的_____，筒上钻有小孔，外面包有_____和_____，筒内用隔板分隔成互不相通的_____，与_____相通。

2. 转筒真空过滤机的工作，关键在于一个_____，能通过它自动地完成_____、_____、_____、_____等操作。

3. 转筒真空过滤机中，转筒的过滤区、吸干区、洗涤区内部都与_____相通，吹松区、滤布复原区的内部都与_____相通。

4. 转筒真空过滤机的转筒分_____、_____、_____、_____和_____五个区，每个操作区间还有一个不大的_____，它起着_____的作用，防止与操作区的连通。

5. 转筒真空过滤机的分配头起什么作用？

6. 转筒真空过滤机的使用与维护应注意什么？

7. 转筒真空过滤机常见的故障有哪些？怎样处理？

项目三　离　心　机

一、离心机的分类

为满足不同生产过程的需要，离心机的品种规格较多，分类方法主要有以下几种。

1. 按分离因数分

按分离因数的大小来分，凡 $\alpha < 3000$ 的称为常速离心机，凡 $3000 < \alpha < 5000$ 的称为高速离心机，凡 $\alpha > 5000$ 的称为超高速离心机。常速离心机适用于含固体颗粒较大或中等以及纤维状固体的悬浮液分离、物料脱水等。高速离心机和超高速离心机适用于分离乳浊液和澄清含颗粒细小的悬浮液或乳浊液。目前，技术最新的离心机分离因数可达 500000 以上，常用来分离胶体物料及破坏乳状液。

2. 按分离过程

离心机可分为间歇式离心机和连续式离心机。

3. 按分离方式

离心机分为过滤式离心机、沉降式离心机和离心分离机。

（1）过滤式离心机　离心机的转鼓上开有许多分布均匀的小孔，转鼓内壁铺上过滤介质，悬浮液随转鼓旋转时，固体颗粒被截留在过滤介质的表面，形成滤饼，并在离心力的作用下被逐渐压紧，滤液则通过滤渣层、过滤介质、转鼓上的小孔被甩出，从而得到较干燥的滤饼，如图 2-71（a）所示。过滤式离心机用来分离含固体颗粒较大、含量较多的悬浮液。

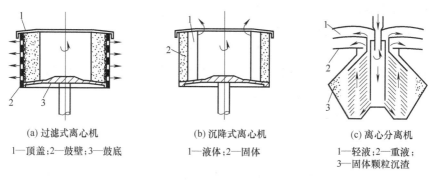

(a) 过滤式离心机　　　　(b) 沉降式离心机　　　　(c) 离心分离机
1—顶盖；2—鼓壁；3—鼓底　　1—液体；2—固体　　1—轻液；2—重液；
　　　　　　　　　　　　　　　　　　　　　　　　　3—固体颗粒沉渣

图 2-71　离心机示意图

（2）沉降式离心机　离心机的转鼓上不开孔，当悬浮液随转鼓一起旋转时，固体颗粒因密度大于液体密度而向转鼓壁沉降，形成沉渣，而留在内层的澄清液体经转鼓上端的溢流口排出，如图 2-71（b）所示。沉降式离心机适用于分离含固体颗粒较少且粒度较细的悬浮液。

（3）离心分离机　乳浊液在离心力的作用下分为内外两层，重液在外层，轻液在内层，微量的固体颗粒沉积于鼓壁上，通过一定的装置分别引出，如图 2-71（c）所示。离心分离机适用于分离两种密度不同的液体所形成的乳浊液或含有微量固体颗粒的乳浊液。

想一想

离心机按分离因数可分为_____、_____和_____三大类，按分离过程可分为_____和_____两类，按分离方式可分为_____、_____和_____三类。

二、化工生产常用离心机

离心机是借助离心的作用分离非均相液态混合物的机械设备，它的主要部件是一个高速旋转的转鼓。离心机由于能产生很大的离心力，可以分离出一般过滤方法不能除去的细小颗粒，也可以分离包含两种不同密度的液体混合物。下面介绍化工生产中常用的几种离心机。

1. 三足式离心机

图 2-72 是一台上部人工卸料间歇式离心机。机器由转鼓、支架和制动器等部件组成，转鼓壁上钻有许多小孔，内壁衬以金属筛网或过滤介质。为了减轻转鼓的摆动和便于拆卸，将转鼓、外壳和联动装置都固定在机座上，机座和外罩用二根拉杆弹簧悬挂在三足支柱上，所以称为三足式离心机。在这种离心机中，转鼓的摆动由拉杆上的弹簧承受。离心机装有手制动器，只能在电动机的电门关闭后才可使用。

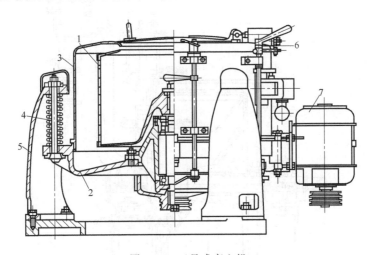

图 2-72　三足式离心机
1—转鼓；2—机座；3—外壳；4—拉杆；5—支柱；6—制动器；7—电动机

操作时，先将悬浮液加入转鼓内，然后启动电机，电动机通过 V 带带动转鼓转动，滤液被甩至外壳内，汇集后，从机座底部的出液口排出，滤渣被截留在过滤介质上。待一批料液过滤完毕，或转鼓内滤饼量达到设备允许的限量时，停止加料，并继续运转一段时间，以甩干滤饼内的滤液。必要时也可洗涤，然后停车，由人工从上部卸出。

三足式离心机的分离因数一般在 430～655。结构简单，振动较小，占空间不大，颗粒破损较轻，适用范围广泛，可用来分离粒状、结晶状或纤维状的物料，过滤时间可随意控制。主要缺点是：间歇操作，生产能力低，卸料不方便，劳动强度大；轴承和传动装置在转鼓的下部，检修不方便，且液体有可能漏入而使其腐蚀。

该离心机广泛应用于制药、化工、轻工、纺织、食品等部门，适用于固体颗粒为 $5\mu m$、固体颗粒含量在 $5\%\sim75\%$ 的悬浮液的分离，特别是过滤周期较长、处理量不大的多种物料的分离操作。

常用的三足式离心机的型号由字母和数字组成。按卸料方式分，人工上部卸料的为 SS型，人工下部卸料的为 SX 型，刮刀下部卸料的为 SG 型。常用的机型有 SS300-N 型、SS450-N 型、SS600 型、SS800 型、SS1000 型，SX800-N 型、SX1000-N 型、SGZ1000-N型、SGZ1200-N 型，SG800-N 型、SG1200-N 型等。

符号意义：第一个 S 代表三足式；第二个 S 代表上部卸料；X 代表下部卸料；G 代表刮刀卸料；N 代表耐腐蚀；字母后面的数字表示转鼓直径（mm）。

2. 卧式刮刀卸料离心机

卧式刮刀卸料离心机是连续运转、间歇操作的过滤式离心机。在连续全速运转的情况下，能自动循环、间歇地进行进料、分离、洗涤滤渣、甩干、卸料、洗网等工序。每一道工序的操作时间，在一定范围内根据实际需求可全自动控制，也可用手工直接操作。如图2-73所示，转鼓安装在一个水平安装的主轴上，鼓的内壁装有两层筛网，靠鼓壁的一层是衬网，靠里面的一层是过滤介质。转鼓外面是一个铸造的外壳，下面有滤液出口，外壳的前盖上装有刮刀机构、加料管以及排料斗等。这种离心机用刮刀将已分离脱水的滤渣直接从转鼓内刮下并卸出。

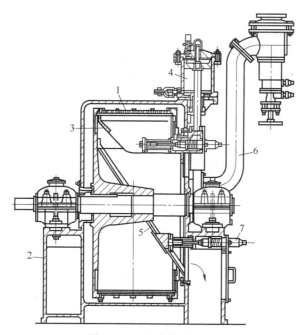

图 2-73　刮刀卸料离心机

1—转鼓；2—机座；3—刮刀；4—油压缸；5—溜槽；6—加料管；7—气锤

操作时，进料阀自动定时开启，悬浮液由进料管进入全速运转的鼓内，受离心力作用，液相经滤网和转鼓壁上小孔被甩到鼓外，由机壳的排液口流出。进料阀开启的同时，排出阀打开。固相留在鼓内，用耙齿将其均匀地分布在滤网上。随滤渣厚度的增加，耙齿可作相对转动。当滤渣达到容许厚度时，进料阀自动关闭，停止进料，滤饼在转鼓内进一步甩干。物料甩干后，冲洗阀门自动开启，洗涤水经冲洗管喷淋在滤渣上，此时排出阀关闭，洗涤液排出阀打开。洗涤一定时间，阀门自动关闭，洗涤液不断被甩出，经另一管路排出。转鼓继续全速运转，待物料充分干燥时，装有长刮刀的刮刀架自动上升，滤渣被刮下，沿倾斜的卸料斗排出机外。且刮刀架升到极限位置后，随即退下，同时冲洗阀又开启，对滤网进行冲洗。

洗网持续一定时间后，就完成一个操作周期，又重新开始进料。

卧式刮刀卸料离心机的优点在于全速下自动控制各工序的操作，减轻体力劳动，适应性好，操作周期可长可短，能过滤某些不易分离的悬浮液，生产能力大，结构比较简单，制造维修都不太复杂。但是刮刀卸料对部分物料造成破损，不适于要求产品晶形颗粒完整的情况，且刮刀寿命短，须经常修理更换。它是目前化工、石油及其他工业部门中使用最为广泛的一种离心机。

常用的卧式刮刀离心机的型号有 GK450-N 型、GK800-N 型、GK1600-N 型。G 代表刮刀卸料，K 代表宽刮刀，N 代表耐腐蚀，字母后数字代表转鼓内径（mm）。

3. 卧式活塞推料离心机

活塞往复卸料离心机是连续运转、自动操作液压脉动卸料离心机，可在全速运转下连续进行加料、分离、洗涤、卸料等，所有工序在转鼓内的不同部位连续进行。但是卸料是间歇推送出去的，整个操作过程都是自动的。

如图 2-74 所示，转鼓内有　个用来推料的活塞卸料器，固定在活塞杆的末端，和转鼓同速旋转，同时又借液压传动机构而作轴向往复运动。

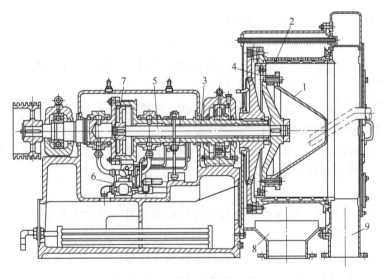

图 2-74　活塞推料离心机

1—进料斗；2—转鼓；3—水平空心轴；4—卸料器；5—轴；
6—齿轮泵；7—圆盘；8—外壳；9—滤渣卸出管

操作时，悬浮液由进料管引入旋转的锥形料斗，在离心力作用下分布在转鼓内的筛网上，滤液经筛网缝隙和鼓壁上小孔被甩至转鼓外，经滤液出口管连续地排出。被截留在滤网上的滤渣被往复运动的卸料器推出。当推料盘向前移动时，滤饼向前移动一段距离，推料盘向后移动时，空出的滤网上形成新的滤饼。推料盘不停地往复运动，滤饼就不停地形成、被推出转鼓及经排料槽排出机外。当滤渣需要洗涤时，可在滤渣被向前推行的过程中使洗涤液经洗涤管喷洒在滤饼层，滤液和洗涤液可分别排出。

往复卸料离心机主要适用于分离固相颗粒大于 0.25mm 的结晶状或纤维状物料的悬浮液。它的优点是自动控制，连续操作，分离效率高，生产能力大，滤饼破碎少，功率消耗也较均匀。但是该机对悬浮液的浓度变化很敏感。要求进料浓度稳定，否则，悬浮液太稀时，滤渣来不及形成，悬浮液便直接流出转鼓，并冲走部分已形成的滤渣，从而造成转鼓中物料分布不均匀，引起转鼓振动。

⏩ **想一想**

简述各离心机的结构及工作原理。

三、离心机操作与维护要点

1. 离心机的操作要点

（1）开车前准备

① 检查机内外是否有异物，主轴螺母有无松动，制动装置是否灵敏可靠，滤液是否通畅。

② 试空车 3～5min，检查转动是否均匀正常，转鼓转动方向是否正确，转动的声音有无异常，不得有冲击声和摩擦声。

③ 检查确无问题后，将清洁滤布均匀铺在转鼓内壁上。

（2）开车

① 装料。将物料放置均匀，不得超过额定体积和质量。

② 启动前盘车，检查制动装置是否拉开。

③ 接通电源时，要站在侧面，不得面对离心机。

④ 待电流稳定在正常参数范围内，转鼓转动正常时，即进入正常运行。

（3）正常操作

① 注意观察转运是否正常，有无杂音和振动，注意电流是否正常。

② 严禁接触外壳，机壳上不得放置任何杂物。

③ 当滤液停止排出后 3～5min 后可洗涤。洗涤时，洗涤水要缓慢均匀，取滤液分析合格后停止洗涤。待洗涤水停止排液 3～5min 后方可停机。

（4）停车

① 停机。先切断电源，待转鼓减速后再使用制动装置，经多次制动，转鼓转动缓慢时，再拉紧制动装置，完全停车。

② 卸料。完全停车后方可卸料，卸料时不得损坏滤布。

③ 卸料后，将机内外检查、清理，准备进行下一轮操作。

2. 离心机的作用与维修要点

① 运转时的检查点：有无杂音和振动；轴承温度是否小于 65℃；电动机温度是否小于 90℃；密封状况是否良好，地脚螺丝有无松动。

② 严格执行润滑规定，仔细检查油箱、油位、油质，润滑是否正常，是否按"三过滤"的要求注油。

③ 定期清洗转鼓，尤其是自动离心机。清洗时先停止进料，将自动改为手动，再打开冲洗水阀门，将整个转鼓洗净。不得停机冲洗，以免水漏入轴承室。

⏩ **想一想**

1. 离心机的操作要点有哪些？

2. 离心机的使用与维护要点有哪些？

3. 离心机常见的故障有哪些？怎样处理？

【技能训练】　三足式离心机的操作训练

• 训练目标　熟悉离心机的工作原理、结构，以及使用注意事项。

项目四　其他分离设备

一、重力沉降设备

1. 降尘室

降尘室是利用重力沉降从气流中除去颗粒的设备，如图 2-75 所示。

含有颗粒的气体进入降尘室气道后，因流道截面积扩大，速度逐渐减慢，只要颗粒能够在通过降尘室的时间内降至室底，便能从气流中分离出来。

为了提高分离效率，在气道中可加设若干块折流挡板，一是可以延长气流在气道中的行程，增加气流在降尘室的停留时间，二是可以促使颗粒在运动时与器壁的碰撞，而后落入器底或集尘斗内。

降尘室结构简单，流体阻力小，但体积庞大，分离效率低，通常用作预除尘设备使用。只适用于分离粒度大于 $75\mu m$ 的粗颗粒。

为了提高分离效率，可采用多层（隔板式）降尘室，如图 2-76 所示。在降尘室内设置若干层水平隔板，当含尘气体经过气体分配道进入隔板缝隙，以很慢的速度沿水平方向流动，颗粒将沉降到各层隔板上，洁净气体自气体集聚道汇集后，由出口气道排出。

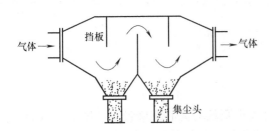

图 2-75　降尘室结构示意图

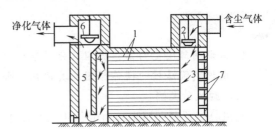

图 2-76　多层隔板式降尘室结构示意图
1—隔板；2,6—调节器；3—气体分配道；
4—气体集聚道；5—出口气道；7—出灰口

降尘室在操作时，应注意气流速度不宜过大，保证气流在层流区流动，以免干扰颗粒沉降或把已沉降下来的颗粒重新扬起。一般气流控制在 $1.2\sim3m/s$。

多层降尘室提高了分离效率，增大了处理量，能分离较细的颗粒，但清灰比较麻烦。

2. 沉降槽

沉降器是利用重力沉降从悬浮液中分离出固体颗粒的设备。若用于低浓度悬浮液分离时称为澄清器；用于中等浓度悬浮液的浓缩时称为浓缩器或增稠器。化工生产中常用的是连续沉降槽，如图 2-77 所示，它是一个底部呈锥形的圆槽，底部有低速旋转的转耙。

操作时，悬浮液连续地从上方中央进料管送到液面以下 $0.3\sim1m$ 处，在整个截面上分散开，固体颗粒向下沉降，在底部形成稠浆，缓慢旋转的转耙将沉降在器底的颗粒收集到中心，从底部中心出口连续排出，排出的稠浆称底流。清液从上部四周的溢流口连续排出。

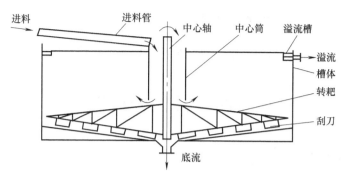

图 2-77 连续沉降槽的结构示意图

沉降器必须有足够大的横截面积，沉降槽加料口以下的增浓段必须有足够的高度。为了在给定尺寸的沉降器内获得最大可能的生产能力，应尽可能提高沉降速度，对于颗粒细小的悬浮液，常添加一些无机电解质（称为凝聚剂）或表面活性剂（称为絮凝剂），使细粒发生"凝聚"或"絮凝"，使小颗粒相互黏附和凝结，成为大颗粒，提高沉降速度。沉降器中装设搅拌转耙，除能把沉渣导向排出口外，还能促使沉淀物的压紧，从而加速沉聚过程。

连续沉降器能连续操作，构造简单，处理量大，沉淀物的浓度均匀。但设备庞大，占地面积大，分离效率比较低。

重力沉降适用于处理量大、浓度低、颗粒较粗的悬浮液，一般只作为悬浮液的预处理，增浓后再进一步处理，以节省能耗。如工业上大多数污水处理；烧碱工艺中，先用沉降器将盐水中的大部分沉淀物分离，不规则的送至过滤器处理；联合制碱工艺中，先将氯化铵悬浮液经重力沉降增稠，再送离心机分离。经过这种设备处理后的沉渣中还含有约 50% 的液体。

想一想

1. 试说明降尘室的工作原理及分离条件。
2. 试说明沉降槽的操作原理及其适应场合。

二、旋风分离器

旋风分离器是利用离心力的作用从气流中分离出颗粒的离心沉降设备。图 2-78（a）所示的是具有代表性的结构形式，称为标准旋风分离器。主体的上部为圆筒形，下部为圆锥形。各部件的尺寸均与圆筒直径成比例。

操作时，含尘气体由圆筒上部的进气管沿切向进入，受器壁的约束，在器内形成一个绕筒体中心向下做螺旋运动的外旋液。在离心力作用下，颗粒被甩向器壁后失去动能，并沿壁面落至锥底的排灰口，定期排放。净化后的气体绕中心轴由下而上做螺旋运动，最后从顶部排气管排出，如图 2-78（b）所示。通常，把下行的螺旋形气流称为外旋流，上行的螺旋形气流称为内旋流（又称气芯）。内、外旋流气体的旋转方向相同。外旋流的上部是主要除尘区。

旋风分离器结构简单，造价较低，没有运动部件，操作不受温度、压力的限制；分离效率较高，是工业生产中最常用的一种除尘和分离设备。但气体在分离器内流动阻力较大，对器壁的磨损较大，不适用于分离黏性的、湿含量高的粉尘和腐蚀性粉尘。

想一想

说一说旋风分离器的操作原理及适用场合。

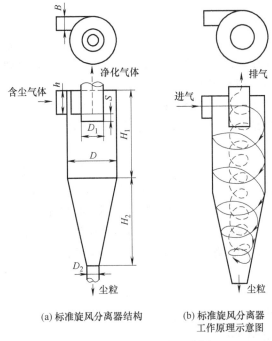

（a）标准旋风分离器结构　　　（b）标准旋风分离器
工作原理示意图

图 2-78　旋风分离器示意图

三、静电除尘器

静电除尘法的原理是利用高压电场使气体发生电离，含尘气体中的粉尘带电，带电尘粒在强电场的作用下积聚到集尘电极（阳极）上，从而使气体得到净化。静电除尘法的设备有静电除尘器、静电除雾器等。

静电除尘器能有效地捕集 $0.1\mu m$ 粉尘或雾滴，分离效率很高，可达 99%，最高可达 99.99%，阻力较小；处理量大，低温操作时性能良好，但也可用于 $500℃$ 左右的高温气体除尘；能连续、自动操作。其缺点是设备费用大，消耗钢材多，对操作管理要求高，因此只有在确实需要时才选用此法。

想一想

试说明静电除尘的原理及特点。

项目五　液 体 搅 拌

一、搅拌的作用

前面所讨论的流体流动都是在不同设备之间的管路中进行的。此外，化工生产中还有一种比较特殊但比较常见的流体流动方式，即液体在某个特定的设备内流动，流体流动中所需要的外部能量不是利用泵，而是由电动机通过某种机械装置直接传给液体。工程上把这种在设备内部由于搅拌器作用所造成的液体流动操作称为液体搅拌，所采用的机械装置称为搅拌器。

必须指出，除了利用机械搅拌之外，还使用其他的搅拌方式，如气流搅拌。化工生产中大多采用机械搅拌。

液体搅拌的作用，大体上可以分为三类。

① 增加反应速率或强化物质的传递。通过搅拌的作用使参加反应的物质互相掺合，充分接触，从而提高其反应速率或强化传质速率。这种例子很多，例如固体的溶解和浸取，有机合成中的磺化、硝化等，都采用搅拌。

② 强化传热过程。生产中有许多液体物料常常需要加热或冷却，特别是在加热某些黏稠物料或将溶液冷却析出结晶的情况下，常常采用搅拌器以加速容器器壁与流体之间的传热，防止局部过热或过冷。

③ 保证料液混合均匀。在化工生产中，有许多料液并不是由单一的物质构成，有的是两种以上的互溶液体组成的混合液，有的是液体与固体微粒所组成的悬浮液，有的是不互溶的液体组成的乳浊液，为了保证料液均匀，常常采用搅拌操作。

实际操作中，一个搅拌器常常可以同时起到多种作用。例如在一个带搅拌的冷却结晶器中，搅拌既起到了强化传热的作用，又可以使得逐步形成的结晶颗粒不至沉到器底。

想一想

1. 什么是液体搅拌？什么是搅拌器？

2. 液体搅拌的作用有哪些？

二、搅拌器的常用类型

搅拌器的类型很多，这里仅介绍几种常用的类型。

1. 旋桨式

旋桨式搅拌器的结构类似于飞机和轮船中螺旋推进器的桨叶，通常由三片桨叶组成，

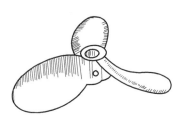

图 2-79 三叶推进器装置图

如图 2-79 所示。其直径一般为容器的 $1/2.5\sim1/4$，转速很高，叶片端部的圆周速度达 $5\sim15\mathrm{m/s}$，适用于低黏度（$\mu<10\mathrm{Pa \cdot s}$）液体的搅拌。

桨式搅拌器的工作原理和轴流泵相同，它实际上是一台无外壳的轴流泵，液体在旋桨的作用下作轴向和切向运动，其轴向分速度使液体沿轴向流动而扫向釜底，待流至釜底后沿壁面折回，再流入旋桨入口，形成如图 2-80 所示的总体流动循环。

旋桨式搅拌器所造成的湍动程度不高，但循环量大，特别适用于要求容器上下均匀的场合。其缺点是，由于切向分速度的影响，液体在容器内作圆周运动时，各层流体之间相对运动较差，不能实现有效的分散，而当液体中含有固体颗粒时，颗粒易被抛向器壁并沉到釜底，起到与分散相反的作用。另外，在离心力的作用下，液体出现表面下凹现象，转速越高这种现象越严重，甚至可能使桨叶中心部分暴露在空气中，将空气卷入，破坏其正常工作。值得指出的是，这种缺点在下面几种类型搅拌器中也不同程度地存在，也就是说这是一个有待改进的普遍问题。

2. 涡轮式

涡轮式搅拌器实质上是一台无泵壳的离心泵，其工作情况与双吸式离心泵相似，液体由轴向两端吸入，在搅拌器中作切向和径向运动，当液体以较大的速度甩向器壁后，分成上、下两路回到搅拌器内，形成总体流动循环，如图 2-81 所示。

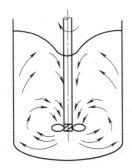
图 2-80　旋桨式搅拌器的工作状态

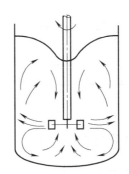
图 2-81　涡轮式搅拌器的工作状态

涡轮式搅拌器通常由六片桨叶组成，桨叶有四种类型，如图 2-82 所示。叶轮直径一般为容器直径的 1/3～1/2，转速较高，端部的圆周速度一般为 3～8m/s。

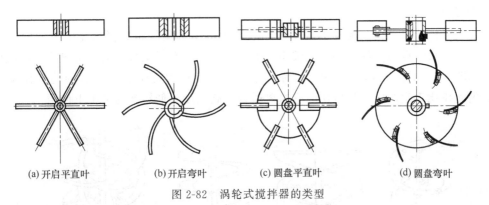

(a) 开启平直叶　　　(b) 开启弯叶　　　(c) 圆盘平直叶　　　(d) 圆盘弯叶

图 2-82　涡轮式搅拌器的类型

涡轮式搅拌器的分散作用比旋桨式好，适用于低黏度或中等黏度（$\mu < 50$Pa·s）并要求微观均匀的搅拌过程，但由于釜内有两个回路，对于易分层的物料（如含有较重固体颗粒的悬浮液）不大适用。

3. 桨式

桨式搅拌器通常由两个叶片组成，依据桨叶形状的不同，又分为平直叶和折叶两种，如图 2-83 所示。平直叶桨式搅拌器的工作原理和涡轮式相近，特别是和平直叶涡轮式搅拌器相比较，除了叶片的长短和数目上的差别之外，本质上没有什么区别。折叶桨式搅拌器的工作原理和旋桨式相近，它可以产生一定程度的轴向液流。

桨式搅拌器的尺寸较大，其直径一般为容器直径的 1/2～4/5，但转速较低，叶片端部的圆周速度为 1.5～3m/s。当釜内液面较高时，可以在轴上装几对桨叶，以增强容器内的搅拌效果。

桨式搅拌器的结构最简单，制造容易。缺点是主要产生旋转方向的液流，即便是折叶式桨式搅拌器，造成的轴向流动范围也不大。主要应用于黏度较高物料的搅拌。

4. 锚式和框式

这类搅拌器和上述三类搅拌器的明显区别，在于其直径与釜径非常接近，其中间距一般只有 25～50mm，其外缘形状根据釜内壁的形状而定。但从结构上看，它不过是桨式搅拌器的变形而已，如图 2-84 所示。

这类搅拌器的转速很低，叶片端部的圆周速度为 0.5～1.5m/s，它基本上不产生轴向液流，但搅动范围很大，不会形成死区，主要用于黏度大、要求防止器壁沉积的场合。

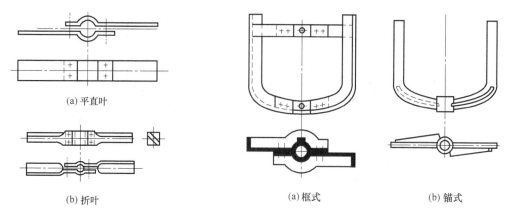

(a) 平直叶

(b) 折叶

图 2-83 桨式搅拌器结构示意图

(a) 框式

(b) 锚式

图 2-84 锚式和框式搅拌器结构示意图

5. 螺旋式

螺旋式搅拌器也是桨式搅拌器的变种形式，生产中常见的螺旋搅拌器的类型如图 2-85 所示。它的主要特点是消耗的功率比较小。据资料介绍，在雷诺数相同的情况下，单螺旋搅拌器〔如图 2-85（e）所示〕的功率比锚式小一半，而单螺旋带式搅拌器的功率比锚式小15％，因此在化工生产中广为应用。它主要适合在高黏度、低转速的情况下使用。

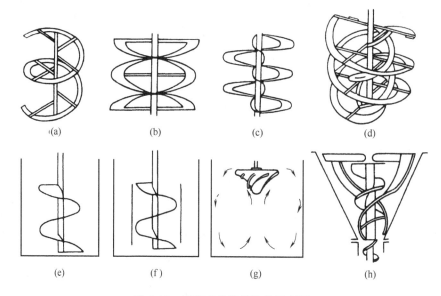

(a)　　　　　(b)　　　　　(c)　　　　　(d)

(e)　　　　　(f)　　　　　(g)　　　　　(h)

图 2-85 螺旋式搅拌器结构示意图

想一想

说明常用搅拌器的类型及其适用场合。

三、强化搅拌作用的措施

搅拌的目的在于给液体输入外部的机械能，以促使液体内部组分之间的分散和混合。但是，由于搅拌器切向分速度的影响，造成液体和搅拌器以相同的方向和速度旋转，叶片和液体之间的作用力很小，使搅拌器的功率加不进去，不能实现各层液体之间的有效分散和混合。为此，通常采用如下的方法来改变液流状况，强化搅拌效果。

（1）装设挡板　最常见的是在器壁上垂直安装四块条形挡板，如图 2-86 所示，挡板宽度通常为容器直径的 1/10～1/12，有效地抑制了液体的旋流，使自由表面下凹的现象大大减少，而且液流在挡板后形成旋涡，增大了整个液流的湍动程度。

如果容器中有温度计管和换热器等，它们在一定程度上也能起到挡板的作用。

（2）装设导流筒　从图 2-80 可以看出，在搅拌器周围无固体边界约束的情况下，液体可沿各种方向回流到搅拌器入口，行程长短不一，但装设导流筒之后，如图 2-87 所示，液体被迫上下流动，液流短路现象消除，大大提高了整体的湍动程度，强化了搅拌效果。

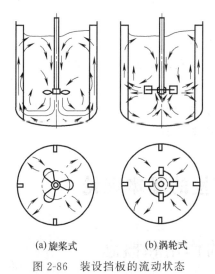

(a)旋桨式　　　　(b)涡轮式

图 2-86　装设挡板的流动状态

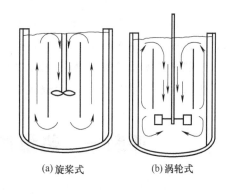

(a)旋桨式　　　　(b)涡轮式

图 2-87　导流筒的安装形式及液流状态

想一想

1. 搅拌的根本目的是什么？为什么要采取强化措施？

2. 强化搅拌的措施有哪些？它们为什么能起到强化作用？

第三单元　热量传递过程的单元操作

【教学目标】

1. 掌握传热的基本概念，能够熟练查取流体的物性数据。
2. 掌握传热的三种基本方式的特点、出现场合以及工业上的换热方法。
3. 掌握强化传热的途径。
4. 了解常用加热方法和加热剂以及常用冷却方法和冷却剂。
5. 能够围绕传热速率基本方程式进行传热的基本计算。

课题一　热量传递过程的基本理论

项目一　热量传递的作用和概念

一、热量传递的作用

温度是保证化学反应进行的主要条件之一。如以前提到的氨的合成，在使用铁系催化剂的条件下，反应温度控制在 743~793K，硫酸生产中 SO_2 氧化成 SO_3，在钒催化剂的作用下，反应温度控制在 695K 左右，温度过高或过低都会导致原料的利用率降低。大家知道化学反应有的是吸热反应，有的是放热反应，为了保证反应在最佳的温度条件下进行，常常需要移出或移入热量。除此之外，化工生产中的一些单元操作，如蒸馏、蒸发、干燥、结晶等，也需要解决传热的问题。由此可见，化工生产中的传热问题是非常重要的。

化中生产中的传热过程通常是在两种流体之间进行，参与传热的流体称为载热体，其中温度较高并在过程中失去热量的流体称为热载热体，温度较低并在过程中获得热量的流体称为冷载热体。如果过程的目的是将冷载热体加热，所用的热载热体称为加热剂；如果过程的目的是将热载热体冷却或冷凝，所用的冷载热体称为冷却剂或冷凝剂。

在传热过程中传热面各点的温度仅随位置的不同而不同，但不随时间变化，这种传热称为稳定传热，否则是不稳定传热。稳定传热时，单位时间内传递的热量是不变的。在化工生产中，除开停车阶段外，多数属于稳定传热。本单元讨论的是稳定传热。

🔁 想一想

1. 传热在化工生产中的作用有哪些？
2. 什么是稳定传热？
3. 热载热体与加热剂有什么区别？

二、热量传递中的基本概念

（1）温度　温度的计量标准叫温标，它是表示物体冷热程度的物理量，热力学温度符号用 T 表示，单位是 K。有时也用符号 t 表示，单位是摄氏度 ℃。

摄氏温度与热力学温度的关系式为：

$$t(℃) = T(K) - 273.16(K) \tag{3-1}$$

（2）热量　在传热过程中高温物体放出热量，低温物体吸收热量，只有冷热物体传热过程才有热量。所以说热量指的是热传递过程中传递的热能，单位是 J 或 kJ。

（3）比热容　化工计算中常用定压比热容，符号"c_p"，物质的比热容"c_p"是表示每千克该物质在传热过程中温度升高或降低 1K 吸收或放出多少 kJ 的热量，单位是 kJ/(kg·K)。各种物质的比热容是根据实验测定的，其数值可查取有关手册，表 3-1 列出了某些固体物质的比热容。

利用列线图查取的比热容是纯态的比热容，对于混合物质比热容的计算可参阅有关书籍。

$$c = c_1 x_{W1} + c_2 x_{W2} + \cdots + c_n x_{Wn} \tag{3-2}$$

式中　　c_1，c_2，$\cdots c_n$——各物质在同一温度下的比热容，kJ/(kg·K)；

x_{W1}，x_{W2}，$\cdots$，x_{Wn}——各物质在混合物中所占的质量分数。

表 3-1　某些固体物质的比热容/[kJ/(kg·K)]

物质	$CaCl_2$	KCl	NH_4Cl	NaCl	KNO_3	$NaNO_3$	Na_2CO_3	$(NH_4)_2SO_4$	糖	甘油
比热容	0.687	0.679	1.52	0.838	0.926	1.09	1.09	1.42	1.295	2.42

 练一练

根据附录二和附录三，查取某物质在一定温度下的比热容数值。并求取 298K 时 25% 的食盐水溶液的比热容；308K 时 Na_2CO_3 溶液的比热容是多少？

（4）潜热　潜热是每千克物质由于相态发生变化需要吸收或放出的热量，单位为 kJ/kg。物质由液态变成同温度的气态需要吸收热量，将其称为汽化潜热，用符号 r 表示；由气态变成同温度的液态需要放出热量，将其称为冷凝潜热，用符号 R 表示。

同一种物质在同一操作条件下的汽化潜热和冷凝潜热在数值上是相等的。

各种物质的潜热数值是由实验测定的，可查取有关手册获取。

利用图表查取的潜热是纯态物质的比热容，对于混合物平均潜热由经验公式获取：

$$r = r_1 x_{W1} + r_2 x_{W2} + \cdots + r_n x_{Wn} \tag{3-3}$$

式中　　r_1，r_2，$\cdots$，r_n——各物质在同一条件下的潜热，kJ/kg；

x_{W1}，x_{W2}，$\cdots$，x_{Wn}——各物质在混合物中的质量分数。

（5）焓　也称热焓，物质在某一状态（温度，压力等）下的焓值，就是使该物质由基准状态变为现状态时所需的热量。在热量计算中，物质在某温度下热焓的数值一般指 1kg 流体由 273K 加热至某一指定温度（包括相变）时所需的热量。热焓的符号为 $H(h)$，单位是 kJ/kg。

（6）饱和蒸汽与过热蒸汽　将水加热全部汽化为同温度下的水蒸气称为饱和蒸汽，将此

蒸汽继续升温得到的水蒸气称为过热蒸汽。

想一想

1. 什么是温度？摄氏温度与热力学温度的关系是什么？30℃相当于多少 K？

2. 这个物体有很多的热量，这样说合适吗？

3. 什么是比热容？将下列物质在 353K 时的比热容填在下表里。

水	乙醇	乙酸	60%乙酸水溶液	60%乙醇水溶液

4. 什么是潜热？将下列物质在 353K 时的汽化潜热填在下表里。

水	乙醇	乙酸	60%乙酸水溶液	60%乙醇水溶液

5. 什么是焓？将水在 293K、333K、373K、573K、613K 时的焓填在下表里。

293K(汽)	333K(汽)	373K(汽)	573K(液)	613K(液)

项目二　传热的基本方式和工业上的换热方法

热量的传递是由于系统内两部分之间温度的差别而引起的，热量总是自发地由高温物体传给低温物体，没有温度差，传热过程也就停止了，因此温度差就是传热过程的推动力。根据热量传递的机理不同，可以分为传导、对流、辐射三种基本方式，如图 3-1 所示的锅炉内加热水的过程。

由上图可以看到温度高的火焰把热量传给锅炉内温度低的水，分为三个步骤进行：第一步，温度较高的火焰以辐射的方式将热量传给锅炉壁的一侧；第二步，在锅炉壁内部，温度较高的锅炉壁向温度较低的锅炉内壁以导热的方式传递热量；第三步，锅炉内壁向温度最低的水以对流的方式进行传热。

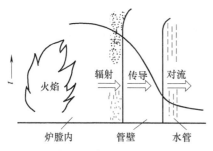

图 3-1　锅炉内传热基本方式的分析

一、传导传热

1. 导热的原理

将铁棒一端放进火炉内，不一会儿铁棒的另一端也随着热起来，这种现象就是热传导。这是由于铁棒高温端内部的分子、原子和自由电子获得能量以后振动激烈，与相邻温度较低的分子、原子和自由电子相互碰撞，将热量以动能的方式传递过去，使得低温端的温度升高。在热传导的过程中，物质内部的分子和原子宏观上不产生相对位移。所以，热传导是由于大量分子、原子和自由电子的相互碰撞，热能从物体的温度较高部分传到温度较低部分的过程。导热主要在固体物质和静止的流体内进行。

2. 导热速率

物体在单位时间内以导热的方式传递的热量，如图 3-2 所示。
当图中壁面两侧的温度 $T_1 > T_2$ 时，热量以传导的方式沿着与壁
面垂直的方向从 T_1 平面传到 T_2 平面，实践证明单位时间内以传
导的方式传递的热量与壁面两侧的温度差 $T_1 - T_2$、壁面面积 A 和
热导率 λ 成正比，而与壁面厚度成反比。

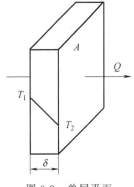

$$Q = \frac{\lambda}{\delta} A (T_1 - T_2) = \frac{T_1 - T_2}{\dfrac{\delta}{\lambda A}} = \frac{\Delta t}{R} = \frac{推动力}{阻力} \tag{3-4}$$

由上式可以看出，导热速率与导热过程的推动力成正比，与
过程的阻力成反比，要想提高过程速率就要提高过程的推动力，
减少过程阻力。

图 3-2 单层平面
壁热传导

3. 材料的热导率

将式（3-4）改写一下：

$$\lambda = \frac{Q\delta}{A(T_1 - T_2)} \tag{3-5}$$

当操作过程中所用的设备一定，操作条件一定，A、δ、T_1、T_2 为常数时，热导率直接
反映出导热速率的大小，因此物质的热导率 λ 是物质导热能力的标志，是物质的重要物理性
质之一，热导率的数值越大表明物质导热能力越强，反之越弱。因此在强化传热的场合应选
用热导率大的材料；在削弱传热的场合应选用热导率较小的材料。物质的热导率不仅因物质
的性质、结构不同而有区别，而且随温度、压力的变化而变化。一般说的固体热导率随温度
的升高而增大；液体热导率除水和甘油外大多数随温度的升高而降低；气体热导率随温度增
高而增大，气体热导率与压强有关，在通常压力范围内忽略其影响，但对高压气体是不能忽
略的，具体计算可参阅有关资料，表 3-2 列出了一些气体物质在大气压下热导率与温度的关
系。若将物质按导热性能好坏进行排序，那么固体金属最好，固体非金属次之，液体较差，
气体最差。

表 3-2 某些气体物质在大气压下热导率与温度的关系

T/K	$\lambda \times 10^3 / [\mathrm{W/(m \cdot K)}]$									
	空气	N_2	O_1	水蒸气	CO	CO_2	H_2	NH_3	CH_4	C_2H_4
273	24.4	24.3	24.7	16.2	21.6	14.7	174.5	16.3	30.2	16.3
323	27.9	25.8	29.1	19.8	24.4	18.6	186		36.1	20.9
373	32.5	31.5	32.9	24.0		22.8	216	21.1		26.7
473	36.3	38.5	40.7	33.0		30.0	258	25.8		
573	46.0	44.9	48.1	43.4		39.1	300	30.5		
673	52.2	50.2	55.1	55.1		47.3	342	34.9		
773	57.5	55.8	61.5	68.0		54.9	384	39.2		
873	62.2	60.4	67.5	82.3		62.1	426	43.4		
973	66.5	64.2	72.8	98.0		68.9	467	47.4		
1073	70.5	67.5	77.7	115.0		75.2	510	53.2		
1173	74.1	70.2	82.0	133.1		81.0	551	54.8		
1273	77.4	72.4	85.9	152.4		86.4	593	58.3		

导热在化工生产中应用很广，换热器的列管、壳体壁面进行的传热都是导热，真空耙式
干燥气和滚筒干燥气也是以传导的方式加热湿物料的，因此在实际生产中要根据过程进行的
目的合理地选择不同热导率的材料，对于强化或削弱过程的速率、节约能源有着非常重要的

意义。

各种物质的热导率见表 3-3 和表 3-4。

表 3-3　某些固体物质在 273～373K 时的热导率

金属材料		建筑或绝热材料		金属材料		建筑或绝热材料	
物料	$\lambda/[W/(m \cdot K)]$	物料	$\lambda/[W/(m \cdot K)]$	物料	$\lambda/[W/(m \cdot K)]$	物料	$\lambda/[W/(m \cdot K)]$
铝	204	石棉	0.15	不锈钢	17.4	保温砖	0.12～0.21
青铜	64	混凝土	1.28	铸铁	46.5～93	85%氧化镁粉	0.07
黄铜	93	绒毛毡	0.047	石墨	151	锡木屑	0.07
铜	384	松木	0.14～0.38	硬橡胶	0.12	软木片	0.047
铅	35	建筑用砖	0.7～0.8	银	412	玻璃	0.7～0.8
铁	46.5	耐火砖	1.05				

表 3-4　某些液体物质在 293K 时的热导率

名称	$\lambda/[W/(m \cdot K)]$	名称	$\lambda/[W/(m \cdot K)]$	名称	$\lambda/[W/(m \cdot K)]$	名称	$\lambda/[W/(m \cdot K)]$
水	0.6	苯胺	0.175	甲苯	0.139	乙酸	0.175
30%氯化钙盐水	0.55	甲醇	0.212	邻二甲苯	0.142	煤油	0.151
水银	8.36	乙醇	0.172	间二甲苯	0.168	汽油	0.186(303K)
90%硫酸	0.36	甘油	0.594	对二甲苯	0.129	正庚烷	0.14
60%硫酸	0.43	丙酮	0.175	硝基苯	0.151		
苯	0.148	甲酸	0.256				

》》 想一想

1. 什么是热传导？发生在什么场合？有什么特点？

2. 什么是导热速率？提高导热速率的措施有哪些？

3. 什么是热导率？如何利用热导率选用工程材料？

4. 思考：铁块和木头长时间放置在寒冷的天气后用左右手同时拿起有什么感觉？为什么？

用铜壶和不锈钢壶用相同功率的电炉加热同样多的水，哪个先开？为什么？

二、对流传热

由于流体内部质点的相对位移而将热量从流体中的某一处传递至另一处的传热过程称为对流传热。如果引起流体内部质点相对位移的原因是由于流体内各点温度不同，引起密度差别而产生的对流称为自然对流，锅炉烧开水就是典型的例子。如果流体质点的位移是由于外力引起的称为强制对流，化工生产中的传热过程往往是通过泵、风机和搅拌器迫使流体流动，所以都属于强制对流传热，此时由于流体质点的湍动，边界层薄，流体质点之间相互混合剧烈，传热效果比自然对流好。所以工业上的对流传热多属于强制对流传热。

实际上化工生产过程中的对流传热常发生在流体与固体壁面或湿物料的表面，通常将流体与固体壁面之间热量交换过程称为给热。

由图 3-3 可知在壁面的两侧都会存在层流内层。层流内层以外是处于湍动状态的流体主体，湍流主体内流体质点出现剧烈的扰动并相互混合，以对流的方式传热，传热速率高，温度变化小，几乎无温差，温度曲线接近水平线。层内流体以平行固体壁的方向直线运动，以导热的方式进行传热，由于流体的热导率远小于固体，所以热阻大，温度变化大，温差大，温度曲线的变化很大。热量在固体壁面之间进行传递时，由于金属的热导率大，热阻小，温

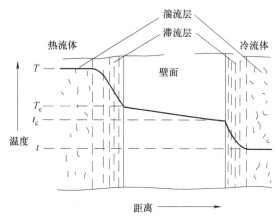

图 3-3　间壁两侧流体热交换时温度分布状况

度变化小，温度曲线平缓。

从以上的分析可知，在给热的过程中由于流体主体是在湍动状态下，对流过程的传热无阻力，对于给热过程几乎没有影响，那么影响给热的主要因素则集中在层流内层以内的导热过程。要想强化传热，应从层流内层入手解决给热的问题。

给热过程是一个较复杂的综合问题，影响因素很多，如流体的种类、流体的性质、流体的湍动状态、流体的对流状况，很难进行严格的数学计算。目前人们将影响给热过程的诸多物理量用膜系数 α 进行概括。依照导热速率的方式求取该传热阶段的给热速率。

$$Q = \alpha A (T - t_{壁}) \tag{3-6}$$

由上式可以看出，当操作温度、传热面积一定时，热阻 R 主要由 α 构成，只有提高 α 的值，才能提高给热速率 Q。这是化工生产强化传热的重要手段之一，生产中要想提高 α 最有效的方法是加大流体湍流程度，减小层流层的厚度。

【例 3-1】　图 3-4 是夹套换热器的示意图，试分析其换热情况，并用箭头标出换热器内液体的流动方向。

解　如图 3-4 所示，蒸汽在夹套内放热，首先将靠近器壁的液体加热。这部分液体受热，温度升高，密度减小，向上流动，器内中间的液体则向下流动，形成如图中箭头所示的自然对流传热，从而使换热器内液体温度均匀。由于流体传热膜系数较小，为了提高传热效率，常在器内装上搅拌器，以使器内液体处于强制对流状态，强化传热效果。

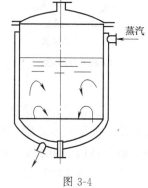

图 3-4

想一想

1. 什么是对流传热？对流的方式有哪些？哪种传热效果好？请举例。

2. 将较薄的湿手绢放在火炉旁，手绢会微微飘动，并且干得快，想一想是什么道理。

3. 什么是给热？在给热过程中为什么说传热阻力主要集中在层流内层里？

4. 提高给热速率的方法是什么？

三、辐射传热

辐射传热是热量以电磁波的形式传递的现象。各种物体只要高于绝对零度，都能以电磁波的形式向外界辐射能量，同时又会吸收来自外界物体发射的辐射能。辐射传热不需要任何介质，可在真空中进行，如太阳对地球的传热即属此类。辐射传热的能力与其自身温度的 4 次方成正比，温度越高，辐射越强。物体以辐射的形式与外界进行热交换的能力还与其表面状况有关，表面越黑暗和粗糙，能力越强。化工生产中，冷热流体的传热往往通过换热器的间壁进行，两种流体温度都不是很高，辐射传热不是很显著，因此辐射的影响一般可以不考虑。但是由于管道和设备外壁温度远高于外界温度，所以必须保温，防止以辐射的形式向外界散失热量。

想一想

1. 什么是传热过程的推动力？

2. 传热有哪几种基本方式？

3. 什么是辐射传热？有什么特点？

4. 人们为什么夏天喜欢穿比较亮丽的衣裳，冬天喜欢穿暗淡粗糙的衣裳？

四、工业上的换热方法

由于换热的目的和工作条件不同，工业上采用的换热方法很多，按其工作原理和设备类型可以分成三类。

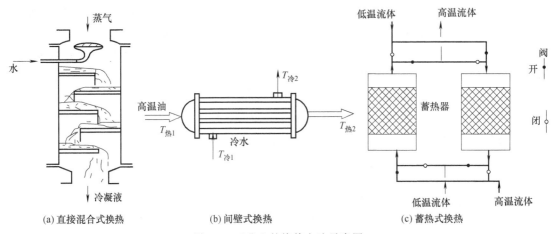

(a) 直接混合式换热 (b) 间壁式换热 (c) 蓄热式换热

图 3-5 工业上的换热方法示意图

（1）直接混合式换热 即冷、热流体直接接触，在混合过程中进行传热。像通常使用的凉水塔、喷洒式冷却塔、混合式冷凝器等都属于这一类型，它们的结构最为简单，传热效果好，但只适用于用水来冷凝水蒸气等允许两股流体直接接触并混合的场合。图 3-5 (a) 所示的是直接混合式冷凝器的示意图。

（2）间壁式换热 在这类换热器中，冷热流体被一个固体壁面隔开，热流体将热量传给设备壁面，壁面再将热量传给冷流体。它适用于冷、热两股液体不允许直接混合的场合。间壁式换热是实际生产中应用最广泛的一种形式。图 3-5 (b) 所示的列管式换热器是各种间壁式换热器中一种典型的结构。

（3）蓄热式换热 这种形式的换热通常是在一个被称为蓄热器的设备内进行的，蓄热器内装有耐火砖一类的填充物。操作时，首先通入热流体，利用热流体的热量使填充物温度升高，贮存热量，然后改通冷流体，填充物释放出所贮存的热量并将冷流体加热，从而达到冷、热流体进行换热的目的。小型石油化工厂中所用的蓄热式裂解炉从传热的角度来看就是一个蓄热式换热器，图 3-5 (c) 是它的示意图。由于这类设备的操作通常是两个蓄热器间歇交替进行的，过程中又难免会发生两股流体的混合，故这类设备在化工生产中使用得并不多，在冶金行业中则比较常用。

想一想

1. 工业上换热的基本方法有哪些？叙述它们的原理。

2. 举出生活中直接混合式换热、间壁式换热、蓄热式换热的例子。

项目三 传热的基本计算

一、间壁两侧流体的热交换

在间壁式换热器中冷热流体通过换热器的固体壁面进行热量交换，首先热流体以给热的方式将热量传给固体壁面，固体壁面间以导热的方式进行传热，而后固体壁面又以给热的方式将热量传给冷流体，也就是说间壁两侧的传热由给热——导热——给热三个阶段构成，如图 3-6 所示。

在稳定传热条件下传热速率是不变的，且三个阶段相等，只要知道一个阶段的传热速率就可表示为换热器的传热速率，而过程每一阶段的温度差计算因都和不易测定的壁温有关，所以只能用冷热流体主体的温度差来表示。换热器传热面积就是固体壁面为两流体提供的接触面。如果用传热系数 K 概括间壁两侧流体换热时的总影响因素，则间壁两侧流体热交换的总传热速率方程式为：

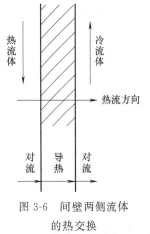

图 3-6 间壁两侧流体的热交换

$$Q = KA\Delta t \tag{3-7}$$

式中　Q——传热速率，W；

　　　K——传热系数，W/(m^2 · K)；

　　　A——传热面积，m^2；

　　　Δt——传热温度差，K。

传热过程的基本计算就是围绕传热速率基本方程式进行的一系列计算。

想一想

1. 写出传热速率基本方程式，说明每个符号的物理意义和单位。

2. 层流内层和湍流主体内的传热方式一样吗？

二、热负荷的计算

热负荷是根据生产项目对换热器提出的换热要求即要求换热器单位时间交换的热量，单位是 W 或 kW。而换热器单位时间内能够交换的热量称为换热器的传热速率，传热速率代表的是换热器的换热能力，是设备的特性。一台换热器换热能力必须满足生产的要求即传热速率必须大于或等于热负荷，所以知道热负荷便可确定其传热速率。热负荷的计算有以下三种方法。

1. 温差法

当冷、热流体在换热过程中只有温度变化而无相态变化时可采用：

$$Q_{热} = q_{m热}c_{热}(T_{热1} - T_{热2})$$
$$Q_{冷} = q_{m热}c_{冷}(t_{冷2} - t_{冷1}) \tag{3-8}$$

式中　$q_{m热}$，$q_{m冷}$——热、冷流体的质量流量，kg/s。

2. 潜热法

当冷热流体在换热过程只有相态变化没有温度变化时可采用：

$$Q_{热} = q_{m热}R_{热}$$

$$Q_{冷} = q_{m冷}r_{冷} \tag{3-9}$$

3. 焓差法

不论流体在换热过程中有无相态变化均可采用：

$$Q_{热} = q_{m热}(H_1 - H_2)$$

$$Q_{冷} = q_{m冷}(h_2 - h_1) \tag{3-10}$$

【例 3-2】 某化工厂用一台换热器冷却一种高温气体，冷却水进口温度为 303K，出口温度为 313K，冷却水用量为 1100kg/h；气体进口温度为 363K，出口温度为 323K，求换热器的热负荷 Q。

解 此题无相变，但有温度变化，可用温差法。换热器的热负荷可以从热流体单位时间内放出的热量或冷流体单位时间内吸收的热量来确定，但因题中热流体流量未知，故以冷流体为基准计算。

冷却水的比热容为 $c_{冷} = 4.18\text{kJ/kg}$

$$\begin{aligned} Q_{冷} &= q_{m冷} \cdot c_{冷}(t_{冷2} - t_{冷1}) \\ &= 0.306 \times 4.18 \times (313 - 303) \\ &= 12.79 \ (\text{kJ/s}) \end{aligned}$$

 练一练

在教师的指导下，求出下面两题的答案。

1. 在某换热器中，用 373K 饱和水蒸气作热源来加热一种冷流体，已知蒸汽流量 $q_{m热}$ 为 200kg/h，求换热器应具有的传热速率 $Q_{热}$。

2. 在列管换热器中，用 373K 水蒸气加热某冷物体。已知蒸汽流量 $q_{m热}$ 为 950kg/h，蒸汽放热冷凝并冷却至出口处的 353K。求蒸汽冷凝并冷却后所放出的热量 Q（或求该换热器单位时间内所传递的热量）。

想一想

1. 什么是热负荷？什么是传热速率？

2. 热负荷的计算方法有哪些？写出计算式。

三、化工生产过程中的热量衡算

进行热量衡量的主要目的之一是确定加热剂和冷却剂的用量，系统向环境散失热量的多少对载热体用量有一定的影响。在进行计算时，若系统与环境之间温差较大，需考虑散失到环境的热量或冷量，即热量或冷量损失，工程上通常以目的流体移走或吸收热量的 3% ~ 5% 进行估算。所谓目的流体是指如果过程以加热冷流体为目的，冷流体就是目的流体，反之则为热流体。

【例 3-3】 在某管式换热器中，用 0.117MPa 的饱和水蒸气来预热精馏操作中的正庚烷和乙苯的混合液，使其从 293K 加热到 343K，加热蒸汽走壳程，经实测，料液的流量为 3m³/h，相对密度为 0.749，其中正庚烷的质量分数为 0.4。试求每小时蒸汽的消耗量。

解 ① 由于目的流体被加热，其换热量 Q_c 可以按式（3-8）计算

$$Q_c = q_m (\sum x_{wi} c_i) \Delta t$$

根据定性温度 $= \dfrac{293 + 343}{2} = 318K$，从附录二中查得

正庚烷的比热容 $c_1 = 2.25\text{kJ/(kg·K)}$

乙苯的比热容 $c_2 = 1.85\text{kJ/(kg·K)}$

已知 $x_{w1} = 0.4$ $x_{w2} = 0.6$ $\rho = 0.794 \times 10^3 \text{kg/m}^3$

则 $\quad Q_c = \left(\dfrac{3}{3600} \times 794\right) \times (0.4 \times 2.25 + 0.6 \times 1.85) \times (343 - 293) = 66.5(\text{kJ/s})$

② 由于蒸汽走壳程，与环境间的温差较大，应考虑热损失，设以目的流体所得到热量的 5% 计，则 $\quad Q_h = Q_c + Q_L = 1.05 Q_c$ $\hfill$ (3-11)

根据式（3-11）可算出蒸汽耗量 $q_m = 1.05 Q_c / R$

从附录三中查得 0.117MPa 下饱和水蒸气的冷凝潜热 $R = 2246.8\text{kJ/kg}$

则：$q_m = 1.05 \times 66.5 / 2246.8 = 0.031 \ (\text{kg/s}) = 111.6 \ (\text{kg/h})$

练一练

在教师的指导下，求出下题的答案。

某酒厂利用一冷凝器来生产工业酒精（95%），设已知乙醇蒸气的入口温度为 351K，冷凝液的出口温度为 341K，处理量为 1000kg/h。冷却水走壳程，经实测，其进口温度为 288K，出口温度控制在 10K 之内，试求每小时冷却水的消耗量。

四、平均温度差的计算

冷热流体通过换热器进行热量交换，各自进出口温度或状态发生变化，两流体各换热面上温度差可能不一样，因而在代入传热速率方程式进行有关计算时要取其平均值，即平均温度差 Δt_m。

1. 恒温传热

在传热过程中，冷、热流体的温度不随时间和换热器壁面的位置而变化，这种传热称为恒温传热。最典型的恒温传热过程是蒸发，如图 3-7 所示。在蒸发器中，器壁一侧是水蒸气冷凝为同温度的液体；另一侧是溶液沸腾汽化，温度也保持不变。

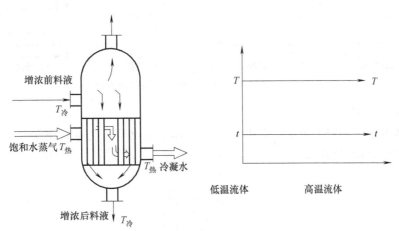

图 3-7 恒温传热情况示意图

在传热过程中，热流体的温度 T 和冷流体的温度 t 都保持不变，故恒温传热的冷、热流体的平均温度差 Δt_m 为：

$$\Delta t_m = T - t$$

$\hfill$ (3-12)

2. 变温传热

变温传热过程中，冷、热流体一种或两种的温度沿换热器壁面的位置改变而不断变化，这种传热称为变温传热，如图 3-8 所示。

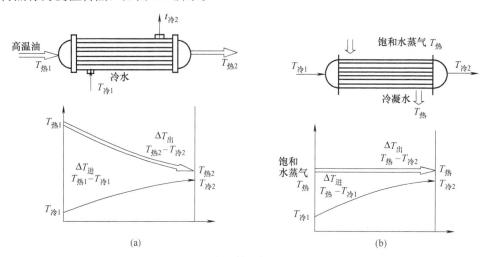

图 3-8　变温传热情况示意图

变温传热时换热器内两种流体的相互流动方向不同，对平均温度差的影响也不同。对流体被加热或冷却的结果以及载热体耗量也有一定的影响。其流动方向主要有以下四种类型（分别见图 3-9）。

（1）并流　冷、热流体在换热器内朝着相同的方向流动，称为并流。

（2）逆流　冷、热流体在换热器内朝着相反的方向流动，称为逆流。

（3）错流　冷、热流体在换热器内的流动方向相互垂直，称为错流。

（4）折流　冷、热流体在换热器内的流动方向并流和逆流交替进行，称为折流。

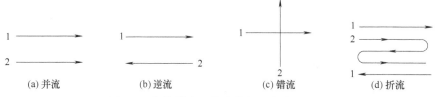

图 3-9　换热器内两种流体相互流动的方向

3. 并流和逆流时 Δt_m 的计算

设热流体的进、出口温度为 T_1 和 T_2，冷流体的进出口温度为 t_1 和 t_2，并确定流体方向，首先算出换热器两端冷、热流体的温度差 Δt_1 和 Δt_2，然后将 Δt_1 和 Δt_2 用对数平均来计算 Δt_m。

$$\Delta t_m = \frac{\Delta t_1 - \Delta t_2}{\ln\left(\dfrac{\Delta t_1}{\Delta t_2}\right)} \tag{3-13}$$

式中　Δt_m——冷流体的平均温度差，K；

Δt_1，Δt_2——换热器两端冷、热流体的温度差，K。

当 $\Delta t_1/\Delta t_2 \leqslant 2$ 时，冷、热流体的平均温度差可用算术平均值，即

$$\Delta t_m = \frac{\Delta t_1 + \Delta t_2}{2} \tag{3-14}$$

【例 3-4】　在某冷凝器内，以 298K 的冷却水来冷凝某精馏塔内上升的有机物的饱和蒸气，已知有机物蒸气的温度为 368K，冷却水的出口温度为 323K，试求冷、热流体的平均温度差。

解　已知：热流体的温度保持不变　$T_1 = T_2 = 368K$

冷流体的进口温度 $t_1 = 298K$，出口温度 $t_2 = 323K$

热流体：368K $\longrightarrow$ 368K

冷流体：298K $\longrightarrow$ 323K

$\Delta T_1 = 368 - 298 = 70$（K）　　$\Delta T_2 = 368 - 323 = 45$（K）

由于 $\dfrac{\Delta t_1}{\Delta t_2} \leqslant 2$，故可以按算术平均值的求法来进行计算

$$\Delta t_m = \frac{\Delta t_1 + \Delta t_2}{2} = \frac{70 + 45}{2} = 57.5 \text{（K）}$$

【例 3-5】　某热、冷两种流体在一列管换热器内换热。已知热流体进口温度为 473K，被降至出口温度 413K，冷流体从 303K 的进口温度升至出口温度 353K。试分别计算并流和逆流时冷、热流体的平均温度差，并比较两结果。

解　并流时　热流体：473K $\longrightarrow$ 413K

　　　　　　冷流体：303K $\longrightarrow$ 353K

　　　　　　$\Delta t_1 = 473 - 303 = 170$（K）　　$\Delta t_2 = 413 - 353 = 60$（K）

则：

$$\Delta t_m = \frac{\Delta t_1 - \Delta t_2}{\ln \dfrac{\Delta t_1}{\Delta t_2}} = \frac{170 - 60}{\ln \dfrac{170}{60}} = 105.6 \text{（K）}$$

逆流时　热流体：473K $\longrightarrow$ 413K

　　　　冷流体：353K $\longrightarrow$ 303K

　　　　　　$\Delta t_1 = 473 - 353 = 120$（K）　　$\Delta t_2 = 413 - 303 = 110$（K）

由于 $\dfrac{\Delta t_1}{\Delta t_2} \leqslant 2$，故可以按算术平均值的求法来进行计算

$$\Delta t_m = \frac{\Delta t_1 + \Delta t_2}{2} = \frac{120 + 110}{2} = 155 \text{（K）}$$

比较：当冷热流体进出口温度相同时，逆流比并流的 Δt_m 大，逆流传热推动力比并流时大。如果热负荷一定，则逆流所需的传热面积较小，设备费用较低。因此，实际生产中换热器一般选用逆流操作，但某些特殊情况时（工艺上要求被加热流体的终温不得高于某一定值或被冷却流体的终温不能低于某一定值时）利用并流则比较容易控制。对于错流和折流，因为介于并流和逆流之间，所以在计算时通常按逆流计算，然后乘上小于 1 的温差修正系数 $\phi_{\Delta t}$。

练一练

在教师的指导下，求出下两题的答案。

1. 在一石油热裂解装置中，所得热裂解物的温度为 573K，用来预热进入装置的石油，石油的进出口温度为 $t_1 = 298K$，$t_2 = 453K$，热裂解物的终温为 473K。试计算两流体在换热器内分别采用并流和逆流时的平均温度差，并根据计算结果说明哪种流向时的平均温度差大。

2. 从甲醇精馏塔引出的 338K 的蒸气送入塔顶冷凝器，冷却水进出冷凝器的温度为 290K 和 300K，试

求冷凝器的平均温度差。

想一想

1. 什么是恒温传热？什么是变温传热？请举例说明。
2. 换热器内两流体逆流和并流换热各有什么特点？

五、传热系数的测定和估算

要计算传热面积，必须先确定传热系数（K）的值。传热系数的测定和估算主要有三种方法。

1. 生产现场测定

在冷热流体的出口管路上各装一个温度计，在两种流体的出口处各装一个流量计，根据计算出的热负荷 Q、平均温度差 Δt_m、实际测定的传热面积 A，通过传热速率方程式 $Q = KA\Delta t_m$ 即可计算出该设备的 K 值，即

$$K = \frac{Q}{A\Delta t_m} \tag{3-15}$$

【例 3-6】 列管式换热器中用热空气来加热冷水，换热面积为 $10m^2$，实际测得冷流体的流量为 0.80kg/s，进口温度为 295K，出口温度为 338K；热流体进口温度为 370K，出口温度为 342K。查得水的平均比热容为 4.18kJ/(kg·K)，计算该换热器的传热系数。

解 （1）计算热负荷 Q

已知：$q_{m冷} = 0.80$kg/s，$c_冷 = 4.18$kJ/(kg·K)，$\Delta t = t_2 - t_1 = 338 - 295 = 43$（K）

将以上代入（3-8），得

$$Q = 0.80 \times 4.18 \times 43 = 143.79 \text{（kW）}$$

（2）计算冷、热流体的平均温差 Δt_m

热流体：370K ⟶ 342K

冷流体：338K ⟵ 295K

$$\Delta t_2 = 370 - 338 = 32 \text{（K）} \quad \Delta t_1 = 342 - 295 = 47 \text{（K）}$$

因 $\frac{\Delta t_1}{\Delta t_2} = \frac{47}{32} \leq 2$，故可以按算术平均值的求法来进行计算

$$\Delta t_m = \frac{\Delta t_1 + \Delta t_2}{2} = \frac{32 + 47}{2} = 39.5 \text{（K）}$$

（3）计算传热系数 K 由式（3-14）得

$$K = \frac{Q}{A\Delta t_m} = \frac{143.79}{10 \times 39.5} = 0.364 [\text{kW/(m}^2 \cdot \text{K)}] = 364 [\text{W/(m}^2 \cdot \text{K)}]$$

练一练

在教师的指导下，求出下题的答案。

有一固定管板式列管换热器，由 100 根 ϕ25mm×2.5mm 的无缝钢管组成，管长 2m，用热水和冷水换热测定其传热系数 K。现场测得热水的流量是 5.5kg/s，进出口温度为：$T_1 = 336$K，$T_2 = 323$K；冷水的进出口温度为：$t_1 = 293$K，$t_2 = 303$K。

2. 经验数据法

通过参阅工具条件相仿、设备类似、比较成熟的生产经验数据来了解 K 值的大致范围。表 3-5 列出了常用换热器 K 值的大致范围。

表 3-5　各种热交换器的总传热系数

形式	流体的种类和条件		$K/W \cdot m^{-2} \cdot K^{-1}$
	内　管	外　管	
列管式热交换器	气体(101.3kPa) 气体 液体(20~30MPa) 液体 液体 蒸汽	气体(101.3kPa) 气体(20~30MPa) 气体(101.3kPa) 气体(200~300大气压) 液体 液体	5~30 150~400 15~60 200~600 15~1000 30~1000
	内　管	外　管	
套管式热交换器	气体(101.3kPa) 气体(20~30MPa) 气体(20~30MPa) 气体 液体	气体(101.3kPa) 气体(101.3kPa) 气体(20~30MPa) 液体 液体	10~30 20~50 150~400 200~500 30~1200
	蛇　管　内	容　器　侧	
盘管式热交换器	气体(20~30MPa) 气体(101.3kPa) 液体 冷凝蒸汽	水 水、盐水 水、盐水 水、盐水	150~400 20~50 200~600 300~800
	管　内	管　外	
液膜式热交换器	气体(101.3kPa) 气体(20~30MPa) 液体 冷凝蒸汽	冷水淋注	20~50 150~300 250~800 30~1000
板式热交换器	气体-水 液体-水		20~50 30~1000
	夹　套　侧	容　器　侧	
夹套式热交换器	冷凝蒸汽 冷凝蒸汽 冷水、盐水	液体 沸腾液 液体	40~1200 60~1500 150~300

3. 理论计算

列管式换热器中的管子任一截面的管壁换热是由热流体对流传热、间壁(包括垢层)的导热和冷流体对流传热三个阶段组成。通过传热速率方程式可求得 K 值。其公式如下

$$K = \frac{1}{\dfrac{1}{a_1} + \dfrac{1}{a_2} + \dfrac{\delta}{\lambda} + R_s} \tag{3-16}$$

式中　a_1，a_2——冷、热流体的对流传热膜系数；

$\quad\quad\quad\lambda$——换热管的热导率；

$\quad\quad\quad\delta$——换热管壁厚度；

$\quad\quad\quad R_s$——垢管壁垢层热阻。

常用的换热器大多为金属材料，λ 值较大，管壁较薄，δ 值较小，故 λ/δ 可以忽略不计。当 a_1 和 a_2 相差较大时，K 值接近于其中较小的数值，$K \approx a_{\text{小}}$。所以提高 $a_{\text{小}}$ 和降低 $R_{\text{垢}}$ 以及尽量减少垢层生成和定期除垢等都是提高 K 值的重要途径。

▶》**想一想**

1. 确定传热系数 K 有哪三种途径?

2. 提高 K 值的途径有哪些？

六、传热面积的计算

1. 工艺上要求的传热面积

计算热负荷、平均温度和传热系数的目的，都是为了确定换热器所需的传热面积，通过传热速率式 $Q = KA\Delta t_m$ 得

$$A = \frac{Q}{K\Delta t_m} \tag{3-17}$$

为了安全可靠以及在生产时留有余地，实际生产中还往往考虑 10%～25% 的安全系数，即实际采用的传热面积应比计算得到的传热面积大 10%～25%。

2. 换热器本身所具有的传热面积

若换热器为套管式或列管式换热器，计算公式为

$$A_{换} = n\pi dL \tag{3-18}$$

式中　n——管子的根数；

　　　d——管子的直径，一般取管子的平均直径，m；

　　　L——管子的长度，m。

只有换热器本身的换热面积 $A_{换}$ 大于工艺上要求的换热面积时，换热器才能满足工艺项目。

【例 3-7】　现有一列管换热器，由 3400 根规格为 $\phi25mm \times 2.5mm$、长 6m 的无缝钢管组成，准备用作某车间的冷却器。试计算该换热器传热面积。

解　计算现在换热器的传热面积 $A_{实}$

$$d_{内} = 0.025 - 2 \times 0.0025 = 0.02 \ (m)$$

$$d_{均} = \frac{d_{内} + d_{外}}{2} = \frac{0.02 + 0.025}{2} = 0.0225 \ (m)$$

$$A_{实} = n\pi dL = 3400 \times 3.14 \times 0.0225 \times 6 = 1441 \ (m^2)$$

练一练

若用上述换热器完成下面的项目，传热面积够用吗？在教师的指导下完成。

用冷却水冷却某溶液，已知冷却水流量为 250kg/s，比热容为 4.2kJ/(kg·K)，冷却水进出口温度为 $t_1 = 290k$、$t_2 = 300k$，采用逆流操作时冷热流体的平均温度差 $\Delta t_m = 25K$，给定条件下求得的 $K = 660W/(m^2 \cdot K)$。

七、强化传热的途径

强化传热，就是尽可能增大传热速率，提高换热器的生产能力。从传热速率方程 $Q = KA\Delta t_m$ 可以看出，提高等式右边 A、Δt_m、K 三项中的任何一项，都可以增大传热速率 Q，强化传热。

1. 增大传热面积

增大传热面积 A 可以提高传热速率。从实际情况看，单纯地增大传热面积，会使设备加大，材料增加，开支加大，增加操作和管理的困难。因此，增大传热面积不应靠加大换热器的尺寸来实现，而应改进换热器的结构，增加单位体积内的传热面积。采用翅片管（如图 3-10 所示）或螺纹管代替光滑管，或使用板式换热器，都可增加单位体积内的换热面积。每 $1m^3$ 列管换热器可提供 $40～160m^2$ 的换热面积；而每 $1m^3$ 板式换热器可提供 $250～1500m^2$ 的换热面积。

2. 增大传热平均温度差 Δt_m

由传热速率方程得知，当其他条件不变时，平均温度差越大，则传热速率越大。生产上常从以下两个方面来增大平均温度差。

① 在条件允许的情况下，尽量提高热流体的温度，降低冷流体的温度。在条件允许时尽量采用温度较高的热源加热，如用高温烟道

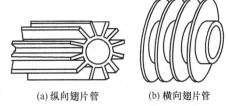

(a) 纵向翅片管　　　(b) 横向翅片管

图 3-10　翅片管

气、熔盐和高沸点有机物作加热介质，用饱和水蒸气加热，尽量提高蒸汽压力。冷却则尽量使用深井水，以降低进口温度。生产中流体温度通常是由工艺条件决定的，其可变的范围很有限；提高水蒸气的压力也要受设备材质的限制，这些方面都没有很大变动的余地。

② 当冷、热流体进出温度一定时，逆流操作可以获得较大的平均温度差。

3. 增大传热系数 K

根据传热系数计算式，要想提高传热系数 K，主要从提高给热系数 a 值和减小垢层热阻两个因素来考虑。

① 提高两股流体的给热系数 a 值，尤其要提高 a_1、a_2 中较小的数值。加大湍流程度，减小层流内层厚度，有利于提高 a 值。增加管程或壳程数，加装折流挡板，可使流程加长，流速加大，湍流程度随之加大。增加搅拌，如夹套换热器加搅拌，也可增大流速和湍流程度。改变流动方向，可以在较低的流速下达到湍流程度。但采用以上方法会加大流体的阻力，因而在采用时应综合考虑。

② 防止结垢和清除垢层。污垢的存在会大大降低传热系数 K。在生产中要尽量防止结垢，及时清垢。

➡ 想一想

1. 强化传热的途径有哪些？

2. 变压器、暖气包、摩托车发动机等为什么都有翅片？

项目四　常用加热和冷却的方法

加热与冷却是两种相反而又相成的操作，如果生产上有一冷载热体要加热，又有一热载热体要冷却，只要两者温度变化的要求能够达到，就应尽可能让这两载热体进行换热，而不必分别进行加热和冷却。例如，从设备送出的热流体产物就常常用作加热冷流体的原料。但是充分利用废热也应考虑生产操作的平稳与控制的方便，如精馏塔顶采出来的蒸气，冷凝时要放出热，本来是可以用来加热其他冷载体的，但常考虑到其他冷载热体的流量、温度等波动时会影响到精馏塔的正常操作，故精馏塔顶采出蒸气大多还是用冷却水使它冷凝。这个问题会随着生产技术的发展逐步得以解决。生产上常有需要加热大量物料或冷却大量物料的情况，甚至要求比较高或比较低的温度，这时单靠所处理的流体之间换热就不满足要求了，必须采用专门的加热或冷却方法。

一、常用的加热方法

1. 饱和水蒸气及热水加热法

用饱和水蒸气加热的优点是温度与压力间有一个对应关系，通过对压力的调节就能很方便地控制加热温度。此外，饱和水蒸气加热也是有缺点的，主要是加热温度不能太高，通常不超过455K。因为温度很高时蒸汽压力很高，对设备耐压程度要求很高。在455K时，蒸汽压力是1MPa，可用承受低压的换热器。在630K时，对应的压力就达18MPa，则必须用承受高压的换热器。所以在加热温度超过455K时常考虑采用其他加热方法。用饱和蒸汽加热时，应及时排除冷凝水，常在冷凝水出口接管上安装疏水器，起阻汽排水作用。如果冷凝水不及时排出，浸泡了换热器内部分传热面，则将使加热效果变坏，妨碍正常操作。假如饱和水蒸气中含有不凝性气体，也应及时排除，因为蒸汽中含有空气之类的不凝性气体时在冷凝壁上将生成一层气膜，由于气体的热导率最小，会降低水蒸气的膜系数。用热水加热不是很普遍，因热水的膜系数并不很高，加热温度也不是很高。热水加热一般用在利用饱和水蒸气的冷凝水和废热水的余热，以及某些需要缓慢加热的场合。

2. 矿物油加热法

凡需在常压下进行均匀的高温加热时，可以采用矿物油加热法，加热温度一般可达500K。矿物油来源容易，但黏度较大，且随使用时间的增长而增大，所以膜系数较小，加热效果不如饱和水蒸气，且温度调节较困难。

3. 有机载热体加热法

由于上述两种载热体有一定的缺点，故有时采用萘、联苯、二苯醚及其他有机物的低熔混合物作载热体。有机载热体一般具有沸点高、化学性质稳定的优点。应用最广泛的是26.5%联苯及73.5%二苯醚的低熔混合物，俗称导生油和导热姆。其凝固点为285.3K，沸点是531K，在473K和623K时的蒸气压分别为24.2kPa和513kPa，约为同温度下水蒸气压强的1/60和1/30。导生油具有可燃性，但无爆炸危险，其毒性亦很轻微，在650K以下可长期使用而不变质。常压下用导生油加热时，温度可达528K，增加压力能更进一步提高温度。如果用导生油蒸气加热时，温度可达531~653K。导生油的黏度比矿物油小，故其传热效果好，且适用的温度范围广，用导生油蒸气加热时温度也易于调节。导生油加热的缺点主要是它极易渗漏，故所有管路连接处需焊接或用金属垫片。

4. 熔盐加热法

如果加热温度超过653K，上述加热法均不适用，这时可采用熔盐加热法。常用的熔盐为7%的硝酸钠、40%的亚硝酸钠和53%的硝酸钾组成的低熔点混合物，其熔点为415K，最高加热温度可达800~810K。

5. 烟道气或炉灶加热法

这种加热法可达1300K或更高的温度，但控制、调节温度比较困难，且烟道气的膜系数很小。如用气体或液体燃料时，应尽量避免采用这种加热方法，以免发生危险。

6. 电加热法

电加热的特点是加热的温度比较高，而且清洁，应用起来也比较方便，易于控制和调节。化工生产中最常用电阻加热和电感加热。

（1）电阻加热　将电流通过电阻较大的电阻丝，电能则转为热能。将电阻丝盘绕在被加热的设备上，即可达到加热的目的。这种加热方法的最高温度大约可达1400K，但在防火防爆的环境中使用电阻加热不安全。

（2）电感加热　当电流通过导体时，在导体的周围产生磁场，若通过导体的电流是交流电，则在导体四周产生的磁场为交变磁场。在这种磁场中放一块金属（铁或钢），则在交变磁场的感应下金属表层产生感应的交变涡电流，涡流损耗转变为所需的热能。这种方法称为电感加热。

电感加热装置比较简单，将电阻较小的导线（铜或铝等）盘绕在金属（铸铁或钢）容器的外面，组成圆柱形的螺旋线圈，此线圈与金属容器不直接接触。在金属导线内通以交流电时，由于电磁感应作用使得容器壁面产生热能，于是容器内的物料即可达到被加热的目的。

电感加热法在化学工业及医药工业中逐渐被广泛应用，因其取材容易，施工简单，且无明火，在防火防爆的环境中使用较电阻加热安全。一般要求加热温度在 800K 以下者，可考虑采用。其主要缺点是能量利用率不高。

综上所述，在化工生产中，凡加热温度低于 450K 时，大多数都采用饱和水蒸气作载热体；加热温度在 800K 以上时，多数用烟道气加热；加热温度在 450～800K 之间则可选用其他的加热方法。

想一想

1. 什么是加热剂？常用的加热剂有哪些？怎样选择加热方法？
2. 当生产上需要加热和冷却的问题同时存在，你将怎样考虑这个问题？

二、常用的冷却方法

生产上常用的冷却方法有水冷、冷冻盐水冷却和空气冷却等几种，尤以水冷应用最为广泛。冷却水可以是江水、河水、海水、井水及循环水等，其温度都随地区和季节而变化，一般为 277～298K，仅深井水的温度随季节变化较小。为防止溶解在水中的盐类析出以致在换热器的传热面上形成水垢，一般控制冷却水的终温不超过 320K。一般来说，冷却温度要求在 300K 以下时，用水冷的方法是有困难的，所以就需要采用冷冻盐水或其他冷却剂。在化工生产所消耗的水量中有 80% 左右是作为冷却水的，因此水源及水质污染问题往往影响到新建厂或老厂的扩建，所以用空气作冷却剂已日益广泛被采用，在水源不足的地区更是如此。空气作冷却剂的主要缺点是膜系数小，需要换热设备比较大。一般在气温低于 308K 的地区建设一些大型企业时，用空气冷却的方法在经济上是合理的。

想一想

1. 什么是冷却剂？常用的冷却剂有哪些？
2. 为什么空气日益广泛地被作为冷却剂？

课题二　换热器的操作技术

【教学目标】

1. 掌握换热器的常见故障与维护方法。
2. 掌握管式换热器的结构特点、工作原理和主要部件的作用。
3. 了解夹套式换热器、板式换热器、热管换热器的结构特点、工作原理和适用场合。
4. 了解换热器的分类。
5. 初步学会换热器操作的方法。

项目一 换热器的类型

一、换热器的分类

1. 按换热的方法分类

按换热器的传热方法可分为直接混合式、蓄热式和间壁式三种。

2. 按换热器的用途分类

(1) 加热器 用于把流体加热到所需温度，被加热流体在加热过程中不发生相变。

(2) 预热器 用于流体的预热。

(3) 过热器 用于加热饱和蒸气，使其达到过热状态。

(4) 蒸发器 用于加热液体，使之蒸发汽化。

(5) 再沸器 是蒸馏过程的专用设备，用于加热已沸腾的液体，使之再受热汽化。

(6) 冷却器 用于冷却流体，使之达到所需温度。

(7) 冷凝器 用于冷凝饱和蒸气，使之放出潜热而凝结液体。

3. 按换热器的传热面形状和结构分类

(1) 管式换热器 通过管子壁面进行传热，按结构不同，可分为列管式换热器、套管式换热器、蛇管式换热器和翅片管式换热器等几种，其中列管式换热器应用最为广泛。

(2) 板式换热器 通过板面进行传热。按传热板的结构形式，可分为平板式换热器、螺旋板式换热器和热板式换热器等几种。

(3) 特殊形式换热器 这类换热器是指根据工艺特殊要求而设计的具有特殊结构的换热器。如回转式换热器、热管式换热器、同流式换热器等。

4. 按传热器所用材料分类

(1) 金属材料换热器 是由金属材料制成，常用金属材料有碳钢、合金钢、铜及铜合金、铝及铝合金、钛及钛合金等。由于金属的热导率较大，故该类换热器的传热效率较高，生产中金属材料换热器使用广泛。

(2) 非金属材料换热器 该类换热器主要用于具有腐蚀性的物料。由于非金属材料的热导率较小，所以其传热效率较低。

想一想

1. 换热器有哪几种分类方法？

2. 举例说明你日常生活中与传热有关的物件，应属于哪类换热器？

二、管式换热器

这一类型的换热器，虽然在换热效率、设备结构的紧凑性（换热器在单元体积中的传热面积）和金属的消耗量等方面都不如其他新型换热器，但它具有结构坚固、操作弹性大和使用材料范围广等优点。尤其在高温、高压和大型换热器中，仍占着相当的优势。

1. 沉浸式换热器

这种换热器是将金属管弯绕成各种与容器相适应的形状（多盘成蛇形，常称蛇管），并沉浸在容器内的液体中，使蛇管内、外的两种流体进行热量交换。常见的蛇管形式如图 3-11 所示。

优点：结构简单，价格低廉，能承受高压，可用耐腐蚀材料制造。缺点：容器内液体湍动程度低，管外对流传热系数小。

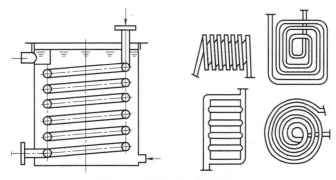

图 3-11 沉浸式蛇管换热器

2. 喷淋式换热器

喷淋式换热器也称为蛇管式换热器，多用作冷却器。这种换热器是将蛇管成行地固定在钢架上，如图 3-12 所示，流体在管内流动，自最下面的管进入，由最上面的管流出。冷水由最上面的淋水管流下，均匀地喷洒在蛇管上，并沿其两侧逐排流经下面的管子表面，最后流入水槽而排出。冷水在各排管表面上流过时与管内流体进行热交换。这种换热器的管外形成一层湍动程度较高的液膜，因而管外对流传热系数大，另外喷淋式换热器常放置在室外空气流通处，冷却水在空气中汽化时也带走一部分热量，提高了冷却效果。因此，和沉浸式相比，喷淋式换热器的传热效果要好得多。同时它还有便于检修和清洗等优点。其缺点是喷淋不易均匀。

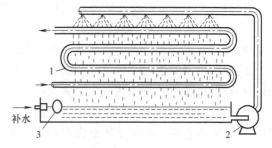

图 3-12 喷淋式换热器
1—蛇管；2—泵；3—水槽

3. 套管式换热器

套管式换热器是由大小不同的直管制成的同心套管，并由 U 形弯头连接而成，如图 3-13所示。

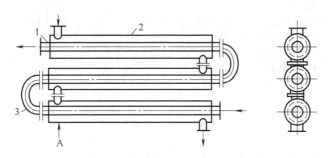

图 3-13 套管式换热器
1—内套管；2—外套管；3—180°弯头

每一段套管称为一程，每程有效长度为 4～6m，若管子过长，管中间会向下弯曲。

优点：在套管式换热器中，一种流体走管内，另一种流体走环隙。适当选择两管的管径，两流体均可得到较高的流速，且两流体可以逆流，对传热有利，另外套管式换热器构造较简单，能耐高压，传热面积可根据需要增减，应用方便。缺点：管间接头多，易泄漏，占地面积较大，单位传热面消耗的金属量大。因此它常用于流量不大、所需传热面积不大而要求压强较高的场合。

4. 列管式换热器

列管式换热器是目前应用最为广泛的一种换热设备，已作为一种标准换热器设备，如图3-14 所示。

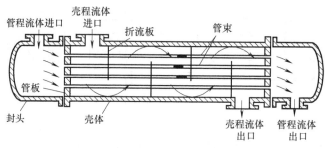

图 3-14　列管式换热器

其由许多管子组成管束，管子固定在管板上，而管板与外壳连接在一起。为了增加流体在壳程的湍流程度以改善它的传热情况，在壳体内间隔安装了许多块折流板。换热器的壳体上和两侧的端盖上（对偶数管程而言，则在一侧）装有流体的进口，有时还在其上装设检查孔、测量仪表用的接口管、排液孔、排气孔等。

此种换热器的优点：单位体积所具有的传热面积大；结构紧凑，坚固，传热效果好；能用多种材料制造，操作弹性较大，尤其在高温、高压和大型装置中宜采用列管式换热器。

在列管式换热器中，由于管内外流体温度不同，管束和壳体温度也不同，因此它们的热膨胀程度也有差别，若两流体的温差较大，就可能由于热应力而引起设备变形，管子弯曲甚至破裂或从管板上松脱。因此当两流体的温差超过 50℃时就应采用热补偿的措施。根据热补偿方法的不同，列管式换热器分为以下几种主要形式。

（1）固定管板式　固定管板式的两端管板式采用焊接的方法和壳体制成一体，如图3-15 所示。

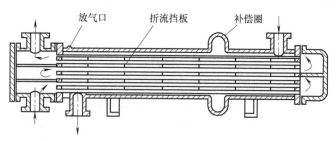

图 3-15　有补偿圈的固定管板式列管式换热器

它具有结构简单和成本低的优点。但是壳程清洗和检修困难，要求壳程体必须是洁净而不易结垢的物料。当两流体的温差较大时，应考虑热补偿。即在外壳适当部位焊上一个补偿圈，当外壳和管束热膨胀不同时，补偿圈发生弹性变形（拉伸或压缩），以适应外壳和管束不同的热膨胀程度。这种补偿方法简单，但不宜用于两流体温差过大（应不大于 70℃）和壳程流体压强过高的场合。

（2）浮头式换热器　该换热器的特点是有一端管板不与外壳连为一体，可以沿轴向自由浮动，如图 3-16 所示。

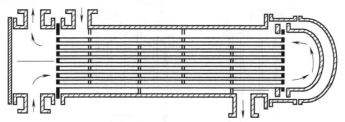

图 3-16　浮头式换热器

这种结构不但完全消除了热应力的影响，且由于固体端的管板以法兰与壳体连接，整个管束可以从壳体中抽出，因此便于清洗和检修。浮头式换热器应用较为普遍，但它的结构比较复杂，造价较高。

（3）U 形管式换热器　该换热器每根管子都弯成 U 形，进口分别安装在同一管板的两侧，封头用隔板分成两室，如图 3-17 所示。

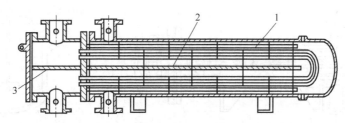

图 3-17　U 形管式换热器

1—管束；2—壳程流体隔板；3—管程流体隔板

这样，每根管子可以自由伸缩，而与其他管子和壳体均无关。这种换热器结构比浮头式简单，重量轻，但管程不易清洗，只适用于洁净而不易结垢的流体，如高压气体的换热。

▶▶ 想一想

1. 管式换热器有哪些类型？它们共有的特点是什么？

2. 沉浸式换热器、喷淋式换热器各有什么优缺点？

3. 套管式换热器的结构有什么特点？

4. 在列管式换热器中，采用多管程结构或在壳程内增加折流挡板，其目的是什么？

5. 列管式换热器为什么要进行热补偿？热补偿的方法有哪些？

6. 认识列管换热器结构，了解流体换热过程。

- 在下图内的括号里填上设备部件的名称。

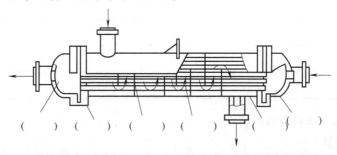

（　　）（　　）（　　）（　　）（　　）（　　）

- 在下图内用不同颜色标注出两股流体的流动路线，并在括号里填上设备部件的名称。

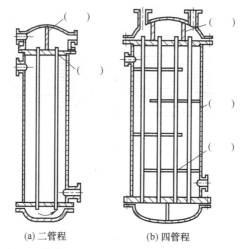

(a) 二管程　　　　(b) 四管程

• 在下图内的括号里填上设备部件的名称，并用不同颜色标注出两股流体的流动路线。

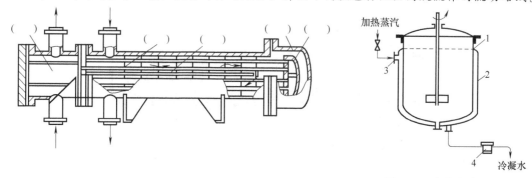

图 3-18　夹套式换热器

三、夹套式换热器

夹套式换热器是最简单的板式换热器，如图 3-18 所示（图中部件注释由学生完成，见"想一想"）。它是在容器外壁安装夹套制成，夹套与容器之间形成的空间为加热介质或冷却介质的通路。这种换热器主要用于反应过程的加热或冷却。在用蒸汽进行加热时，蒸汽由上部接管进入，由下部接管流出。夹套式换热器结构简单，但其加热面受容器限制，且传热系数也不高。为提高传热系数，可在换热器内安装搅拌机。为补充传热面的不足，也可在器内安装蛇管。

想一想

1. 夹套换热器的基本部件（见图 3-18）及作用填入下表。

序号	名称	作用
1		
2		
3		

2. 注明冷热流体在设备内的流向。

四、板式换热器

这里主要介绍螺旋板式换热器。

螺旋板式换热器是由两张间隔一定的平行薄金属板卷制而成的，在其内部形成两个同心的螺旋形通道。换热器中央设有隔板，将螺旋形通道隔开，两板之间焊有定距柱以维持通道间距。在螺旋板两端焊有盖板。冷热流体分别通过两条通道，在换热器内逆流流动，通过薄板进行换热，如图 3-19 所示。

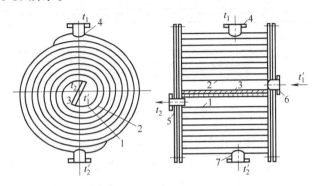

图 3-19　螺旋板式换热器

1,2—金属板；3—隔板；4,5,6,7—流体连接管

（1）螺旋板式换热器的优点

① 传热系数高。螺旋流道中的流体由于惯性离心力的作用和定距柱的干扰，在较低的雷诺数（一般 $Re=1400\sim1800$ 或更低）下即达到湍流，并且允许选用较高的流速（对液体为 2m/s，气体为 20m/s），故传热系数较高。如水对水的换热，其传热系数可达 200～3000W/(m²·K)，而列管式换热器传热系数一般为 1000～2000W/(m²·K)。

② 不易结垢和堵塞。由于流体的速度较高，又有惯性离心力的作用，流体中悬浮的颗粒被抛向螺旋形通道的外缘而受到流体本身的冲刷，故螺旋板式换热器不易结垢和堵塞，适合处理悬浮液及黏度较大的介质。

③ 利用较低的热源。由于流体流动的流道较长及两流体可进行完全逆流，故可在较小的温差下操作，能充分利用温度较低的热源。

④ 结构紧凑。单元体积的传热面积为列管式的 3 倍。

（2）螺旋板换热器的主要缺点

① 操作压强和温度不宜太高。目前最高操作压强不超过 2MPa，温度不超过300～400℃。

② 不易检修。因整个换热器被焊成一体，一旦损坏，修理很困难。

螺旋板式换热器和平板式换热器都具有结构紧凑、材料消耗低、传热系数大的特点，都属于新型的高效紧凑式换热器。这类换热器一般都不耐高温高压，但对于压强较低、温度不高或腐蚀性强而需用贵重材料的场合则显示出较大的优越性，目前已广泛应用于食品、轻工、化学等工业。

🄓》**想一想**

完成下表。

名称	结构	特点	应用
螺旋板式换热器			

五、热管换热器

热管换热器是 20 世纪 60 年代中期发展起来的一种新型传热元件，如图 3-20 所示。

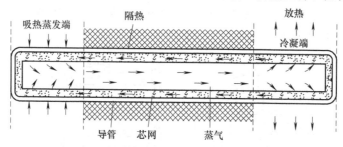

图 3-20   热管换热器主要元件——热管

它是由一根抽除不凝性气体的密封金属管内充一定量的某种工作液体组成的。工作液体在热端吸收热量沸腾汽化，产生的蒸气流至冷端冷凝放出潜热，冷凝液回至热端，再次沸腾汽化。如此反复循环，热量不断从热端传至冷端。冷凝液的回流可以通过不同的方法（如毛细管作用、重力、离心力等）来实现。目前应用最广的方法是将具有毛细结构的吸液芯装在管的内壁，利用毛细管的作用使冷凝液由冷端回流到热端。常用的工作液体有氨、水、汞等。

热管的传热特点是热管中的热量传递通过沸腾汽化、蒸气流动和蒸气冷凝三步进行，由于沸腾和冷凝的对流传热强度很大，两端管表面比管截面大很多，而蒸气流动阻力损失又较小，因此热管两端温差可以很小，即能在很小的温差下传递很大的热量。与相同截面的金属壁面的导热能力比较，热管的导热能力远远高于最好的金属导热体。因此它特别适用于低温差传热以及某些等温性要求较高的场合。热管的这种传热特性为器（或室）内外的传热强化提供了极有力的手段。此外，热管还具有结构简单、使用寿命长、工作可靠、应用范围广等优点。热管最初主要应用于宇航和电子工业部门，近年来在很多领域都受到了广泛的重视，尤其在工业余热的利用方面取得了很好的效果。

想一想

1. 夹套式换热器优缺点是什么？常在哪些场合使用？
2. 螺旋板换热器的工作原理是什么？
3. 简述螺旋板换热器的优缺点。
4. 简述螺旋板换热器的结构特点。
5. 简述热管换热器的结构特点。

练一练

根据学校现有换热器进行拆卸。

1. 基本要求（按照管路拆装要求进行）。
2. 将各部件名称及作用填入下表。

序号	名称	作用	数量	规格
1				
2				

续表

序号	名称	作用	数量	规格
3				
4				
5				
6				

3. 求取该换热器的换热面积。

项目二　换热器的操作与维护

一、换热器的常见故障与维护

1. 列管换热器的维护和保养

① 保持设备外部整洁、保温层和油漆完好。

② 保持压力表、温度计、安全阀和液位计等仪表和附件的齐全、灵敏和准确。

③ 发现阀门和法兰连接处渗漏时，应及时处理。

④ 开停换热器时，不要将阀门开得太猛，否则容易造成管子和壳体受到冲击，以及局部骤然胀缩，产生热应力，使局部焊缝开裂或管子连接口松弛。

⑤ 尽可能减少换热器的开停次数。停止使用时，应将换热器内的液体清洗干净，防止冻裂和腐蚀。

⑥ 定期测量换热器的壳体厚度，一般两年一次。

2. 列管换热器的常见故障及其处理

列管换热器的故障 50% 以上是由管子引起的，下面简单介绍一下更换管子、堵塞管子和对管子进行补胀（或补焊）的具体方法。

当管子出现渗漏时，就必须要换管子。对胀接管，须先钻孔，除掉胀管头，拔出坏管，然后换上新管进行胀接，最好对周围需要更换的管子也能稍稍胀一下，注意换下坏管时不能碰伤管板的管孔，同时在胀接新管时，要轻涂，拔出坏管，换上新管进行焊接。

更换管子的工作是比较麻烦的，因此当有个别管子损坏时，可用管堵将管子两端堵严，管堵材料的硬度不能高于管子的硬度，堵死的管子的数量不能超过换热器该管程总管数的 10%。

管子胀口或焊口处发生渗漏时，有时不需要换管，只需进行补胀或补焊。补胀时，应考虑胀管应力对周围管子的影响，所以对周围管子也要轻轻胀一下；补焊时，一般须先清除焊缝再重新焊接，需要应急时也可直接对渗漏处进行补焊，但只适用于低压设备。

二、换热器的清洗

换热器经过一段时间的运行，传热面上会产生污垢，使传热系数大大降低而影响传热效率，因此必须定期对换热器进行清洗，由于清洗的困难程度随着垢层厚度的增加而迅速增大，所以清洗间隔时间不宜过长。

换热器的清洗有化学清洗和机械清洗两种方法，对清洗方法的选定应根据换热器的形式、污垢的类型等情况而定。一般化学清洗适用于结构较复杂的情况，如列管式换热器管间、U形管内的清洗，由于清洗剂一般呈酸性，对设备多少会有一些腐蚀。机械清洗常用于坚硬的垢层、结焦或其他沉积物，但只能清洗清洗工具能够到达之处，如列管式换热器的管内（卸下封头）、喷淋式蛇管换热器的外壁、板式换热器（拆开后），常用的清洗工具有刮刀、竹板、钢丝刷、尼龙刷等。另外，还可以用高压水进行清洗。

想一想

1. 列管式换热器日常维护的内容有哪些？
2. 简述列管式换热器常见故障与处理方法。
3. 简述板式换热器日常维护的内容和常见故障与处理方法。
4. 换热器为什么要清洗？如何选用清洗方法？

【技能训练一】 套管式换热器操作训练（利用仿真进行）

• 训练目标 熟悉换热器中的各种设备及名称、冷热流体的进出口位置；掌握正确的开停车步骤。

【技能训练二】 套管式换热器传热系数的测定

• 训练目标 熟悉各种温度流量的数据测定方法，熟悉各种温度计、流量计的使用方法，能对测量数据综合处理，并根据计算结果来判断该传热器的传热效果好坏。

课题三　蒸发器操作技术

【教学目标】

1. 掌握有关蒸发的基本概念。
2. 掌握单效蒸发水分的蒸发量计算、加热蒸汽消耗量的计算。
3. 了解多效蒸发原理及流程。
4. 了解蒸发器的基本结构及工作原理。
5. 熟悉蒸发器在操作中常见异常现象及处理方法。

项目一　蒸发操作基本知识

一、蒸发的基本概念

1. 蒸发的概念

蒸发是指将溶液加热至沸腾，使其中部分溶剂汽化并除去，以提高溶液中不挥发性溶质浓度的操作。蒸发操作的显著特点是过程中只有溶剂汽化，溶质的质量始终保持不变。蒸发的目的是将溶剂从溶液中分离出去。

2. 蒸发操作的条件

蒸发操作必须具备的两个条件：一是必须不断地供给使溶剂汽化的热量，使溶液保持沸腾状态；二是不断地排除已经汽化的蒸气，即排除溶剂。

工业上蒸发的物料大部分是水溶液，汽化出来的蒸气是水蒸气。蒸发操作一般也是采用饱和水蒸气作为热源。为了区别这两种水蒸气，通常将作为热源用的蒸汽称为加热蒸汽或生蒸汽，将从溶液中汽化出来的蒸汽称为二次蒸汽。

3. 蒸发操作的应用

蒸发操作广泛应用于化工及相近工业生产中，主要体现在以下几方面。

（1）稀溶液的浓缩，制取产品或半成品 例如电解烧碱溶液，最初得到的是 NaOH 含量在 10% 左右的稀溶液，进行蒸发浓缩至 42% 才能达到产品质量要求。

（2）脱除杂质，制取纯净的溶剂 例如海水的淡化，就是用蒸发的方法将海水中的不挥发性杂质分离出去，制成淡水。

（3）与结晶联合，制取固体产品 通过蒸发将溶液浓缩至饱和状态，然后冷却使溶质结晶进行分离出来。如蔗糖的制取和食盐的精制。

4. 蒸发操作的分类

（1）单效与多效如果产生的二次蒸汽不再利用，经冷凝后直接排除的蒸发操作，称为单效蒸发。如果把二次蒸汽引到另一个蒸发器内作为加热蒸汽，并将多个这样的蒸发器串联起来，这种操作称为多效蒸发。蒸发的效数由串联的蒸发器的个数划分，分为二效、三效、四效等。

（2）按操作压强分类 根据蒸发操作压强不同，蒸发操作可分为常压蒸发、加压蒸发和减压（真空）蒸发三种类型。

常压蒸发操作最简单，操作压强等于外界大气压，采用敞口设备，二次蒸汽直接排到大气中。但不利于环境保护，所以工业生产中不常用。

加压蒸发操作压强高于大气压。提高了二次蒸汽的温度和压力，便于利用二次蒸汽的热量，提高热能的利用率。提高了溶液的沸点，使溶液的流动性能增强，有利于改善传热的效果。

减压蒸发，就是在密闭的设备内压力低于外界大气压的情况下进行操作。工业上多采用减压蒸发，因为它具有以下优点。

① 降低了溶液的沸点，热负荷一定的情况下可减小蒸发器的传热面积。

② 可利用低压蒸汽或废热蒸汽作为加热蒸汽。

③ 适用于一些热敏性物料的蒸发。

④ 由于操作温度低，热损失相应地减少了。

同时，减压蒸发也存在一些缺点：由于温度降低，使料液的黏度增加，造成传热系数下降；采用减压蒸发还要增加真空泵、缓冲罐、汽液分离器等辅助设备。

⑤》想一想

1. 什么是蒸发？蒸发操作的必备条件是什么？

2. 生蒸汽与二次蒸汽有什么不同？

3. 蒸发操作在化工及相近工业生产中有什么应用？

4. 为什么工业上多采用减压蒸发？它有什么优缺点？

二、单效蒸发

1. 单效蒸发的原理和流程

单效蒸发的基本原理是用饱和水蒸气通过蒸发器的加热室间壁传热来加热料液，使料液保持在沸腾状态，将溶剂不断汽化排走，溶液的浓度逐渐提高，从而实现溶液增浓。

蒸发操作所用设备为蒸发器。它实质上是一个列管式换热器，由加热室和分离室组成。

加热室的作用是加热蒸汽与料液进行换热。分离室的作用是使汽液进行分离。

图 3-21 所示的是一个典型的单效真空蒸发流程。加热蒸汽从蒸发器的加热室 1 上部进入，料液从蒸发器的分离室 2 进入，一部分溶剂吸收加热蒸汽，通过加热室管壁传过的热量而汽化，浓缩溶液从器底排出，二次蒸汽从分离室 2 顶部排出，再经汽液分离器 3 分离，液体返回到分离室 2，蒸汽在混合冷凝器 4 中与冷却水混合冷凝后排出。空气等不凝性气体则经汽水分离器 5、缓冲罐 6 和真空泵 7 排到大气中。

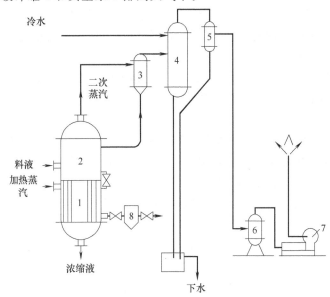

图 3-21　单效真空蒸发流程

1—加热室；2—分离室；3—汽液分离器；4—混合冷凝器；5—汽水分离器；

6—缓冲罐；7—真空泵；8—冷凝水排除器

2. 单效蒸发的计算

常用的蒸发计算主要包括计算溶剂蒸发量、加热蒸汽消耗量和蒸发器所需的传热面积三项内容。计算的依据是物料衡算、热量衡算和传热速率方程式。由于工业上蒸发的溶液绝大多数是水溶液，以下讨论均以水溶液来计算。

（1）水的蒸发量计算——物料衡算　图 3-22 为单效蒸发时物料和热量的计算示意图。因为在蒸发的过程中只有溶剂汽化，溶质的质量始终保持不变，根据物料守恒原则，则有：

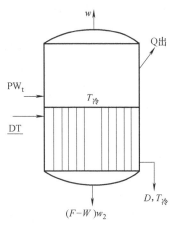

图 3-22　蒸发器计算示意图

总物料守恒	$F = D + W$	(3-19)
溶质守恒	$Fx_0 = Dx_1$	(3-20)
水分蒸发量	$W = F\left(1 - \dfrac{x_0}{x_1}\right)$	(3-21)

式中　F——原料液的质量流量，kg/h；

D——完成液的质量流量，kg/h；

W——水分蒸发量，即二次蒸汽的质量流量，kg/h；

x_0——原料液中溶质的质量分数；

x_1——完成液中溶质的质量分数。

【例 3-8】 某厂欲将 10t/h 蔗糖溶液由 40% 浓缩至 80%，试求每小时的水分蒸发量和完成液的量。

解 已知 $F=10t/h=10000kg/h$，$x_0=40\%$，$x_1=80\%$

将已知条件代入公式（3-21）得

水分蒸发量 $\qquad W=F\left(1-\dfrac{x_0}{x_1}\right)=10000\times\left(1-\dfrac{0.4}{0.8}\right)=5000 \ (kg/h)$

完成液的量 $\quad D=F-W=10000-5000=5000 \ (kg/h)$

故求得每小时的水分蒸发量为 5000kg/h；完成液的量为 5000kg/h。

练一练

有一单效蒸发器，每小时处理质量分数为 14% 的原料液 5t，蒸发掉水分 1.2t。试求蒸发后溶液的质量分数。

（2）加热蒸汽消耗量 $D_汽$ 的计算——热量衡算 加热蒸汽为饱和蒸汽，传热后在饱和温度下排出，放出的冷凝潜热为：$Q=D_汽 R$ 料液蒸发需要的热量是：进料液预热至沸点热量 $Q=Fc(t_沸-t_0)$，式中，c 为比热容。料液中的水分汽化提供热量 $Q=Wr$，式中，r 为二次蒸汽的汽化潜热。同时还要考虑散失到周围的热量 $Q_损$。

根据热量守恒的原理，加热蒸汽放出的热量＝料液吸收的热量＋热量损失，即

$$D_汽 R=Fc(t_沸-t_0)+Wr+Q_损 \qquad (3-22)$$

则加热蒸汽消耗量 $D_汽$ 的计算式为

$$D_汽=Fc(t_沸-t_0)+Wr+Q_损/R \qquad (3-23)$$

在不同的进料温度 t_0 下，加热蒸汽消耗量 $D_汽$ 的比较如下。

① 沸点进料 即 $t_沸=t_0$，加热蒸汽的作用是提供溶剂汽化和热损失。式（3-23）可变为：

$$D_汽=\frac{Wr+Q}{R} \qquad (3-24)$$

若不计 $Q_损$，则 $D_汽=\dfrac{Wr}{R}$，也可写成 $\dfrac{D_汽}{W}=\dfrac{r}{R}$，称为单位蒸汽消耗量，表示每蒸发 1kg 水分所需要加热蒸汽的质量（kg）。由于蒸汽的汽化潜热受压力变化影响较小，二次蒸汽与加热蒸汽的汽化潜热相差较小，故 $\dfrac{D_汽}{W}\approx1$。但在实际生产中会存在一定的热量损失，所以实际的单位蒸汽消耗量约为 1.1 或更大一些。即要蒸发 1kg 的水，则要消耗 1kg 以上加热蒸汽。

② 低于沸点进料 溶液在低于沸点温度进入蒸发器，即 $t_0<t_沸$。由于溶液吸收的热量首先要将原料液预热到沸点，然后再供给溶剂汽化，所以 $\dfrac{D_汽}{W}>\dfrac{r}{R}$，即 $\dfrac{D_汽}{W}>1$。

③ 高于沸点进料 溶液温度高于沸点进入蒸发器，即 $t_0>t_沸$。这种情况主要发生在减压蒸发操作中。溶液进入蒸发器后，温度迅速达到操作压力下的沸点，放出热量使一部分溶剂汽化。由于这一部分溶剂汽化不消耗加热蒸汽，所以单位蒸汽消耗量减少了，即 $\dfrac{D_汽}{W}<1$。

这种由于溶液的初温高于蒸发器压力下溶液沸点，放出热量使部分溶剂自动汽化的现象称为自蒸发。

【例 3-9】 设在例 3-11 中原料液的比热容为 3.0kJ/(kg·K)，溶液的沸点是 363K，加热蒸汽的压强为 200kPa，忽略热量损失，试求下列三种进料情况下的加热蒸汽消耗量和单位蒸汽消耗量。

（1）原料液在 293K 时进入蒸发器；

（2）原料在沸点时进入蒸发器；

（3）原料液在 383K 进入蒸发器。

解 已知 $F=10000\text{kg/h}$，$W=5000\text{kg/h}$，$c=3.0\text{kJ/(kg·K)}$，$t_沸=377\text{K}$，$Q_损=0$。

查附录得知：当 $p_蒸汽=200\text{kPa}$ 时，加热蒸汽的汽化潜热 $R=2202\text{kJ/kg}$，

从附录查得 $T=363\text{K}$，$r=2283\text{kJ/kg}$。

（1）$t_0=293\text{K}$

$$D_汽=FC(t_沸-t_0)+Wr+Q_损/R=10000\times3\times(363-293)+5000\times2283/2202=6273.8\ (\text{kg/h})$$

$$\frac{D_汽}{W}=6273.8/5000=1.254\ (\text{kg 蒸汽/kg 水分})$$

（2）$t_0=t_沸=363\text{K}$

$$D=\frac{Wr}{R}=\frac{5000\times2283}{2202}=5184\ (\text{kg/h})$$

$$\frac{D}{W}=5184/5000=1.037\ (\text{kg 蒸汽/kg 水分})$$

（3）$t_0=383\text{K}$

$$D=FC(t_沸-t_0)+Wr+Q_损/R=\frac{10000\times3.0\times(363-383)+5000\times2283+0}{2202}$$

$$=4911.44\ (\text{kg/h})$$

$$\frac{D_汽}{W}=4911.44/5000=0.9822\ (\text{kg 蒸汽/kg 水分})$$

（3）蒸发器传热面积的计算 蒸发器传热面积 A 可用传热速率方程式 $Q=KA\Delta t_m$ 进行计算：

$$A=\frac{Q}{K\Delta t_m} \tag{3-25}$$

因加热蒸汽冷凝液是在饱和温度下排出，只放出冷凝潜热，故 $Q=DR$，加热室间壁两侧的加热蒸汽和溶液均发生相变（沸点进料），温差保持不变，属于恒温传热。设 T_D 为加热蒸汽的温度，$T_沸$ 为溶液的沸点，则 $\Delta t_m=T_D-T_沸$。传热系数 K 一般由实验确定。所以，蒸发器的传热面积可表示为：

$$A=\frac{DR}{K(T_D-T_沸)} \tag{3-26}$$

加热蒸汽的温度和二次蒸汽的温度都是由它们各自压力表的读数来确定，通过对照饱和水蒸气表可查出加热蒸汽温度 T_D 和二次蒸汽温度 T_w。实践证明，二次蒸汽的温度总是比溶液的沸点低，把 T_w 和 $T_沸$ 之间的差值称为温度差损失，用 Δ 表示。若温度差 Δ 已知，则溶液的沸点 T 沸为：

$$T_沸=T_w+\Delta \tag{3-27}$$

造成温度差 Δ 损失的主要原因有以下几方面。

① 溶质的存在。一般溶液的沸点比水的沸点高，如水的沸点是 373K，25.09% 的 NaCl 水溶液沸点为 380K。

② 液柱静压力引起的溶液沸点升高。由于蒸发器中的溶液有一定的深度，液体的沸点由液面到底部逐渐升高。

③ 导管中流体阻力的影响。

想一想

1. 从单效真空蒸发流程简述单效蒸发的过程。

2. 单效蒸发的计算主要有几项内容？

3. 什么是单位蒸汽消耗量？想一想不同进料温度下单位蒸汽消耗量的大约数值是多少？

4. 自蒸发与自然蒸发有什么区别？

5. 为什么蒸发器内溶液的温度高于二次蒸汽的温度？

三、多效蒸发

1. 多效蒸发原理及流程

（1）多效蒸发原理　将加热蒸汽通入蒸发器加热料液，蒸发器内汽化出的二次蒸汽虽温度和压力比原加热蒸汽低，但引入到后一压力较低蒸发器的加热室作为加热剂，后一蒸发器相当于前一蒸发器的冷凝器。后一蒸发器产生的二次蒸汽又可以作为热源通入到第三个操作压力更低的蒸发器加热室作为加热剂。这就是多效蒸发的工作原理。按以上方式将这样多个蒸发器顺次串接，则称为多效蒸发。凡通入加热蒸汽的蒸发器称为第一效，用第一效的二次蒸汽作为加热剂的蒸发器称为第二效，以此类推。多效蒸发器中每一个蒸发器称为一效。

在多效蒸发中，作为加热蒸汽的温度必须高于所蒸发溶液的沸点，后一效蒸发器中的压力和沸点要比前一效蒸发器低。因此，多效蒸发的末效都和真空泵相连，形成减压蒸发，使整个蒸发系统的溶液沸点依次降低。

采用多效蒸发的目的就是节省加热蒸汽的消耗量，提高加热蒸汽的经济性。由于热损失的原因，1kg加热蒸汽蒸发不出 1kg 的水。据经验数据，每千克的加热蒸汽所蒸发的水的质量（kg），即单位蒸汽蒸发量 $\frac{W}{D}$，单效为 0.91，双效为 1.76，三效为 2.5，四效为 3.33，五效为 3.71。由单效改为双效，节约蒸汽约 50%；四效改为五效，加热蒸汽只节约 10%。随着效数的增加，设备费用不断增加，当效数增加到一定程度时，节约的加热蒸汽的费用与增加的设备费用相比可能得不偿失，所以并不是蒸发器的效数越多越好。化工生产中采用的多效蒸发一般是 2~3 效。

（2）多效蒸发流程　根据原料液和加热蒸汽流动方向的不同组合，通常有以下三种多效蒸发流程。

① 并流流程（亦称顺流流程）　并流流程原料液和蒸汽的流向一致，都是从第一效流至末效。图 3-23 为并流加料三效蒸发的流程。原料液和蒸汽都是Ⅰ效—Ⅱ效—Ⅲ效。

这种流程的主要优点是：a. 原料液不需泵输送，因为前效压强比后效高，料液可借助相邻两效的压强差自动流入后一蒸发器；b. 产生自蒸发，因为溶液是由高温的前一效流入后一效，后一效的物料处于过状态中。放出一部分热量多蒸发一部分水分。该流程的缺点是：传热系数逐效降低，因为溶液的黏度逐渐增大。并流流程不适用于黏度随浓度增加而迅速增大的溶液。

② 逆流流程　逆流流程是原料由末效加入，然后用泵送入前一效，与蒸汽的流

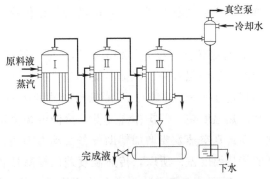

图 3-23　并流三效加料流程

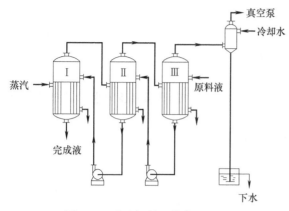

图 3-24 逆流加料三效蒸发流程

向相反。图 3-24 为逆流加料三效蒸发流程。蒸汽流向是：Ⅰ效—Ⅱ效—Ⅲ效；原料液的流向是：Ⅲ效—Ⅱ效—Ⅰ效。

逆流加料流程的优点是传热系数大致不变，因为溶液的浓度增大使黏度增加了，但温度的升高降低了溶液黏度，两者大致抵消，所以溶液的黏度变化不大，各效的传热条件大致相同。

其缺点是：a. 原料液必须用泵输送，增加了动力的消耗，因为溶液是由从低压流向高压；b. 不能产生自蒸发，而且还要将溶液加热至沸点，多消耗一些热量，因为溶液从低沸点流向高沸点，各效的进料温度比沸点低。该流程一般在溶液的黏度随温度变化较大的场合才被采用，并且不宜处理热敏性物料。

③ 平流流程 平流加料流程是蒸汽从第一效流向末效，各效分别进料并分别出料。这种流程适用于处理易结晶而不便在各效之间流动的物料。如图 3-25 所示的为平流加料三效蒸发流程。

2. 提高蒸发器生产强度的措施

（1）蒸发器的生产强度 蒸发器的生产强度是指单位时间内单位传热面积所蒸发的溶剂（一般为水）量，简称为蒸发强度，即：

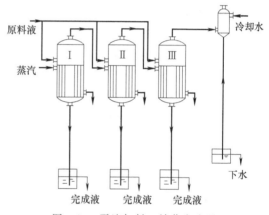

图 3-25 平流加料三效蒸发流程

$$U=\frac{W}{A} \qquad (3-28)$$

式中 U——蒸发强度，$kg/(m^2 \cdot h)$。

蒸发强度是评价蒸发器的优劣的一个重要指标。对于一定的蒸发项目而言，蒸发强度越大，则所需的传热面积越小，设备投资越低。故应提高蒸发器的蒸发强度，以获得更大的经济效益。

（2）提高生产强度的途径 由于蒸发是一个恒温传热过程，所以蒸发器实质上是一个换热器。那么提高蒸发器生产强度就是强化传热过程。其主要途径是提高传热温度差和总传热系数。

① 提高传热温度差 提高传热温度差除了与温度差损失有关外，还与加热蒸汽的压强和冷凝器的压强有关。但提高加热蒸汽的压强受工厂具体供气条件限制。一般加热蒸汽的压强不超过 0.6～0.8MPa。若降低冷凝器的压强，即提高冷凝器的真空度，溶液的沸点降低，增大传热温度差。但操作温度低，溶液的黏度增大，使总的传热系数下降，对溶液的沸腾不利，而且真空蒸发要增加辅助设备及动力消耗。为了控制沸腾在核状沸腾区，也不宜采用过高的传热温度差。所以，传热温度差的提高具有一定限度。

② 提高总传热系数 增大总传热系数的主要途径是减小各部分的热阻；合理设计蒸发

器，以实现良好的溶液循环流动，提高对流传热膜系数；及时排除加热蒸汽中的不凝性气体，如果加热蒸汽中含有 1% 的不凝性气体，传热系数就会下降 60%；及时清除污垢，管内溶液侧的污垢热阻对总传热系数影响很大，尤其是处理易结晶或结垢的物料，除定期清洗外，还可以采取除垢措施，如添加微量除垢剂以阻止污垢形成，保持良好的传热条件。

想一想

1. 为什么采用多效蒸发？其原理是什么？
2. 多效蒸发的流程有几种？各适用于什么场合？
3. 什么是蒸发器的生产强度？提高蒸发器生产强度的途径有哪些？
4. 为什么多效蒸发通常采用Ⅱ～Ⅲ效？

项目二　蒸 发 设 备

一、蒸发器的基本结构

蒸发过程是一个传热过程，蒸发设备与一般的换热器没有本质的区别。蒸发器是一种特殊形式的换热器，不同的是要不断排走加热过程中产生的二次蒸汽。其类型很多，但基本结构都是由加热室和分离室（也叫蒸发室）两部分组成（见图 3-26，图中相关部件的注释由学生完成）。

1. 加热室

加热室内装有直立的管束，在管束壁面的两侧加热蒸汽和料液通过壁面进行换热，和一般的换热器相似，仅结构上有些差异。

2. 分离室

分离室是使溶液和二次蒸汽分离的空间，能否将二次蒸汽夹带的溶液分离下来会直接影响操作的进行，造成产品的损失、环境污染、堵塞管道等一系列问题。

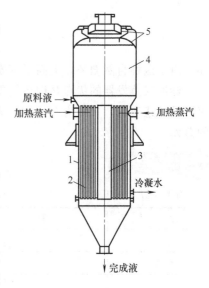

图 3-26　蒸发器的基本结构

想一想

根据图 3-26 完成下表。

序号	名称	作用
1		
2		
3		
4		
5		

二、蒸发器的种类和性能

1. 自然循环蒸发器

在这类蒸发器内,溶液因被加热而产生密度差,形成自然循环。加热室有横卧式和竖式两种,竖式应用最广。

(1) 中央循环管式(标准式)蒸发器 这种蒸发器具有悠久的历史,至今工业上仍广泛

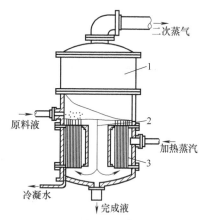

图 3-27 中央循环管蒸发器

采用。其结构如图 3-27 所示(图中相关部件由学生在"练一练"中注释),加热室由直立管束组成,加热管长 1~2m,管径多采用 38~75mm,一般管长与管径之比 $l/d=20\sim40$。在加热室的中央有一根很粗的管子,其截面积大约等于加热管总截面积的 $40\%\sim100\%$,称为中央循环管。加热蒸汽在管隙进行加热,溶液在管内循环流动。由于中央循环管比加热管的截面积大,一定量溶液所占有的传热面小。在加热时,中央循环管和加热管内的溶液受热程度不同。中央循环管内溶液获得热量少,密度较大而下降,而加热管内溶液获得热量多,处在沸腾状态,又由于加热管内蒸汽上升时的抽吸作用,造成溶液由中央循环管下降而由加热管上升的不断循环。由于这种自然循环,提高了蒸发器的传热系数和蒸发水分量。

标准式蒸发器的优点是构造简单、制造方便、投资较少和操作可靠。缺点是检修麻烦,溶液循环速率低,一般为 0.4~0.5m/s,传热系数较小。它适用于黏度较大及易结垢的溶液的蒸发。

看图 3-27 完成下表。

序　号	名　称	作　用
1		
2		
3		

(2) 悬筐式蒸发器 这种蒸发器的结构如图 3-28 所示(图中相关部件由学生在"练一练"中注释),它的加热室像个篮筐,悬挂在蒸发器壳体的下部。加热蒸汽总管由壳体上部伸入。加热管管隙间通蒸汽,管内为溶液。加热室的外壁与蒸发器壳体内壁所形成的环形通道为溶液循环通道。环形通道的截面积一般为加热管总面积的 $100\%\sim150\%$,因此溶液循环速率较标准式蒸发器大,约 1~1.5m/s。由于与蒸发器外壳接触的是循环溶液,它的温度比加热蒸汽低,所以外壳温度较低,热损失也较小。在检修加热室时,打开壳体顶盖即可将其取出,比检修标准式蒸发器方

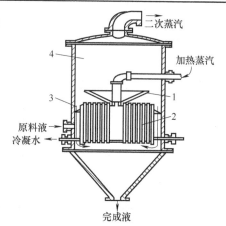

图 3-28 悬筐式蒸发器

便。悬筐式蒸发器的缺点是：单位传热面积的金属消耗量较大，装置复杂。这种蒸发器适用于易结晶溶液的蒸发，这时可增设析盐器，以利于析出的晶体与溶液分离。

看图 3-28 完成下表。

序　号	名　称	作　用
1		
2		
3		
4		

（3）外加热式蒸发器　将管束较长的加热室装在蒸发器的外面，使加热室与分离室分开的蒸发器，称为外加热式蒸发器，其结构如图 3-29 所示（图中相关部件由学生在"练一练"中注释）。由于循环管没有受到蒸汽加热，增大了循环管内与加热管内溶液的密度差，从而加快了溶液的自然循环速率。加热室有垂直的，也有倾斜的。因为加热室在蒸发器外，蒸发器的总高度降低，同时便于检修及更换。

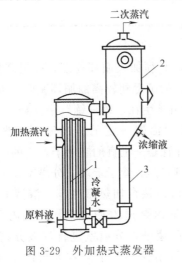

图 3-29　外加热式蒸发器

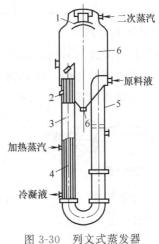

图 3-30　列文式蒸发器

看图 3-29 完成下表。

序　号	名　称	作　用
1		
2		
3		

（4）列文式蒸发器　其结构如图 3-30 所示（图中相关部件由学生在"练一练"中注释）。上述几种自然循环蒸发器的溶液循环速率都比较小（在 1.5m/s 以下），溶液都在加热

管内沸腾浓缩，所以用于蒸发黏度较大以及易结晶的溶液时传热系数大为降低。尤其是易结晶溶液蒸发时，极易在加热管上析出结晶，不仅影响传热，而且需要经常停工清洗。列文式蒸发器的结构特点是，使溶液在加热管外沸腾浓缩，提高溶液的循环速率和减少在加热管壁上的结垢。因此，它在国内一些化工厂，尤其是电解碱液的蒸发中应用较多。列文蒸发器的缺点是设备庞大，单是循环管高度就有 7～8m，消耗金属量大，需要高大的厂房。此外，为了保证较高的循环速率，需要有较大的传热温差，即要用压力较高的加热蒸汽。

 练一练

看图 3-30 完成下表。

序　号	名　　称	作　　用
1		
2		
3		
4		
5		
6		

2. 强制循环蒸发器

为了蒸发黏度大或容易析出结晶与结垢的溶液，必须加大循环速度，以提高传热系数。而在一个自然循环蒸发器中，循环速率不可能很高。为了得到较高的循环速度，可采用强制循环蒸发器，其结构如图 3-31 所示（图中相关部件由学生在"练一练"中注释）。蒸发器内的溶液依靠泵的作用沿着一定的方向循环，速度一般为 1.5～3.5m/s。循环管是一垂直的空管子，它的截面积约为加热管总截面积的 150%。管子上端通分离室，下端与泵的入口相连。泵的出口连接在加热室底部。溶液的循环过程是这样进行的：溶液由泵送入加热室，在室内受热沸腾，沸腾的汽液混合物高速进入分离室进行汽液分离，蒸汽经捕沫器后排出，溶液沿循环管下降被泵再次送入加热室。这种蒸发器的传热系数比一般自然循环蒸发器大得多，因此，对于相同的生产项目，蒸发器的传热面积比自然循环蒸发器小。其缺点是动力消耗大，每平方米加热面积需要 0.4～0.8kW 的动力消耗。

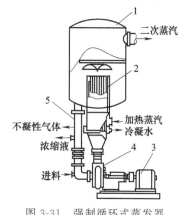

图 3-31　强制循环式蒸发器

 练一练

看图 3-31 完成下表。

序　号	名　　称	作　　用
1		
2		

续表

序　号	名　称	作　用
3		
4		
5		

3. 液膜式蒸发器

上述几种蒸发器，溶液在器内逗留的时间都比较长，这对热敏性物料的蒸发极为不利，容易使物料分解变质。膜式蒸发器的特点是，溶液仅通过加热管一次，不作循环，溶液在加热管壁上呈薄膜状，蒸发速率快（数秒至数十秒），传热效率高。膜式蒸发器特别适宜于热敏性物料的蒸发，对于黏度较大、容易产生泡沫的物料的蒸发也较好，现已成为国内外广泛应用的先进蒸发设备。它的结构形式较多，下面介绍几种目前常用的膜式蒸发器。

（1）升膜式蒸发器　如图 3-32 所示，其加热室是一个由数根垂直加热长管组成的立式列管换热器。通常加热管径为 20～50mm，管子的长径比为 100～150。料液预热后由蒸发器的底部进入加热管内，加热蒸汽走管外，料液受热沸腾后迅速汽化，生成的二次蒸汽在管内高速上升，带动溶液沿管内壁呈膜状上升，连续不断地被蒸发，汽-液在顶部分离室内进行分离，二次蒸汽由顶部逸出，浓缩液由分离室底部排出。

其控制较复杂，因为在蒸发器内随着汽速的变化可能会出现不同的流动状态，但以膜状流动的传热系数最大，因此溶液应预热到接近沸点时进入蒸发器，以免出现显热段。其管束较长，清洗和检修不便，不易处理有结晶、易结垢及黏度大的溶液。适宜处理热敏性、黏度较小及易起泡沫的溶液。

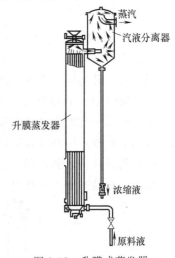

图 3-32　升膜式蒸发器

（2）降膜式蒸发器　如图 3-33 所示。其结构与升膜式蒸发器相似，主要区别是原料液由加热室的顶部降膜分布器均匀地进入加热管，在重力作用下沿管内壁呈膜状下降，并在此过程中蒸发增浓，气液混合物由加热管底部进入分离器，二次蒸汽从分离器顶部逸出，完成液由分离器底部排出。

要防止二次蒸汽从加热管上端窜出，还要使原料在加热管内均匀分布，有效地成膜，所以在每根加热管的顶部必须安装降膜分布器。降膜分布器的好坏对传热效果影响很大，如果溶液分布不均匀，则有的管子会出现干壁现象。常见的降膜分布器如图 3-34 所示。

图 3-34（a）所示的分布器即用一根有螺旋形沟槽的导流柱使流体均匀分布到内壁上；图 3-34（b）所示的分布器即利用下部是圆锥体且锥体底面向内凹的导流杆均匀分面液体，它可以避免沿锥体流下的溶液再向中央聚集；图 3-34（c）所示的分布器即使液体通过齿缝分布到加热管内壁呈膜状下流；图 3-34（d）所示的分布器即溶液经过旋液分配头来分配到换热管内壁上。

降膜蒸发器适用于蒸发热敏性、黏度较大、浓度较高的溶液。由于液膜在管内不易形成均匀的液膜，传热系数不高，故不适用于处理易结晶和易结垢的物料。

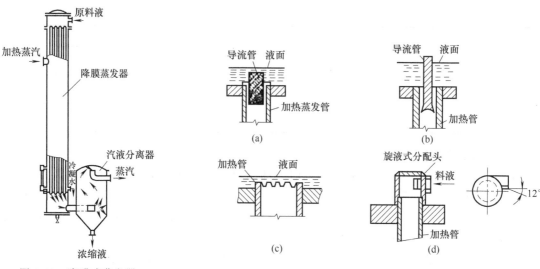

图 3-33　降膜式蒸发器

图 3-34　降膜蒸发器的降膜分布器

（3）升-降膜式蒸发器　如图 3-35 所示，这种蒸发器是将升膜加热管和降膜加热管装在同一个外壳中。原料经预热后进入蒸发器底部，先经升膜加热管上升，再从降膜加热管下降，最后进入分离器中汽液分离，二次蒸汽从分离器顶部逸出，完成液从分离器底部排出。

在升膜管中产生的蒸汽有利于降膜换热管中液体的分配，能加速和搅动下降的液膜，改善了传热效果。它的高度比升膜式或降膜式蒸发器都低。它适用于在蒸发过程中溶液黏度变化较大的溶液或厂房高度有限的场合。

（4）刮板式液膜蒸发器　刮板式液膜蒸发器如图 3-36 所示，它是一种适应性很强的新型蒸发器，对高黏度、易结晶、易结垢和热敏性物料都适用。

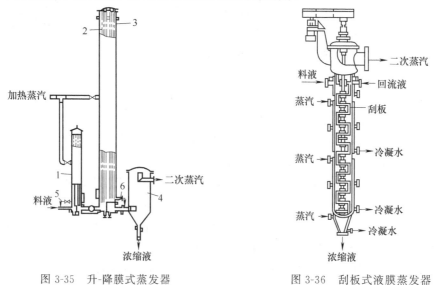

图 3-35　升-降膜式蒸发器

1—升膜蒸发器；2—降膜蒸发器；3—液体分布器；

4—汽液分离器；5,6—冷凝排出阀

图 3-36　刮板式液膜蒸发器

这种换热器主要由加热夹套和刮板组成，壳体外装有加热夹套，夹套内通加热蒸汽，壳体内的中转轴上装有旋转的叶片，刮板和壳体内壁之间的间隙很小，通常为 0.5～1.5mm。原料液由蒸发器上部沿切线方向进入器内，被叶片带动旋转。料液由于受到离心力、重力及旋转叶片的刮带作用，在器内壁上形成旋转下降的液膜，同时在此过程中被蒸发浓缩，完成液由器底排出，产生的二次蒸汽上升至器顶，经汽液分离后逸出。

它是一种外加动力成膜的不循环蒸发器，因此高黏度、易结晶及易结垢的物料也能获得较高的传热系数。在某些场合，这种蒸发器可将溶液蒸干，在底部直接得到固体产品。研究结果表明，影响这种蒸发器传热膜系数的最重要因素是物料的热导率。它的缺点是结构复杂，制造要求高，安装和维修工作量大；动力消耗大；加热面积不大。

想一想

1. 根据中央循环管蒸发器的工作过程，简述它的优缺点。
2. 悬筐式蒸发器有什么优缺点？
3. 外加热式蒸发器主要优点是什么？
4. 蒸发黏度较大和易结晶的溶液时为什么常采用列文式蒸发器？
5. 简述强制循环蒸发器的工作过程。
6. 液膜式蒸发器有什么优点？常用于哪类溶液的蒸发？
7. 想一想填入下表：哪些是循环式蒸发器？哪些是不循环式蒸发器？各有什么特点？
8. 完成下表。

类型	名　　称	特　　点
循环式蒸发器		
不循环式蒸发器		

三、蒸发装置中的辅助设备

在蒸发装置中，除了加热室和分离室外，还有除沫器、冷凝器、真空泵、冷水排除器等。

（1）除沫器　除沫器的作用是将离开分离室的二次蒸汽中的液沫进一步分离。若蒸汽夹有大量的液体，不仅造成物料损失，而且可能腐蚀下一效的加热室中的换热管，影响蒸发操作。除沫器的形式很多，有的直接安装在蒸发器的顶盖下面，如图 3-37 所示；有的安装在分离室的外面，如图 3-38 所示。

（2）冷凝器　冷凝器的作用是冷凝二次蒸汽。它有间壁式和直接混合式两种。若二次蒸汽为回收有价值的物料或会严重污染冷却水，则应采用间壁式冷凝器；若二次蒸汽为不需回收的水蒸气，可采用直接混合式冷凝器，它冷凝效果好，结构简单，操作方便，造价低廉。

常用的多孔板冷凝器如图 3-39 所示（图中相关部件由学生在"练一练"中注释）。

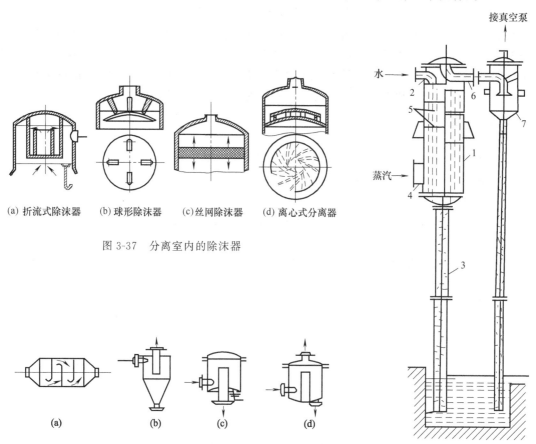

(a) 折流式除沫器　(b) 球形除沫器　(c)丝网除沫器　(d) 离心式分离器

图 3-37　分离室内的除沫器

(a)　　　　(b)　　　　(c)　　　　(d)

图 3-38　分离室外的除沫器

图 3-39　逆流高位冷凝器

（3）真空装置　在多效蒸发的末效，二次蒸汽的冷凝器均需安装真空装置。要保持冷凝器和蒸发器减压操作，就必须用真空泵抽出冷凝器中的不凝性气体和冷却水饱和温度下的水蒸气。常用的真空装置有喷射真空泵、水环式真空泵、往复式或旋转式真空泵等。

看图 3-39 完成下表。

序　号	名　称	作　用
1		
2		
3		
4		
5		
6		
7		

想一想

1. 蒸发装置中的辅助设备有哪些？
2. 除沫器的作用是什么？根据图 3-37、图 3-38，结合学过的知识简述它们的工作原理。
3. 冷凝器的作用是什么？
4. 真空装置的作用是什么？常用的真空装置有哪些？

课题四　结晶操作技术

【教学目标】

1. 掌握有关结晶的基本概念及其在工业上的应用。
2. 掌握影响结晶操作的因素。
3. 掌握结晶操作过程的控制要点。
4. 了解各类结晶器结构特点和工作原理。
5. 了解结晶方法选择的依据。

项目一　结晶操作的基础知识

结晶的理论基础是使溶液达到过饱和，而实现溶液的过饱和与传热过程密切相关，所以结晶操作也是在特定目的下的特殊传热过程。

一、结晶操作在工业生产中的作用

结晶是化学工业（包括其他工业部门）生产中常用的单元操作之一。几乎绝大多数的无机盐以及许多有机物的制备过程都采用了这一单元操作。其目的主要有以下两个方面。

① 用来获得有一定形状的结晶物质。例如，化肥、糖精、味精、洗衣粉、速溶咖啡等产品均要求有一定的外形，因为这样可以给该操作之后的分离、干燥、包装、运输、贮存等工序带来方便，从而可以更好地适应商品市场竞争的需要。

② 作为分离提纯的重要手段，用以制备纯净的目的产品。例如，有许多化学试剂就是通过将含杂质量较多的工业产品溶解在某种溶剂中，滤去不溶性杂质之后，利用再次结晶（称为重结晶）的方法来制备的。此外，还有许多净化水的方法，例如利用硫酸铁或硫酸铝与处于胶体状态的杂质作用，生成 $CaSO_4 \cdot 2H_2O$ 和 $Al(OH)_3$ 的共同沉淀，它也是与结晶密切相关的。

想一想

1. 结晶操作也是传热过程？
2. 结晶操作在工业生产中有什么作用？
3. 我们现实生活中哪些物品是通过结晶制取的？

二、结晶操作的基本概念

（1）结晶　固体物质在液体中溶解的同时，溶液中还进行着一个相反的过程，即已溶解的溶质又重新变成固体而从溶剂中析出，这个过程称为结晶。

（2）晶核 溶质从溶液中结晶出来的初期，首先要产生微观的晶粒作为结晶的核心，这些核心称为晶核。晶核是晶体生长过程必不可少的核心。

（3）晶体 晶体是结晶过程形成的具有规则几何外形的固体颗粒。

（4）结晶水 物质从水溶液中结晶出来，有时形成晶体水合物，晶体水合物中所含有的水分子称为结晶水。

（5）晶系和晶习 构成晶体的微观粒子（分子、原子或离子）按一定的几何规则排列，由此形成的最小单元称为晶格。晶体可按晶格空间结构的区别分为不同的晶系。同一种物质在不同的条件下可形成不同的晶系，或为两种晶系的混合物。晶习是指在一定的环境下晶体的外部形态。微观粒子的规则排列可以按不同方向发展，即各晶面以不同的速率生长，从而形成不同外形的晶体，这种习性及最终形成的晶体外形称为晶习。同一晶系的晶体在不同结晶条件下的晶习不同，改变结晶温度、溶剂种类、pH 值以及少量杂质或添加剂的存在往往因改变晶习而得到不同的晶体外形。例如，因结晶温度不同，碘化汞的晶体可以是黄色或红色；NaCl 从纯水溶液中结晶时为立方晶体，但若水溶液中含有少许尿素，则 NaCl 形成八面体的晶体。控制结晶操作的条件以改善晶习，获得理想的晶体外形，是结晶操作区别于其他分离操作的重要特点。

（6）晶浆和母液 溶质在结晶器中结晶出来的晶体和剩余的溶液构成的悬混物称为晶浆；去除晶体后所剩的溶液称为母液。结晶过程中，含有杂质的母液会以表面黏附或晶间包藏的方式夹带在固体产品中，这些杂质的存在既影响结晶产品的纯度，也影响晶体的外形。所以工业上通常在对晶浆进行液固分离以后，再用适当的溶剂对固体进行洗涤，以尽量除去由于包藏和黏附母液所带来的杂质。

想一想

1. 什么是晶浆？什么是母液？
2. 举例说明影响晶体外形的因素有哪些？
3. 什么是晶系和晶习？

三、结晶的理论基础

1. 溶解度与溶解度曲线

在一定条件下，固体物质可以溶解在某种溶剂之中，成为溶液。溶液中的溶质也可以从溶液中析出而成为晶体。溶解与结晶是一个可逆过程。如果溶解与结晶的速率相等，该过程将处于动态的相平衡状态。这时，溶解在溶剂中的溶质数将达到最大限度，这样的溶液称为饱和溶液。也就是说，如果溶液尚处在未饱和状态，溶质将继续溶解，一直达到饱和时为止；如果超过了可以溶解的极限，即达到过饱和状态，溶质就可能会析出，直至溶液重新达到饱和为止。

固体与其溶液之间的这种相平衡关系通常用溶解度表示。它是指在一定条件下某一物质在某一溶剂中可以溶解的最大数量。通常以质量分数（x_W）表示。

在同样条件下，不同物质的溶解度是不同的。一定物质在一定溶剂中的溶解度则主要是随温度而变化。如果以溶解度为纵坐标、温度为横坐标，就可以画出一条曲线来表示溶解度随温度变化的关系，这条曲线便称为溶解度曲线。图 3-40（a）所示的是硝酸钾的溶解度曲线。

图 3-40（b）表示的是几种常用盐的溶解度曲线。从图中可以看出：固体物质的溶解度曲线有三种类型：第一类是曲线比较陡的，如 KNO_3、$Al_2(SO_4)_3$ 等，这表明随着温度的变化其溶解度变化比较明显；第二类是曲线比较平坦的，如 $NaCl$、$(NH_4)_2SO_4$ 等，它们的溶解度受温度的影响并不是很显著；还有的是中间出现突变，物质的组成也发生变化的，如 $Na_2SO_4 \cdot 10H_2O$，在 305.2K 以下为含 10 个结晶水的盐，曲线比较陡，305.2K 时则转变成了无水盐，曲线转变成为缓慢下降。

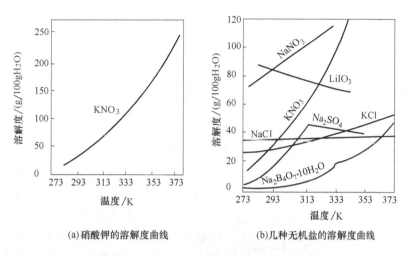

(a)硝酸钾的溶解度曲线　　　　　(b)几种无机盐的溶解度曲线

图 3-40　几种常用盐的溶解度曲线

溶解度曲线对选择结晶操作方法具有指导意义。对于那些溶解度曲线变化很大的盐，应采用冷却结晶的方法；而对于曲线比较平稳的，则以蒸发操作为宜。

2. 溶液的过饱和度

溶液的过饱和度就是溶液呈过饱和的程度。溶液质量分数等于溶解度的溶液称为饱和溶液；低于溶解度时，称为不饱和溶液；大于溶解度时，称为过饱和溶液。过饱和度有两种表示方法：一是用温度差表示，即同一浓度下过饱和溶液的温度比饱和溶液的温度低多少；二是用浓度差表示，即同一温度下过饱和溶液的浓度比饱和溶液的浓度高多少。

各物系的结晶都不同程度地存在过饱和度，溶液的过饱和度是结晶过程必不可少的推动力。过饱和度的大小直接影响着晶核的生成和晶体的生长，因此结晶操作的前提条件就是要有适宜的过饱和度的溶液，并使之稳定，这就为结晶操作打下了良好的基础。

3. 溶液过饱和度与结晶的关系

过饱和溶液的性质是不稳定的，过饱和区内各状态点的不稳定程度也不一样。靠近溶解度曲线时较为稳定，溶液不易自发地产生晶体；超过溶解度曲线越多，瞬间自发产生晶体的可能性越大，操作越不稳定。结晶操作不希望自发产生晶体，而是按照要求有控制地培养出符合一定粒度的晶体。溶液过饱和度与结晶的关系可用图 3-41 表示。

图中 AB 线为普通的溶解度曲线，线上任意一点表示溶液刚达到饱和状况；CD 线是过溶解度曲线，

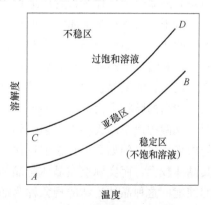

图 3-41　溶液的饱和与过饱和曲线

表示溶液达到过饱和，也称为过饱和曲线。CD 线以上称为过饱和溶液的不稳定区，溶液处于此区域内，其溶质能自发地结晶析出。CD 线以下、AB 线以上为过饱和溶液的亚稳定区（也叫介稳定区），溶液处于此区域内，只要没有外界影响，就不会自发地产生晶体，只有在向溶液中加入晶种时，才会在晶种的作用下析出结晶。AB 线以下为不饱和溶液，也叫稳定区，溶液处于此区域时不可能有晶体析出。因此，可以根据溶液的过饱和度曲线选择结晶操作合适的条件。

想一想

1. 什么是溶解度？什么是溶解度曲线？

2. 什么是溶液的过饱和度？有哪些表示方法？意义是什么？

3. 什么是过饱和曲线？对结晶操作有什么意义？

四、结晶的过程

一般认为，结晶的生成过程包括晶核的形成与晶体生长两个阶段。

（1）晶核的形成　晶核自发形成的过程，可以想象是这样进行的：例如在 NaCl 的溶液中，有带正电荷的 Na^+ 和带负电荷的 Cl^- 存在，它们在溶液中不断地作不规则的运动，随着饱和度的不断增大，不同离子间的引力相对地越来越大，以至达到不能再分离的程度，它

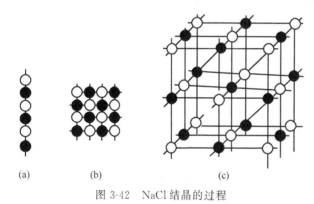

(a)　　(b)　　　(c)

图 3-42　NaCl 结晶的过程

们首先连接成为线晶［如图 3-42（a）所示］，线晶结合成面晶，面晶结合成按一定规则排列的细小晶体，这就形成了所谓的晶核或晶胚。形成晶核的原因有两种：一种是溶液达到过饱和之后自发形成的，称为"一次成核"，又称为自发成核；另一种是受到搅动、尘埃、电磁波辐射等外界因素的诱发而成的，称为"二次成核"，也称为接触成核。工业上的成核绝大多数是接触成核，即

在澄清的过饱和溶液中人为地加入一定数量的微小晶粒，实现接触成核。加入的微小晶粒习惯上称为"晶种"。结晶操作要对成核过程进行控制，制止自发成核。

（2）晶体的生长　晶核在过饱和溶液中，吸附溶液中过剩的溶质生长。在结晶操作中，必须对晶体生长过程进行有效地控制，才能生产出纯净而有一定粒度的晶体。

由于结晶过程包括晶核的形成与晶体的成长两个阶段，因此，在整个操作过程中有两种不同的速率：晶核的形成速率和晶体的成长速率。如果晶核的形成速率远远大于晶体的成长速率，其结果是溶液中有大量晶核，它们还来不及长大过程就结束了，造成产品中晶体小而多。反之，如果晶核的形成速率远远小于晶体的成长速率，溶液中的晶核有足够的时间长大，产品的颗粒大而均匀。如果两者速率相近，其结果是产品的粒度大小参差不一。研究表明，这两种速率的大小不仅影响到产品的外部质量（即外形），而且还可能影响到产品本身的内部质量。例如，生长速率过快，有可能导致两个以上的晶体彼此相连，虽然从表面上看其晶体较大，而实际上在晶体与晶体之间往往夹杂有气态、液态或固态杂质，严重影响产品的纯度。这种晶体连结的现象称为晶体的连生，生成的晶体称为晶簇。在实际生产中，人们往往既要求有颗粒大而均匀的外观质量，又希望获得高度纯净的产品，这就必须从控制晶核

的形成速率与晶体的成长速率入手。

想一想

1. 结晶的过程分为哪两个阶段？

2. 什么是自发成核？什么是接触成核？

3. 工业生产要采用什么成核方式？

4. 为什么结晶操作要控制晶核的形成速率和晶体的成长速率？

五、影响结晶操作的因素

前已述及，影响结晶速率的因素很多，而且目前对一些虽然是已知的因素也很难作精确的量的处理。因此，要想对生产过程进行有效的控制，除了理论方面的指导之外，更重要的还依赖于实验，从中找到比较优化的工艺条件。

对某些已知因素的影响简单介绍如下。

（1）过饱和度的影响　过饱和度是产生结晶的先决条件。它的大小直接影响着晶核的形成和晶体成长过程的快慢，而这两个过程的快慢又影响着结晶的粒度及粒度分布。因此，过饱和度是结晶操作中一个极其重要的参数。

（2）温度的影响　对同一物系，结晶温度对晶体的成长影响较大，是影响晶体的成长速率的重要参数之一。在其他所有条件相同时，晶体的成长速率一方面随温度的提高而使粒子相互作用的过程加快，另一方面则由于伴随着温度的提高而使溶液的过饱和度降低而减慢。

（3）搅拌强度的影响　搅拌是影响结晶粒度分布的重要因素。适当地增加搅拌强度，可以降低过饱和度，控制晶体的成长速率。若搅拌强度过大，导致晶体间碰撞、摩擦加剧，产生大量的晶核，影响到晶体的粒度及大小。

在结晶操作中搅拌的作用主要有以下几个方面。

① 加速溶液的热传导，加快生产过程。

② 加速溶质扩散速率，有利于晶体成长。

③ 使溶液的温度混合均匀，防止出现溶液浓度局部不均。

④ 使晶核散布均匀，防止晶体粘连而形成晶簇，影响产品质量。

（4）冷却速率的影响　冷却是使溶液产生过饱和度的重要手段之一。冷却速率快，过饱和度增加就快，结晶推动力大，则晶核的形成速率快，最终影响到晶体的粒度。如果缓慢冷却，结晶过程进行后，溶液浓度下降，而溶解度变化不大，这样过饱和度的数值较低，结晶在介稳定区内进行，生产出的晶体大而且均匀，因此冷却速率不宜太快。

（5）杂质的影响　物系中的杂质的存在对晶体的成长有显著影响。杂质对结晶过程的影响目前尚没有统一的见解，这里不一一叙述。

（6）晶种的影响　工业生产中的结晶操作一般是在加入晶种的情况下进行的。加入晶种的主要作用是用来控制晶核的数量，以得到大而均匀的结晶产品。

（7）晶体大小的影响　若扩散过程是晶体生长过程的控制阶段，则晶体的成长速率与晶体大小有关，较大晶体的成长速率有时要比较小晶体快。这是由于较大晶体在其周围溶液中沉降时的速率比较小晶体快，从而有利于扩散。若使它们在溶液中都以相同的相对速率运动，则晶体的大小对它的成长速率无影响。

想一想

1. 影响结晶操作的因素有哪些？简述各种因素与结晶操作的关系。

2. 结晶操作中搅拌的作用是什么？

3. 结晶操作的前提条件是什么？

六、结晶方法的选择

在溶液结晶过程中，使溶液形成适宜的过饱和度是结晶过程得以进行的前提条件。溶液结晶方法则是使溶液形成适宜的过饱和度的基本方法。根据物质的溶解度曲线的特点，使溶液形成过饱和度的方法主要有两类：一是冷却法，即通过降温形成适宜的过饱和度的方法，适用于溶解度随温度变化较大的物系；二是蒸发法，即移去部分溶剂的方法，适用于溶解度随温度变化不大的物系。

（1）冷却结晶　它是通过冷却、降低溶液的温度来实现过饱和的。对于那些溶解度随温度降低而显著减少的盐类来说，这是一种既经济又有效的方法。

（2）蒸发结晶　它是通过将溶剂部分汽化、使溶液达到过饱和之后析出结晶的。这是人类历史上采用最早的一种结晶方法，例如早在四千多年前我国劳动人民就用这种方法来生产食盐。对于像食盐这样溶解度随温度升高而变化不大的盐类，这是一种最为适用的方法。

（3）真空结晶　这种方法的特点是使溶液在真空状态下绝热蒸发，一部分溶剂被除去，溶液则因为溶剂汽化带走了一部分潜热而降低了温度，因此，在这种情况下，溶液之所以实现过饱和并析出结晶，是蒸发与冷却同时作用的结果。这种方法适用于属于中等溶解度的盐类，如硫酸铵、氯化钾等。

（4）盐析结晶　某些溶液的过饱和度也可以通过在溶液中加入某种盐液，消耗原溶液中的溶剂，使原有溶质在溶剂中的溶解度减小而造成。利用这一原理来获得结晶的方法，称为盐析结晶。例如联合制碱生产中氯化铵的析出，就是这一方法的典型代表。盐析结晶具有工艺简单、操作方便、与蒸发结晶相比可以大量节约热能等优点，对热敏性物质特别有利。

（5）喷雾结晶　喷雾结晶的基本方法是把高度浓缩以后的悬浮液或膏糊状物料在喷雾器中喷出，使其成为雾状的微滴，同时在设备内通以热风使其中的溶剂迅速蒸发，从而得到粉末状或粒状的产品。这一过程实际上把蒸发、结晶、分离、干燥等工序溶为一体，生产周期很短，一般只有几秒至几十秒钟，对热敏性物质特别适宜，已广泛应用于食品、医药、染料、化肥、合成洗涤剂等方面。

（6）升华结晶　有些物质在加热后的蒸气压比较大，在还没有熔化之前就变成气体而挥发。这种固体物质不经过液态而直接变成气态的现象，称为升华。将升华之后的物质冷凝便获得了固体物质，这就是工业上升华结晶的全部过程。工业上有许多含量要求较高的产品，如碘、萘、蒽醌、氯化铁、水杨酸等，都是通过这一方法生产的。

想一想

1. 如何选择结晶的方法？

2. 结晶的方法有哪两类？各用于哪类物系？

3. 将六种结晶方法的原理和适用场合填入下表。

结 晶 方 法	结 晶 原 理	适 用 场 合

项目二　结　晶　器

结晶器可以根据工业上实现结晶操作的方法分类如下。

1. 冷却型结晶器

目前，工程上比较常用的有以下四种。

（1）桶管式结晶器　图 3-43 所示的是一种最简单的桶管式结晶器，它实质上就是一个普通的夹套式换热器，其中多数装有锚式或框式搅拌，以低速转动，它的操作可以是连续的，也可以是间歇的，还可以将几种设备串联使用。这种设备结构简单，制造容易，但传热系数不高，容易结壁。

（2）夹套螺旋带式搅拌结晶器　这种设备是一个长的半筒形容器，其中装有一个长螺距的带式搅拌器，外设冷却夹套，溶液从一端进入，一端流出，溶液在运行中实现过饱和并析出结晶。如图 3-44 所示，这种设备是一种比较老式的结晶装置，机械传动部分和搅拌部分结构繁琐，制造费用高，冷却面积受到限制，而且过饱和度不易控制，但对一些高黏度、高塑性和高固液比的产品，如石油化工中高分子树脂和石蜡等的处理，以及一些老的糖厂的糖膏处理等，还是十分有效的。

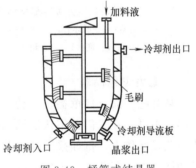

图 3-43　桶管式结晶器

（3）分级结晶器　这是一种可控制晶体生长并分级的连续操作装置。它的基本特点是：器内的饱和溶液与少量处于未饱和状态的热溶液（原料液）相混合，通过蒸发或冷却达到轻度的过饱和，在它通过中心管从容器底部返回过程中达到过饱和，使原有晶核得以长大。通过分级的作用，大粒的在底部，中等的在其中，最小的在最上面，如果连续分批地取出晶浆，就能得到一定粒径的均匀的晶体。分级结晶器结晶器有冷却型、蒸发型和真空蒸发冷却型三种类型。它们的基本结构和工作原理是一样的，所不同的只是获得过饱和度的方法不一样。图 3-45 是一种冷却型的结晶器。它的主要部件是结晶器（1）和冷却器（4），之间通过循环管（2）相连，溶液在通过冷却器（4）的过程中又一次达到了轻度的过饱和，然后进入结晶内，实现了溶液的循

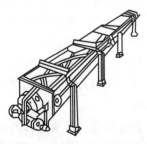

图 3-44　夹套螺旋带式
搅拌结晶器

环过程。图中的（8）是一个细晶消灭器，它是通过加热或水溶的办法将过多的晶核消灭掉，以保证晶体的稳步长大。

（4）直接接触冷却型结晶器　图3-46是该结晶器的示意图。它的特点是用一种与溶液不互溶的冷却剂（如油）从喷嘴中喷出，分散在溶液中并与热的溶液直接接触，在沿着导流筒上升过程中使溶液达到过饱和并使晶体生长，大的结晶沉在底部，小的在器内继续循环。这种结晶器的主要优点在于溶液与冷却剂直接接触，传热系数大大提高，生产能力大，由于换热过程中没有换热设备，简化结构并降低了成本。但要求冷却剂必须与溶液不互溶，而且能够与溶液实现快速而有效地分离，无毒，成本低等。

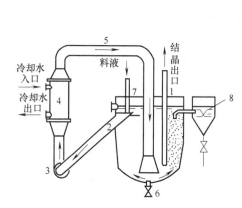

图3-45　分级冷却型结晶器

1—结晶器；2—循环管；3—循环泵；4—冷却器；
5—中心管；6—底阀；7—进料管；8—细晶消灭器

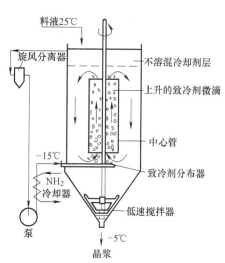

图3-46　直接接触冷却型结晶器

2. 蒸发型结晶器

从某些产品（如蔗糖、食盐、纯碱等）所使用的蒸发器来看，其本身就是一个蒸发型结晶器。不过，在人们还不认识结晶的某些特殊规律之前，并没有考虑结晶方面的要求，重点放在蒸发操作上，例如采用多效蒸发的流程来节约热能的消耗等。但随着人们对结晶操作实践和认识上的深化，对于那些以获得结晶产品为目的、蒸发仅仅是实现结晶的手段所进行的蒸发操作和使用的蒸发器，划为结晶与结晶器的范畴。

3. 真空蒸发-冷却型结晶器

前已述及，真空蒸发-冷却型的结晶操作具有蒸发与冷却同时作用的效果，图3-47所示的循环式蒸发结晶就是基于这一思路而设计的。原料液经外部加热器预热之后，在蒸发器内迅速被蒸发，溶剂被抽走，同时起到了制冷作用，使溶液迅速进入介稳区内并析出结晶。

图3-48所示的连续式真空结晶器中，喷射泵的作用是使冷凝器和结晶器内处于真空状态，不断抽出不凝性气体。因为真空结晶器内的操作温度一般都很低，所以产生的溶剂蒸汽不能在冷凝器中被水冷凝，此时用喷射泵加压，以提高它的冷凝温度。

鉴于换热器内容易出现结晶层以及因此导致换热器传热系数降低等问题，后来逐步发展到不另设加热器或冷却器，而是溶液在闪蒸后经循环管进行循环过程中达到过饱和，并析出结晶。图3-49所示的DTB型结晶器则是这类设备中一种新的类型，它的特点是蒸发室内有

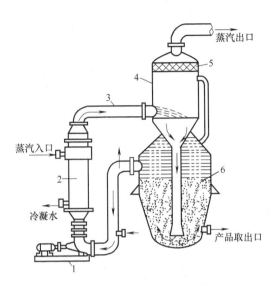

图 3-47　循环式蒸发结晶器

1—循环泵；2—加热室；3—回流管；4—蒸发室；

5—网状分离器；6—晶体生长段

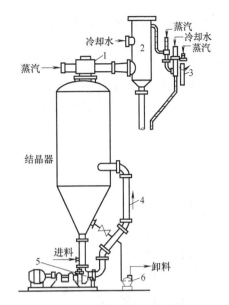

图 3-48　连续式真空结晶器

1—蒸汽喷射泵；2—冷凝器；3—双级蒸汽喷射泵；

4—循环管；5—循环管；6—卸料泵

一个导流筒，筒内装有带螺旋桨的搅拌器，它把带有细小晶体的饱和溶液推到蒸发表面，由于系统处在真空状态，溶剂产生闪蒸而造成了轻度的过饱和度，并在沿着套筒外侧下降时释放其过饱和度，使晶体得以长大。在套筒底部，这些晶浆又与原料液混合，再经中心导流筒而循环。当结晶长大到一定大小后就沉淀在分级腿内，至使底部通过淘洗作用而得到的晶体成品比较大而均匀。

除此之外，该结晶器的另一个主要优点还在于过饱和度的产生与消失是在一个容器内完成的，结晶能较快地生长，产率大，不易结疤或堵塞，而且具有单独的分级腿，分级作用更好。缺点是搅拌对晶体有破碎作用，操作在真空下进行，其机构比较复杂等。

4. 盐析结晶器

图 3-50 所示的联碱盐析结晶器，溶液通过循环泵从中央降液管流出，同时从套筒中不断地加入食盐，由于 NaCl 浓度的变化，NH_4Cl 的溶解度减小，形成了一定的过饱和度并析出结晶。在此过程中，加入盐量的大小将成为影响产品质量的关键。

5. 喷雾结晶器

喷雾结晶装置主要由加热系统、结晶

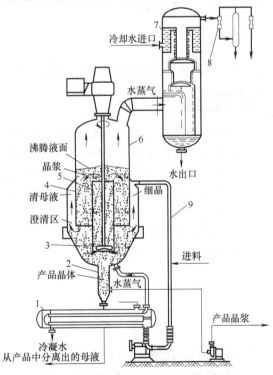

图 3-49　导流筒挡板（DTB 型）结晶器

1—加热器；2—淘析腿；3—螺旋桨；4—圆筒形挡板；

5—导流筒；6—器身；7—大气冷凝器；

8—喷射真空泵；9—循环管

器（塔）、气固分离器等组成。如图 3-51 所示，从加热器通过并被加热的空气送到结晶塔内，与通过喷嘴喷出的液雾相接触，水分（或其他溶剂）被迅速汽化，溶质以粉粒状析出。如前所述，这实质上是一个干燥过程。

喷雾结晶（干燥）中的关键在于喷嘴能保证将溶液高度分散开。气液两相的流向可以是并流向下、并流向上或先逆流后并流等多种形式。一般来说，喷雾结晶所得到的产品呈细小

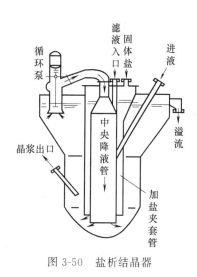

图 3-50 盐析结晶器

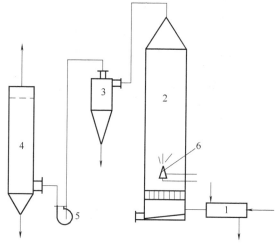

图 3-51 喷雾结晶器

1—加热器；2—干燥结晶塔；3—旋风分离器；
4—布袋除尘器；5—风机；6—喷嘴

的粉末状。近年来发展了喷雾沸腾造粒的方法，以得到大而均匀的结晶。

想一想

1. 冷却型结晶器有几种？简述每种冷却型结晶器的结构和特点。
2. 比较蒸发型结晶器与外加热式蒸发器结构上有哪些异同点？
3. 简述真空蒸发-冷却型结晶器的工作原理。
4. 双级喷射真空结晶器喷射泵的作用是什么？
5. DTB 型结晶器的特点是什么？
6. 简述盐析结晶器的工作原理。
7. 简述喷雾结晶器的工艺过程。

项目三　结晶操作

结晶操作是运用溶解度的变化规律，通过将过饱和溶液的溶质从液相转移到固相而实现的。结晶器的操作，一方面要能满足产品的产量要求，另一方面是生产出符合质量、粒度要求的产品。操作顺利与否涉及如下因素，这些因素相互矛盾而又相互制约。

1. 控制过饱和度

理论上讲，增加过饱和度推动力有利于晶体的成长，从而提高产率。但是，若过饱和度

过大，则会操作不稳，产生过多的晶核，导致产品的精粒太细。因此将过饱和度控制在介稳区内操作，当细精出现时要将过饱和度调低，当细晶减少或除去后可调至规定范围的高限，尽可能提高结晶收率。

2. 控制运行温度

冷却结晶溶液的过饱和度主要靠温度控制，要使溶液温度经常沿着最佳条件稳定运行。溶液温度用冷却剂调节的应对冷却剂进行严格控制。

3. 控制压力

真空结晶器的操作压力直接影响到温度，要严格控制操作压力。蒸发结晶溶液的过饱和度主要由加热蒸汽的压力控制，加热蒸汽的流量是这类结晶器的主要控制指标。

4. 控制晶浆固液比

当通过汽化移去溶剂时，真空结晶器和蒸发结晶器里的母液的过饱和度很快升高，必须补充含颗粒的晶浆，使升高的过饱和度尽快消失。母液过饱和度的消失需要一定的表面积。晶浆固液比高，结晶表面积大，过饱和度消失得比较完全，不仅能使已有的晶体长大，而且可以减少细晶，防止结疤。连续生产中，主要是控制返料量（即添加的晶种的量）来控制晶浆固液比。

5. 加晶种的控制

在间歇操作的结晶过程中，为控制晶粒的成长，获得粒度比较均匀的产品，必须尽一切可能防止过量晶核生成。将溶液的过饱和度控制在介稳定区中，向溶液中加入适量的晶种，使溶质在晶种表面上生长。

想一想

详细叙述如何进行结晶运行中的控制。

第四单元　质量传递的单元操作

课题一　吸收操作技术

【教学目标】

1. 掌握吸收和解吸流程。
2. 掌握影响吸收操作的因素。
3. 理解液气比的选择。
4. 了解各类吸收设备的结构特点、工作原理。
5. 了解有关吸收的基本概念及其在工业上的应用。

项目一　吸收操作基础

一、吸收基本知识

吸收是分离气体混合物的单元操作。在合成氨生产中，原料气就是多种组分的混合物，其主要成分是 N_2、H_2、CO、CO_2，但由于 CO_2 会使合成催化剂中毒而失去活性，所以在进入合成塔之前必须除去。利用 CO_2 可以溶于水，而 N_2、H_2、CO 几乎不溶于水这个性质，使原料气在吸收设备内与水逆向接触混合，这样，CO_2 被水吸收，大部分溶于水，即从气相转入液相，于是 CO_2 从混合气体中分离出来。把这种利用气体混合物各组分在液体中溶解度的差别用液体吸收剂来分离气体混合物的单元操作，称为吸收，也称为气体吸收。

气体吸收的原理是，根据混合气体中各组分在某液体溶剂中的溶解度不同而将气体混合物进行分离。吸收操作所用的液体溶剂称为吸收剂。混合气体中，能够显著溶解于吸收剂的组分称为吸收质或溶质，几乎不被溶解的组分统称为惰性组分或载体。吸收操作所得到的溶液称为吸收液或溶液，它的主要成分是吸收质和吸收剂；被吸收后排出的气体称为吸收尾气，其主要成分为惰性气体，但仍含有少量未被吸收的溶质。

吸收过程通常在吸收塔中进行。根据气、液两相的流动方向，分为逆流操作和并流操作两类，工业生产中以逆流操作为主。吸收塔操作示意图如图 4-1 所示。吸收剂从塔顶喷淋而下，与从塔底进入的混合气逆流接触，使混合气体中的溶质进入吸收剂中，吸收后得到的溶液自塔底排出，塔顶排出吸收尾气。

根据吸收过程有无化学反应，可将吸收操作分为物理吸收和化学吸收。在吸收过程溶质与溶剂不发生明显的化学反应时，称物理吸收。在吸收过程中溶质与溶剂发生明显的化学反应，称化学吸收。如用水吸收二氧化碳、用洗油吸收芳烃等过程属于物理吸收，用硫酸吸收氨。用液碱吸收二氧化碳等属于化学吸收。

根据吸收过程中吸收剂吸收组分数目的不同，可分为单组分吸收和多组分吸收。若只吸收一个组分属于单组分吸收，若可以吸收两个以上的组分属于多组分吸收。如用洗油处理焦炉气中的苯、甲苯、二甲苯等，就属于多组分吸收。

根据吸收体系中液相中的温度是否有显著变化，可将吸收分为等温吸收和非等温吸收。温度变化主要来自于气体的溶解热及有化学反应时放出的反应热。如用水吸收氯化氢气体制取盐酸即属于非等温吸收。

在化工生产中吸收操作应用广泛，主要有四个方面。

（1）净化或精制气体 混合气的净化或精制常采用吸收的方法。如用碱液处理空气，使空气中的 CO_2 溶于碱液而除去，或用丙酮脱除裂解气中的乙炔。

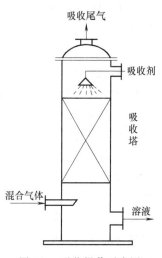

图 4-1 吸收操作示意图

（2）回收混合气体中有价值的组成。如用汽油处理焦炉气以回收其中的苯，用液态烃处理裂解气以回收其中的乙烯、丙烯等。

（3）制取某种气体的液态产品。气体的液态产品的制取常采用吸收的方法。如用水吸收氯化氢气体制得盐酸溶液，用水吸收甲醛制得福尔马林，用 98.3% 的硫酸溶液吸收 SO_3 制取浓硫酸等。

（4）治理工业废气，保护环境。在工业生产中所排放的废气中常会含有 SO_2、H_2S、NO、HF 等有害物质，虽然其含量较低，但若排放到大气中，还是会对人体和自然环境造成很大危害，因此在排放前必须用吸收加以处理。工业生产中通常采用吸收的方法，选用碱性吸收剂除去这些有害的酸性气体。

想一想

1. 什么叫吸收？吸收在生活中有哪些应用？吸收操作在化工生产中有哪些用途？

2. 物理吸收和化学吸收有什么区别？

3. 实验室用硫化亚铁与稀盐酸反应制取硫化氢。硫化氢有剧毒，是一种大气污染物，试分析怎样解决这一环境污染问题。

二、解吸基本知识

化工生产中，为了吸收剂的循环使用和借以获得高纯度气体，多采用吸收-解吸联合操作，吸收在前，解吸在后。解吸又称脱吸，是脱除吸收剂中已被吸收的溶质，而使溶质从液相逸出到气相中的过程。如图 4-2 所示，吸收过程是气体吸收质从气相转入吸收剂液相中的过程，而解吸则是气体吸收质从液相返回气相与吸收剂分开的过程。在吸收塔中吸收剂从塔顶送入，随着操作进行，溶液浓度逐渐增加，最后从塔底排出。在解吸操作中，溶液从塔顶进入，随着操作的进行溶液的浓度不断减少。

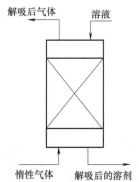

图 4-2 解吸塔操作示意图

在生产中解吸有如下两个目的。

① 把溶解到吸收剂中的溶质重新解脱出来，以回收混合气体中的溶质组分。

② 使得吸收剂得以再生，返回吸收塔循环使用，节省操作费用。因此，有时把解吸过程又称为吸收剂的再生。

工业上常用的解吸方法有以下三种。

① 加热解吸。气体溶解度随温度升高而减小，有利于溶质与溶剂的分离，使部分溶质从液相中释放出来，所以在解吸过程中常用将溶液加热的方法进行解吸。

② 减压解吸。操作压强越低，吸收质的分压也越低，气体溶解度减少，溶质从液相中释放出来，而有利解吸。因此，工业生产上为了使吸收质更快地脱吸，常常在减压下进行。

③ 在惰性气体中解吸。向解吸塔中通入的水蒸气、空气等惰性气体，降低液面上溶质气体的分压，使吸收剂中的溶质气体解吸出来。这一过程称为气提，所用的水蒸气、空气等气体称为气提气。

应用惰性气体解吸法，主要是为了回收吸收剂，并不能获得纯净的吸收质气体。应用水蒸气的解吸法，若原溶质组分不溶于水，可通过塔顶冷凝器将混合气体冷凝后分离出水层，得到纯净的原溶质组分。

如利用苯易溶于洗油的特性来回收焦炉煤气中的苯的流程，就包括吸收、解吸两大部分。图 4-3 所示的为洗油脱除煤气中粗苯的流程简图。图中虚线左侧为吸收部分，在吸收塔中，苯系化合物蒸气溶解于洗油中，吸收了粗苯的洗油（又称富油）由吸收塔底排出，被吸收后的煤气由吸收塔顶排出。图中虚线右侧为解吸部分，在解吸塔中，粗苯由液相释放出来，并为水蒸气带出，经冷凝分层后即可获得粗苯产品，解吸出粗苯的洗油（也称为贫油）经冷却后再送回吸收塔循环使用。

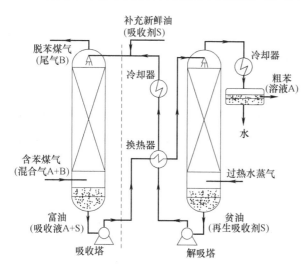

图 4-3　洗油脱除煤气中粗苯流程简图

由此可见，吸收操作是用一种具有选择性的吸收剂将气体混合物中的溶质溶解，形成溶液，然后通过解吸操作将溶质从吸收剂中解吸出来，以实现气体混合物的分离。若吸收溶质后的溶液是产品或可直接废弃，溶质也不必回收，吸收剂不需要再生，也就不需要解吸操作了。

一般来说，吸收过程的实现必须解决以下三个问题。

① 选择合适的吸收剂，以提高吸收效果。

② 提供适当的气液传质设备，以使气液两相能充分接触。

③ 确保吸收剂的再生和循环使用。

⟩⟩ 想一想

1. 什么是解吸？解吸的作用是什么？

2. 可以采用什么方法解吸？

三、吸收过程的气液平衡关系

吸收过程的气液平衡关系是研究气体吸收过程的基础，该关系通常用气体在液体中的溶解度及亨利定律表示。

1. 溶解度及影响因素

吸收过程是气体中的溶质从气相转入液相吸收剂的过程。在一定的温度和压力下，气液两相直接接触，溶质在液相中的浓度逐渐增大，在气相中的浓度逐渐减小，即发生吸收；与此同时，溶解在液相中的溶质也不断返回到气相中去，即发生解吸。显然，在操作初期，过程以吸收为主，但经过足够长时间之后，吸收速率将和解吸速率相等，气相和液相处于动态平衡状态，两相组成亦不再变化，即液相中可以溶解的溶质数量达到了极限。一定条件下气液达到平衡时溶质气体在液相中的浓度称为平衡溶解度，简称溶解度。溶解度是吸收过程的极限。此时溶液上方气相中溶质的分压称为平衡分压。

溶解度的表示方法很多，其中以一定温度和一定分压条件下单位质量溶剂中所能吸收的溶质的质量计算是一种比较常用的方法，单位为组分 g/1000g 溶剂，其数据一般由实验确定。

气体在液体中的溶解度与气体、液体的种类、温度、压强有关。在一般情况下，气体的溶解度随温度升高而减小，随压强升高而增大。因此，提高压强，降低温度，对吸收过程有利；反之，则不利于吸收，而对解吸过程有利。所以说溶解度是吸收操作过程的基础。气体溶解度的大小还与所选用的吸收剂有关。例如乙炔气难溶于水，而很容易溶解于丙酮中，在常压下 1 体积丙酮能溶解 25 体积乙炔。因此，要使气体的溶解度大，就要选择适宜的吸收剂。

对于同一气体溶质，不同吸收剂对其溶解度影响很大。例如 25℃、分压在 101.3kPa 时，乙炔在水中的平衡摩尔分数为 0.00075；而同样条件下，在含水 4%（质量分数）的二甲基甲酰胺中的平衡摩尔分数为 0.0747，几乎是前者的 100 倍。不同气体溶质在同一吸收剂中的溶解度也有很大差异。例如在温度为 283K 和分压为 80kPa 下，在 1000g 水中 O_2 的溶解度为 0.58g，而 NH_3 的溶解度为 600g，相当于 O_2 的 1034 倍。由此可见，相同条件下，不同气体在水中的溶解度差别很大。把常温常压下溶解度很大的气体称为易溶性气体（如 NH_3、HCl 等），而把溶解度很小的气体称为难溶性气体（如 O_2 等），把溶解度居中的气体称为中等溶解度气体（如 SO_2 等）。

想一想

1. 什么是平衡溶解度？如何表示？

2. 气体在液体中的溶解度与哪些因素有关？

3. 哪些气体属于易溶气体？哪些气体属于难溶气体？

2. 亨利定律

当气、液相处于平衡状态时，溶质在气相中的组成和在液相中的组成均不再改变，达到动态的平衡，它是吸收过程的极限，此时溶质气体在两相中的浓度存在着一定的分布关系，这种关系可以用亨利定律所示的简单数学式来表明，称为相平衡关系。

亨利定律常用表达形式为

$$Y^* = \frac{mX}{1+(1-m)X} \tag{4-1}$$

式中　Y^*——平衡时溶质在气相中的比摩尔分数；

　　　m——相平衡常数；

X——溶质在液相中的比摩尔分数。

对于一定的物系，相平衡常数与温度和压力有关，温度越高 m 越大，压力越高 m 越小。

对于极稀溶液，上式（4-1）可写为

$$Y^* = mX \tag{4-2}$$

想一想

什么是亨利定律？它适用于什么场合？

3. 吸收平衡线

表明吸收过程气液相平衡关系的图线称为吸收平衡线。将式 $Y^* = \dfrac{mX}{1+(1-m)X}$ 中 Y^* 与 X 的关系绘制在 Y-X 直角坐标系中，得到一条通过原点的曲线，如图 4-4（a）所示，此线即为吸收平衡线。若将式 $Y^* = mX$ 也绘制在 Y-X 直角坐标系中，得到一条通过原点的直线，如图 4-4（b）所示。

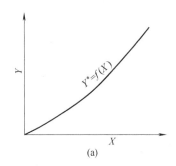
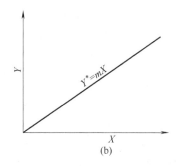

图 4-4　吸收平衡线

4. 气液相平衡关系的意义

（1）确定适宜的操作条件　气体溶解度的大小会影响吸收操作。对于同一物系，气体的溶解度与温度和压力有关。

降低温度对吸收有利，因为温度越低气体的溶解度越大。但由于低于常温操作时需要制冷系统，所以工业吸收一般在常温下操作，只有吸收过程放热明显时才采取冷却措施。

增加压力对吸收有利，因为压力增加气体的溶解度增加。但要使压力增高，就会增大动力消耗，对设备的要求也会随之提高，而且总压对吸收的影响相对较弱，所以工业吸收多在常压下操作，除非在常压下溶解度太小或工艺本身就是高压系统，才采用加压吸收。

（2）判明过程进行的方向和极限　当气体混合物与溶液相接触时，吸收过程能否发生，以及过程进行的限度，可由相平衡关系判定。

当溶质在气相中实际组成（以物质的量比表示）Y_a 大于溶质的平衡组成 Y_a^*，即 $Y_a > Y_a^*$，溶质在液相中实际组成 X_a 小于溶质的平衡组成 X_a^*，即 $X_a^* > X_a$ 时，发生吸收过程。从相图 4-5（a）上看，实际状态点位于平衡曲线上方 A 点。

随着吸收过程的进行，气相中被吸收组分的含量不断降低，溶液中被吸收组分的含量 X 不断上升，其平衡时的含量 X^* 随着上升，当气相中溶质的实际含量 Y_b 等于溶质的平衡含量 Y_b^*，即 $Y_b = Y_b^*$，液相中溶质的实际含量 X_b 等于溶质的平衡含量 X_b^*，即 $X_b = X_b^*$ 时，吸收达到平衡，从相图 4-5（b）上看，实际状态点落在平衡曲线上 B 点。

当气相中被吸收组分的含量 Y_c 小于溶质的平衡含量 Y_c^*，液相中溶质的实际含量 X_c 大

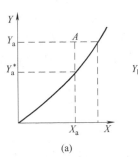 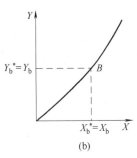 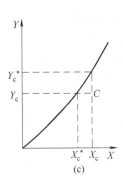

图 4-5 过程的方向与限度

于平衡时的含量时，即 $Y_c < Y_c^*$，$X_c > X_c^*$，此时发生解吸过程，从相图 4-5（c）上看，实际状态点位于平衡曲线下方 C 点。

由上可知，吸收的必要条件是气相中吸收质的实际浓度 Y 必须大于液相中吸收质相对应的平衡浓度 Y^*，即 $Y > Y^*$；用液相浓度表示时则溶液实际浓度 X 应低于与气相浓度相对应的平衡浓度 X^*，即 $X^* > X$。其操作状态应在平衡曲线的上方。

解吸正相反，解吸的必要条件是气相中吸收质浓度 Y 必须小于液相中吸收质对应的平衡浓度 Y^*，即 $Y < Y^*$；用液相浓度表示时则溶液实际浓度 X 应高于与气相浓度相对应的平衡浓度 X^*，即 $X^* < X$。其操作状态应在平衡曲线的下方。

（3）判断吸收操作的难易程度　前面的分析表明，当物系的状态点处于平衡线的上方时发生吸收过程，而且状态点距平衡线的距离越远，即气液接触的实际状态偏离平衡状态的程度越远，吸收的推动力就越大，在其他条件相同的情况下吸收越容易进行；反之，吸收越难进行。

（4）确定过程的推动力　在吸收过程中，通常把气液接触的实际状态偏离平衡状态的程度称作吸收推动力。吸收的推动力是浓度差。当气液两相达到平衡时，吸收溶解过程停止，吸收推动力为零。因此，为使吸收过程得以进行，溶液的实际浓度必须低于平衡浓度，在吸收过程中，如果溶液的实际浓度偏离平衡浓度越大，则吸收过程越易进行。因此，在吸收过程中，就以气、液相中吸收质的实际浓度与其相应的平衡浓度之差来表示吸收过程的推动力大小。

用液相表示的吸收过程推动力为 $X^* - X$，用气相表示的吸收过程推动力为 $Y - Y^*$。当气液两相达到平衡时，吸收过程的推动力为零。

🔁 想一想

如何利用气液相平衡关系判断吸收进行的方向？

四、双膜理论

吸收过程是溶质从气相转移至液相的，是相间传质。研究相间传质需要解决的问题很多，首先要有一个相间传质的物理模型，即相间传质是如何进行的。这种模型较多，这里只介绍应用较为普遍的双膜理论，其基本要点如下。

① 吸收过程进行时，气液两相间有一稳定的相界面，在相界面的两侧分别存在稳定的气膜和液膜，膜内流体做层流流动，双膜以外的区域为气相主体和液相主体，双膜主体内流体处于湍动状态。

② 气液两相的界面上，溶质在两相的浓度始终处于平衡状态，界面上无传质阻力。

③ 气液两相主体内，流体呈湍动而使溶质浓度分布均匀，所以两相主体内传质阻力很小，可以忽略不计；而双膜内流体做层流流动，主要依靠分子扩散传递物质，浓度变化大，因此，传质阻力主要集中在气膜和液膜内。增大流体流速，可以减小气膜和液膜厚度，从而减小传质阻力。

根据双膜理论，溶质从气相转移到液相的过程为：溶质从气相主体通过对流扩散扩散到气膜边界，在气膜边界再以分子扩散的方式扩散到气液界面，在界面上溶质溶解到液相中，然后又以分子扩散的方式穿过液膜到达液膜边界，最后以对流扩散的方式转移到液相主体中。于是，气体溶质从气相主体到液相主体共经历了三个过程，即对流扩散、溶解和对流扩散。这非常类似于冷热两种流体通过器壁进行的换热过程，如图 4-6 所示。

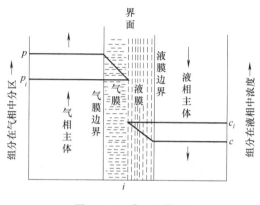

图 4-6　双膜理论模型

想一想

1. 双膜理论的要点是什么？

2. 根据双膜理论，说明吸收是如何进行的。

3. 查资料说明双膜理论是不是唯一的模型。

五、吸收速率

吸收速率是指单位时间内通过单位传质面积所吸收的吸收质的量。

吸收过程的速率也可以表示为"过程的速率＝过程的推动力/过程的阻力"，或表示为"过程的速率＝系数×过程的推动力"。

在单组分稳定吸收的情况下，溶质气体在液相中的吸收速率与两相之间的接触面积和吸收推动力成正比。与传热速率方程式相似，吸收速率方程式可写为：

$$G = K_Y A \Delta Y_{均} \tag{4-3}$$

$$G = K_X A \Delta X_{均} \tag{4-4}$$

式中　　　G——单位时间内吸收的溶质量，kmol 溶质/h；

　　　　　A——吸收面积，m^2；

$\Delta Y_{均}$，$\Delta X_{均}$——以气相组成或以液相组成表示的平均吸收过程推动力；

K_Y，K_X——推动力以气相组成表示或以液相组成表示的吸收系数，kmol 溶质/($m^2 \cdot h$)。

由上式可知，影响吸收速率的因素主要是气液接触面积、吸收系数、吸收推动力。

（1）提高吸收系数　由双膜理论可知，吸收过程的阻力主要集中在气膜和液膜中，吸收阻力包括气膜阻力和液膜阻力。由于膜内阻力与膜的厚度成正比，因此加大气液两流体的相对运动速率，使流体内产生强烈的搅动，增大气液两相的湍流程度，就能减小膜的厚度，从而降低吸收阻力，增大吸收系数。

（2）增大吸收推动力　在吸收过程中，用液相表示的吸收过程推动力为 X^*-X，用气相表示的吸收过程推动力为 $Y-Y^*$，可见，提高 Y 或降低 Y^* 都可以增大吸收推动力 $Y-Y^*$，但增大溶质在气相中的浓度 Y 与吸收目的不符，所以应降低与液相平衡时的气相中溶质的

浓度 Y^*，以增大吸收过程推动力 $Y-Y^*$。同理，如果增大与气相平衡时的液相中的浓度 X^*，也可以增大吸收过程推动力。这就要通过降低吸收温度以减小亨利系数 E、提高系统压力或适当增大吸收剂用量以降低溶液中溶质浓度的方法来实现。

（3）增大气液传质面积 通过增大气体或液体的分散度，或选用比表面积大的高效填料等方法，增大气液传质面积，提高吸收速率。

）》想一想

1. 什么是吸收速率？吸收速率方程式如何书写？
2. 影响吸收速率的因素有哪些？

项目二 吸收操作过程

一、影响吸收操作的因素

对于吸收操作，都希望吸收剂尽可能地溶解溶质气体，以获得较高的吸收效率。影响吸收操作的因素很多，除吸收设备气液接触良好、吸收速率高外，主要还与吸收质本身的溶解性能以及吸收剂性能的好坏、吸收操作条件有关。

1. 溶质的溶解性能的影响

根据双膜理论，气体吸收阻力主要集中在气膜和液膜。由于气体吸收质溶解度的不同，起决定性作用的阻力也不同。若吸收阻力主要在气膜，这时吸收受气膜控制。若吸收阻力主要在液膜，其吸收受液膜控制。

① 气膜控制。对易溶气体，由于溶解度较大，溶质在气液界面处很容易穿过液膜进入液体被溶解吸收，因此吸收阻力主要集中在气膜这一侧，气膜阻力成为吸收过程的主要阻力，即吸收过程为气膜控制。例如用水吸收氯化氢或用水吸收氨都属于气膜控制。显然，当气膜控制时，要减少吸收阻力，提高吸收速率，应加大气体流速，减少气膜厚度。

② 液膜控制。对难溶气体，由于其溶解度很小，溶质穿过气膜很容易，但要穿过液膜溶解于液体较难，因此液膜阻力成为吸收过程的主要阻力，即吸收过程为液膜控制。例如用水吸收氧或氢气都属于液膜控制。可见，当吸收是液膜控制时，要减少吸收阻力以提高吸收速率，关键应增大液体流速，减少液膜厚度。

对于中等溶解度的气体，其吸收阻力不仅与气膜阻力有关，也与液膜阻力有关，两者均不可忽视，要提高吸收速率，必须同时增大气体和液体流速。

由以上分析可知，了解溶质的溶解性能及控制因素，有利于强化吸收过程及选择适应的操作条件。

2. 吸收剂的影响

气体溶解度的大小与所选用的吸收剂有关。吸收剂性能的好坏，往往是吸收操作效果是否良好的关键。选用时要重点考虑其溶解度与选择性。

在选择吸收剂时应考虑以下几个方面。

（1）溶解度 吸收剂对混合气体中被吸收组分要有较大的溶解度，这样可以提高吸收速率和减少吸收剂用量。

（2）选择性 吸收剂对于要吸收组分有很好的吸收能力，而对混合气体中其他组分不吸收或吸收甚微，这样才能有效地分离气体混合物。

（3）**挥发性** 要求吸收剂的挥发性能差，使吸收剂蒸气压尽可能低而减少吸收剂的损失。

（4）**黏度** 吸收剂的黏度要低，这样可以改善吸收塔内流动状况，提高吸收速率，且可以减少吸收剂输送时的动力消耗。

（5）**纯度** 降低入塔吸收剂中溶质的浓度，可以增加吸收推动力。因此，对一些吸收剂循环再使用的吸收操作，从吸收塔出来的已饱和的吸收剂在解吸（再生）设备中解吸得越完全越好，此时，吸收剂的纯度越高，即吸收剂中含有被吸收气体越少，对吸收越有利。但是，解吸越完全，解吸所需要的费用越高。应从整体上考虑过程的经济性，做出合理的选择。

（6）**其他** 所选吸收剂还应尽可能无毒，不易燃，化学性能稳定，腐蚀性小，不发泡，冰点及比热容尽可能低，价廉易得，还要易于再生。

3. 温度的影响

绝大多数气体吸收过程是一个溶解放热过程，低温操作可以增大气体在液体中的溶解度，对气体吸收有利，所以吸收剂在进塔前一般先用冷却器冷却，尤其对一些化学吸收操作，由于吸收过程中放出大量的热，如果不及时排出热量，会使塔内温度升高，以致吸收操作无法进行。这就要对吸收塔采取冷却措施，或者对吸收剂进行分段冷却、分段吸收。冷却器可装在塔内，也可以装在塔外，如用氨盐水吸收二氧化碳制取碳酸氢铵的碳化塔和水吸收氯化氢制取盐酸的吸收塔都在塔内装有冷却器。低温吸收虽然好，但温度太低时，除消耗大量制冷剂外，对一些吸收剂会使其黏度增大，则其在塔内流动状况变差，输送时能量消耗增加，而且液体太冷甚至会有固体结晶析出，这些现象对吸收又是不利的。所以要选择一个适宜的吸收温度。

4. 压力的影响

增加吸收塔系统的压力，也相应地增加了混合气体中被吸收气体的分压，增大了气体吸收的推动力，对气体吸收有利。但过高地增加气体系统压力，会使动力消耗增大，设备耐压性、密封性增强，设备要求高，使设备投资和日常性生产费用加大。一般能在常压下进行吸收操作的就不要无故地提高压力。但对一些在吸收以后需要在加压下进行再反应的气体，可以在较高的压力下进行吸收，既有利于吸收，又有利于增加吸收塔的生产能力，如合成氨生产中的二氧化碳洗涤塔就是这种情况。

5. 气、液相流量的影响

（1）**气流速率** 根据气体吸收的基本理论，气体吸收本身是一个气液两相间进行扩散的传质过程，气流速率的大小会直接影响这个传质过程。气流速率大，气膜变薄，使得气体向液体扩散的阻力减小，有利于气体吸收，同时在单位时间内也提高了吸收塔的生产效率，这些对生产都是有利的一面。但气流速率过大，会造成夹带雾沫或气液接触不良等现象，甚至液体被气流托住或液体随气流向上流动造成液泛现象而无法进行吸收。因此，对每一个塔都要选择一个最适宜的气流速率，以保证吸收操作高效率和平稳生产。最适宜气流速率往往要靠实验方法或生产实践得到。

（2）**吸收剂流量** 吸收剂用量的大小对提高吸收效率关系很大。吸收剂流量越大，大量的吸收剂喷入塔内，气液接触面积越大，并使得吸收剂在全塔内浓度均较低，有利于吸收，所以加大吸收剂用量可以提高吸收效率。但吸收剂用量并不是越大越好，因为增大吸收剂用量就增大了操作费用。

（3）喷淋密度　吸收剂的喷淋密度是指在单位时间内喷洒在单位塔截面积上的吸收剂的量。其大小直接影响吸收效果。喷淋密度过大会使吸收液质量降低，过小则不能保证气体被吸收后的纯净度。如在填料吸收塔中，吸收剂的喷淋密度一定要保证全部填料湿润，喷淋密度过小可能会导致填料表面不能被完全润湿，从而使传质面积下降，甚至达不到预期的分离目的。喷淋密度过大，则流体阻力增加，可能将引起液泛现象。因此，合适的喷淋密度可以增大气、液相的接触面积，提高吸收塔的生产效率，保证气、液的质量要求。选择好喷淋装置，也是保证喷淋密度均匀的必要手段。

6. 收塔液位的影响

吸收塔液位是维持稳定操作的关键之一。液位过低，易使塔内的气体通过排液管排出，发生跑气事故；液位过高，有可能引起带液事故。液位的波动将引起一系列工艺条件的变化，从而影响吸收过程的正常进行。吸收塔的液位主要由排液阀来调节，开大排液阀液位降低，关小排液阀液位升高。此外，吸收塔的压力、进气量和进液量的变化均会引起吸收塔液位波动，因此应保持压力、进气量和进液量的稳定，防止液位和吸收操作出现波动。

想一想

1. 影响吸收操作的因素有哪些？
2. 什么是气膜控制和液膜控制？

二、吸收塔的操作与调节

1. 吸收操作要点

① 易溶气体属于气膜控制，难溶气体属于液膜控制。所以，在操作中辨明组分在吸收剂中溶解的难易程度，对于确定提高气相还是液相的流速及其湍动程度，减少吸收阻力，提高吸收速率具有重要意义。

② 要根据处理的物料性质来选择具有较高吸收速率的塔设备。如果选用填料塔，在装填填料时应尽可能使填料分布比较均匀，否则液体通过时会出现沟流和壁流现象，使有效传质面积减少，塔的效率降低。

③ 应经常检查塔内的操作温度。低温有利于吸收，温度过高必须移走热量或进行冷却，维持塔在低温下操作。

④ 应经常检查出口气体的雾沫夹带情况。大量的雾沫夹带造成吸收剂浪费，而且可能造成管路堵塞。

⑤ 应掌握好气体的流速。气速太小，对传质不利。若太大，液体被气体大量带出，操作不稳定。

⑥ 应注意液流量的稳定，避免操作中出现波动。吸收剂用量过小，会使吸收速率降低；过大又会造成操作费用的浪费。

⑦ 填料塔使用一段时间后，应对填料进行清洗，以避免填料被液体黏结和堵塞。

2. 吸收塔的调节

操作线与平衡线的相对位置可以表示过程推动力的大小，所以影响操作线、平衡线位置的因素均为影响吸收过程的因素。然而，实际工业生产中，吸收塔的气体入口条件往往是由前一工序决定的，不能随意改变。因此，要对吸收塔操作过程进行调节，只能是改变吸收剂的入口条件。

吸收剂的入口条件包括流量、温度和组成。适当增大吸收剂用量，可以改善两相的接触状况，并提高塔内的平均吸收推动力。降低吸收剂温度，使气体溶解度增大，平衡常数减小，且平衡线下移，平均推动力增大。降低吸收剂入口的溶质浓度，液相入口处推动力增大，全塔平均推动力亦随之增大。

总之，适当调节上述三个变量都可强化传质过程，从而提高吸收效果。当吸收和再生操作联合进行时，吸收剂的进口条件将受到再生操作的制约。表现为如果再生效果不好，吸收剂进塔含量将上升；如果再生后的吸收剂冷却不足，吸收剂温度将升高。

提高吸收剂流量虽然能增大吸收推动力，但同时对再生设备的生产能力有较高要求。如果因为吸收剂循环量加大使解吸操作恶化，则会引起吸收塔的液相进口含量上升，这样会得不偿失，这是调节中必须注意的问题。

▷▷ 想一想

吸收塔的操作与调节应注意哪些要点？

项目三　吸收和解吸操作流程

工业生产中吸收设备的布置，首先要考虑的就是吸收塔内气液两相的流向问题，一般来

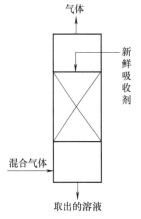

图 4-7　吸收剂不再循环的吸收塔

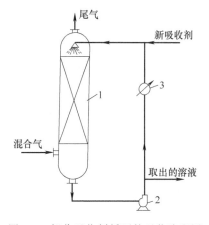

图 4-8　部分吸收剂循环的吸收流程图

1—填料塔；2—泵；3—冷却器

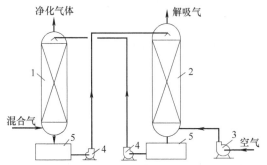

图 4-9　用空气解吸收 H_2S 的吸收流程

1—吸收塔；2—解吸塔；3—风机；4—泵；5—贮槽

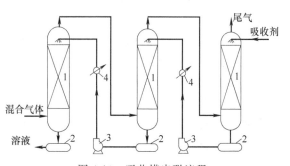

图 4-10　吸收塔串联流程

1—填料塔；2—贮槽；3—泵；4—冷却器

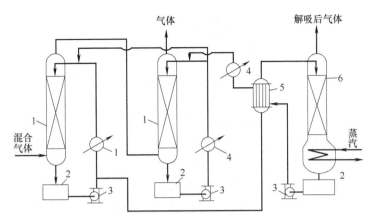

图 4-11　带部分吸收剂循环的吸收和解吸联合流程

1—吸收塔；2—贮槽；3—泵；4—冷却器；5—换热器；6—解吸塔

说既可作逆流也可并流，但相同的进口条件下逆流时平均推动力大于并流，可提高吸收效率，并降低吸收剂耗用量，所以吸收操作多采用逆流。

想一想

1. 吸收操作流程有哪些？各有何特点？

2. 试分别叙述图 4-7～图 4-11 所示的流程及适用场合。

项目四　吸收剂用量的确定

1. 物料衡算

图 4-12 所示为一个处于稳态操作下的逆流接触吸收塔。下标"1"表示塔底截面，下标"2"表示塔顶截面，$m\text{-}n$ 代表塔内的任一截面。

① 若对吸收塔全塔进行物料衡算，得

$$V(Y_1 - Y_2) = L(X_1 - X_2) \tag{4-5}$$

即在无物料损失时单位时间内进塔物料中溶质 A 的量等于出塔物料中 A 的量，或气相中溶质 A 减少的量等于液相中溶质 A 增加的量。

想一想

1. 进行全塔物料衡算的依据是什么？

2. 写出全塔物料衡算式，并说说各项表示什么。

② 若对吸收塔内任一横截面进行物料衡算，如前所述，在 $m\text{-}n$ 截面与塔底端面之间对组分 A 进行衡算，可得

$$VY + LX_1 = VY_1 + LX$$

移相并整理得

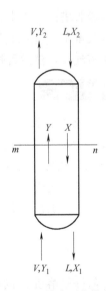

图 4-12　逆流吸收塔的物料衡算示意图

V——单位时间通过吸收塔的惰性气体量，kmol/s；L——单位时间通过吸收塔的溶剂量，kmol/s

$$Y = \frac{L}{V}X + \left(Y_1 - \frac{L}{V}X_1\right) \tag{4-6}$$

同理，在 m-n 截面与塔顶端面之间作组分 A 的衡算，得

$$Y = \frac{L}{V}X + \left(Y_2 - \frac{L}{V}X_2\right) \tag{4-7}$$

式（4-6）与式（4-7）是等效的，都称为逆流吸收塔的操作线方程。它表示吸收塔内任一横截面上气相组成 Y 与液相组成 X 之间的关系。

图 4-13 中的直线 BT 即为逆流吸收塔的操作线。端点 B 代表填料层底部端面，即塔底的情况，该处具有最大的气液组成，故称之为"浓端"；端点 T 代表填料层顶部端面，即塔顶的情况，该处具有最小的气液组成，故称之为"稀端"。操作线 BT 上任一点 A 的坐标 $(X，Y)$ 代表塔内相应截面上气、液相组成 Y、X。图 4-13 中的曲线 OE 为相平衡曲线 $Y^* = f(X)$。当进行吸收操作时，在塔内任一截面上，由于溶质在气相中的实际组成 Y 总是大于与其相接触的液相平衡组成 Y^*，所以吸收操作线 BT 总是位于平衡线 OE 的上方。反之，如果操作线位于相平衡曲线的下方，则应进行解吸过程。

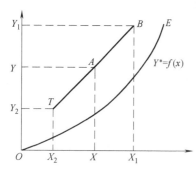

图 4-13 逆流吸收塔的操作线

以上的讨论都是针对逆流操作而言的。对于气、液并流操作的情况，吸收塔的操作线方程及操作线可采用同样的办法推导求得。无论是逆流操作还是并流操作的吸收塔，其操作线方程及操作线都是由物料衡算求得的，与吸收系统的平衡关系、操作条件以及设备的结构类型等均无任何关系。

在吸收塔的计算中，通常气体处理量是已知的，而吸收剂的用量需要通过工艺计算来确定。在气量 V 一定的情况下，确定吸收剂的用量也即确定液气比 L/V。可先求出吸收过程的最小液气比，然后再根据工程经验确定适宜（操作）液气比。

想一想

1. 什么是吸收塔的操作线方程？

2. 如何利用操作线和相平衡曲线判断过程是吸收还是解吸？

3. 操作线的两端点分别表示吸收塔哪个地方的气相组成与液相组成？

③ 通常，进塔混合气的组成与流量是由吸收项目规定的，而吸收剂的初始组成和流量往往根据生产工艺要求确定。如果吸收项目又规定了溶质回收率 ϕ_A，则气体出塔时的组成 Y_2 为

$$Y_2 = Y_1(1 - \phi_A) \tag{4-8}$$

式中 ϕ_A——溶质 A 的吸收率或回收率。

由此，V、Y_1、L、X_2 及 Y_2 均为已知，再通过全塔物料衡算式便可求得塔底排出吸收液的组成 X_1。

2. 最小液气比

操作线斜率 L/V 称为液气比，它是吸收剂与惰性气体摩尔流量之比，反映了单位气体

处理量的吸收剂消耗量的大小。如在 Y_1、Y_2 及 X_2 已知的情况下，操作线的端点 T 已固定，另一端点 B 则可在 $Y=Y_1$ 的水平线上移动。B 点的横坐标将取决于操作线的斜率 L/V，若 V 值一定，则取决于吸收剂用量 L 的大小。

在 V 值一定的情况下，吸收剂用量 L 减小，操作线斜率也将变小，点 B 便沿水平线 $Y=Y_1$ 向右移动，其结果是使出塔吸收液的组成增大，但此时吸收推动力也相应减小。当吸收剂用量减小到恰使点 B 移至水平线 $Y=Y_1$ 与平衡线 OE 的交点 B^* 时，$X_1=X_1^*$，即塔底流出液组成与刚进塔的混合气组成达到平衡。这是理论上吸收液所能达到的最高组成，但此时吸收过程的推动力变为零，因而需要无限大的相际接触面积，即吸收塔需要无限高的填料层。这在工程上是不能实现的，只能用来表示一种极限的情况。此种状况下吸收操作线 TB^* 的斜率称为最小液气比，以 $(L/V)_{\min}$ 表示；相应的吸收剂用量即为最小吸收剂用量，以 $L_{\min}$ 表示。最小液气比可用图解法求得。由图 4-14 可得

$$\left(\frac{L}{V}\right)_{\min}=\frac{Y_1-Y_2}{X_1^*-X_2} \tag{4-9}$$

或

$$L_{\min}=\frac{Y_1-Y_2}{X_1^*-X_2}V \tag{4-10}$$

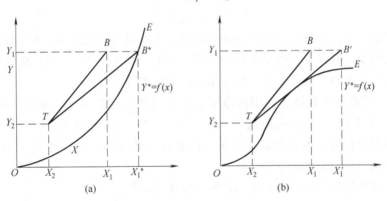

图 4-14　吸收塔的最小液气比

若平衡关系可用 $Y^*=mX$ 表示，带入上式，则得到最小液气比的计算式：

$$\left(\frac{L}{V}\right)_{\min}=\frac{Y_1-Y_2}{\dfrac{Y_1}{m}-X_2} \tag{4-11}$$

或

$$L_{\min}=\frac{Y_1-Y_2}{\dfrac{Y_1}{m}-X_2}V \tag{4-12}$$

如果平衡曲线呈现图 4-14（b）所示的形状，则应过点 T 作平衡曲线的切线，找到水平线 $Y=Y_1$ 与此切线的交点 B'，从而读出点 B' 的横坐标 X_1' 的数值，然后按下式计算最小液气比，即

$$\left(\frac{L}{V}\right)_{\min}=\frac{Y_1-Y_2}{X_1'-X_2} \tag{4-13}$$

或

$$L_{min} = \frac{Y_1 - Y_2}{X_1' - X_2} V \qquad (4-14)$$

想一想

1. 什么是液气比？什么是最小液气比？

2. 如何利用图解法求最小液气比？如何通过公式计算最小液气比？

3. 最适宜的液气比

在吸收项目一定的情况下，吸收剂用量越小，溶剂的消耗、输送及回收等操作费用越小，但吸收过程的推动力减小，所需的填料层高度及塔高增大，设备费用增加。反之，若增大吸收剂用量，吸收过程的推动力增大，所需的填料层高度及塔高降低，设备费减少，但溶剂的消耗、输送及回收等操作费用增加。由以上分析可见，吸收剂用量的大小应从设备费用与操作费用两方面综合考虑，选择适宜的液气比，使两种费用之和最小。根据生产实践经验，一般情况下取吸收剂用量为最小用量的 1.1～2.0 倍是比较适宜的，即

$$\frac{L}{V} = (1.1 \sim 2.0)\left(\frac{L}{V}\right)_{min} \qquad (4-15)$$

或

$$L = (1.1 \sim 2.0)L_{min} \qquad (4-16)$$

在填料吸收塔中，填料表面必须被液体润湿，才能起到传质作用。为了保证填料表面能被液体充分地润湿，液体量不得小于某一最低允许值。如果按式（4-14）算出的吸收剂用量不能满足充分润湿填料的起码要求，则应采用较大的液气比。

【例 4-1】 在逆流吸收塔中，用清水吸收混合气体溶质组分 A，吸收塔内操作压强为 106kPa，温度为 30℃，混合气流量为 1300m³/h，组成为 0.03（摩尔分数），吸收率为 95%。若吸收剂用量为最小用量的 1.5 倍，试求进入塔顶的清水用量 L 及吸收液的组成。操作条件下平衡关系为 $Y = 0.65X$。

解 （1）清水用量 进入吸收塔的惰性气体摩尔流量为

$$V = \frac{V'}{22.4} \times \frac{273}{273+t} \times \frac{P}{101.33} \times (1-y_1) = \frac{1300}{22.4} \times \frac{273}{273+30} \times \frac{106}{101.33} \times (1-0.03) = 53.06 \ (kmol/h)$$

$$Y_1 = \frac{y_1}{1-y_1} = \frac{0.03}{1-0.03} = 0.03093$$

$$Y_2 = Y_1(1-\varphi_A) = 0.03093 \times (1-0.95) = 0.00155$$

$$X_2 = 0 \qquad m = 0.65$$

最小吸收剂用量为

$$L_{min} = V\frac{Y_1 - Y_2}{\frac{Y_1}{m} - X_2} = \frac{53.06 \times (0.03093 - 0.00155)}{0.03093/0.65} = 32.8 \ (kmol/h)$$

则清水用量为

$$L = 1.5L_{min} = 1.5 \times 32.8 = 49.2 \ (kmol/h)$$

（2）吸收液组成 根据全塔物料衡算可得

$$X_1 = \frac{V(Y_1 - Y_2)}{L} + X_2 = \frac{53.06 \times (0.03093 - 0.00155)}{49.2} + 0 = 0.0317$$

想一想

1. 如何确定最适宜的液气比?

2. 计算:在填料吸收塔中,用清水作吸收剂,吸收空气-丙酮混合气中的丙酮,混合气的摩尔流量为 68kmol/h,已知混合气中丙酮的摩尔分数为 0.06,出塔尾气中丙酮的摩尔分数为 0.012,出塔吸收液中丙酮的摩尔分数为 0.02,计算上述条件下吸收剂的用量。

项目五 吸 收 设 备

吸收操作过程是在吸收设备内进行的,吸收设备性能的好坏直接影响到产品的质量、产量及消耗定额等。因此,实际生产中选用吸收塔时,通常要求吸收塔应该具备生产能力大、气液接触良好、吸收速率大、设备阻力小、操作范围宽、稳定、结构简单、维修方便、造价低廉等特点。但任何一种吸收塔都不可能同时具备这么多优点,所以要根据具体的生产工艺进行适当选择。

吸收设备类型很多,常用的有填料塔、板式塔(包括泡罩塔、筛板塔和浮阀塔)、旋流板塔、喷射塔、文丘里吸收器、喷洒塔(是从顶部喷液体的空塔)等,其中填料塔应用最广。

一、填料塔的基本结构与工作过程

填料塔的结构如图 4-15 所示,是由塔体、填料、液体分布器、支承板等部件组成。填料塔是以塔内的填料作为气液两相间接触构件的传质设备,其塔身是一直立式圆筒,底部装有填料支承板,填料以乱堆或整砌的方式放置在支承板上。填料的上方安装填料压板,以防

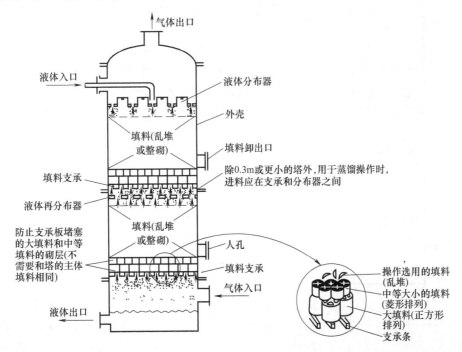

图 4-15 填料塔结构示意图

被上升气流吹动。液体从塔顶经液体分布器喷淋到填料上，并沿填料表面流下。气体从塔底送入，经气体分布装置（小直径塔一般不设气体分布装置）分布后，与液体逆流连续通过填料层的空隙，在填料表面上气液两相密切接触进行传质。填料塔属于连续接触式气液传质设备，两相组成沿塔高连续变化，在正常操作状态下，气相为连续相，液相为分散相。

当液体沿填料层向下流动时，有逐渐向塔壁集中的趋势，使得塔壁附近的液流量逐渐增大，这种现象称为壁流。壁流效应造成气液两相在填料层中分布不均，从而使传质效率下降。因此，当填料层较高时，需要进行分段，中间设置再分布装置。液体再分布装置包括液体收集器和液体再分布器两部分，上层填料流下的液体经液体收集器收集后送到液体再分布器，经重新分布后喷淋到下层填料上。

填料塔具有生产能力大、分离效率高、压降小、持液量小、操作弹性大等优点。填料塔也有一些不足之处，如填料造价高，当液体负荷较小时不能有效地润湿填料表面而使传质效率降低，不能直接用于有悬浮物或容易聚合的物料，对侧线进料和出料等复杂精馏不太适合等。

📗》想一想

填出图 4-16 中吸收塔各部分名称，并在图中标出气体和液体进出塔位置。

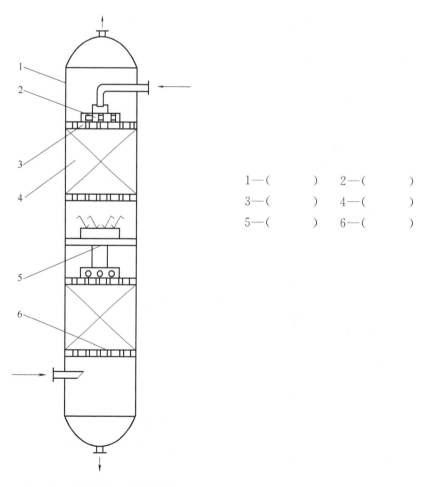

1—（   ）   2—（   ）
3—（   ）   4—（   ）
5—（   ）   6—（   ）

图 4-16　填料塔的结构示意图

二、填料塔的主要部件

1. 填料

填料的作用是为气液两相提供充分的接触面积，提高吸收速率。生产中对填料的要求是：具有较大的比表面积，气液接触面积大；自由空间（单位体积填料所具有的空间，m^3/m^3）大，气体通过填料层的阻力小；具有足够的机械强度；制造容易，价格便宜；具有良好的化学稳定性。填料一般用陶瓷、不锈钢、碳钢、塑料、木材等材料制成。

根据装填方式的不同，填料可分为散装填料和规整填料。散装填料是一个个具有一定几何形状和尺寸的颗粒体，一般以随机的方式堆积在塔内，又称为乱堆填料或颗粒填料，如拉西环、拉辛环、鲍尔环、阶梯环、鞍形填料、球形填料等。规整填料是按一定的几何构形排列整齐堆砌的填料。规整填料的种类很多，根据其几何结构可分为格栅填料、波纹填料、脉冲填料等。也有的填料既可以乱堆又可以整砌。填料种类见表 4-1。

表 4-1　填料种类

填料种类	图　例	特　点	缺　点	制作材料
拉西环		外径和高度相等的空心圆柱体，在能满足机械强度要求的前提下壁厚可尽量薄一些	内外表面不相贯通，不利于气液的流动和接触。参加传质的有效表面积不高，传质效率较低	陶瓷、金属或塑料
6 环十字环		比表面积较拉西环大，但压力降也较拉西环大	结构复杂，传质效率提高不大，压力降高，应用不多	陶瓷、金属或塑料
鲍尔环		提高了环内空间和环内表面的有效利用程度，使气体流动阻力大为降低，液体分布有改善。适用于真空的蒸馏操作	对液体再分布的性能较差，必须有良好的液体初始喷淋装置	金属
弧鞍形		对称的开放式弧状结构，比表面积大，具有良好的液体再分布性能	装填时易重叠，降低比表面积，开放式结构，强度差，应用不多	陶瓷
矩鞍形		保留了弧形结构，改变了扇形面形状，具有良好的液体再分布性能，填料之间基本上是点接触，装填时不易重叠，填料比表面积大且利用率高	开放式结构，其强度也较差	陶瓷或塑料
阶梯环	 (a) 金属阶梯环 (b) 塑料阶梯环	一端为圆筒形鲍尔环，另一端则是喇叭口形，喇叭口改善了填料在塔内的堆砌情况，塔内填料基本上是点接触，使填料表面得到充分利用，增大了空隙率，降低了压力降，提高了传质效率	加工制作较复杂	金属、塑料

续表

填料种类	图　例	特　　点	缺　　点	制　作　材　料
金属弧鞍		保留了鞍形填料的弧形结构,也保留了鲍尔环的环形结构和具有内弯叶片的小窗,刚度高,鞍环填料的全部表面能有效利用,并增加流体的湍动程度,具有良好的液体再分布性能;它具有通过能力大、压力降低及填料层结构均匀的优点,适用于真空蒸馏操作	耐腐蚀性差	金属
波纹填料		由若干平行直立放置的波纹片组成的盘状装于塔内,结构紧凑,比表面积大,压力降较乱堆填料低,传质效率较高,可用于大型填料塔	当操作系统有固体析出、容易结垢、流体黏度大或不易清洗时,不宜选用波纹板填料	铅、不锈钢、黄铜、蒙乃尔合金、塑料、碳钢等
波纹网、θ网环		比波纹填料的空隙率和比表面积大,气通量更大,传质效率高,压力降低,操作弹性大,为难分离物体、热敏系物质及高纯度产品的精馏提供了有效的手段,特别适用于精密精馏和高真空精馏操作	同波纹填料	同波纹填料

想一想

1. 常用填料有哪几种? 其形状和性能是怎样的?
2. 填料的作用是什么? 装填方式是什么?
3. 查资料说说还有哪些新型填料,其有什么特点。

2. 液体分布器

为了减少由于液体不良分布所引起的放大效应,充分发挥填料的效率,必须在填料塔中安装液体分布器,把液体均匀地分布于填料层顶部。若液体分布不均匀,则填料层内的有效润湿面积会减少,并可能出现偏流和沟流现象,影响传质效果。因此,液体分布器是填料塔内极为关键的内件。为了使液体在塔顶的分布均匀,应尽量加大塔横截面上的喷淋点数,但由于结构的限制不可能将塔顶喷淋装置的喷淋点设计很多。对于常用填料,可根据塔的直径和塔的截面积设计喷淋点数。液体分布装置的种类多样,有喷头式、盘式、管式、槽式及槽盘式等(见图 4-17)。

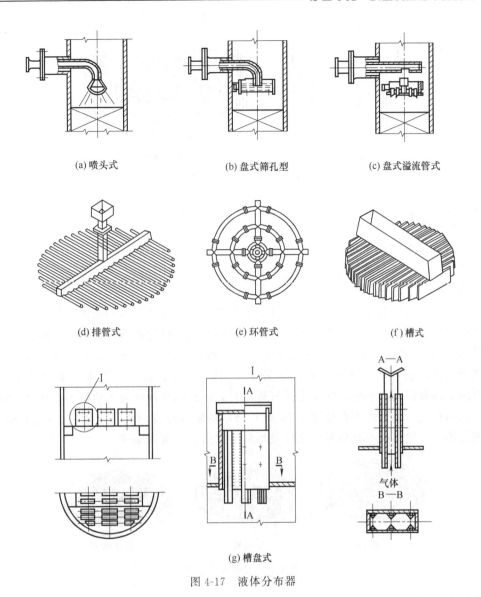

(a) 喷头式　　　　　　(b) 盘式筛孔型　　　　　(c) 盘式溢流管式

(d) 排管式　　　　　　(e) 环管式　　　　　　　(f) 槽式

(g) 槽盘式

图 4-17　液体分布器

想一想

1. 液体分布器的作用是什么?

2. 有哪些常见的液体分布器?

3. 理想的液体分布装置应具备哪些条件?

3. 液体再分布器

液体在填料层内向下流动时,有一种逐渐向塔壁偏流的趋势,导致中心处的填料得不到湿润。为了减少这种壁流现象,对填料层较高的塔,每隔一定高度应设置液体再分布器(见图 4-18),将沿塔壁流下的液体导向塔中心处。但是液体再分布器过多会增加塔高,加大设备投资。所以填料塔内的气液再分布装置需合理安排。

最简单的液体再分布器是截锥式,如图 4-18(a),但它只起到将壁流向中心汇集的作用,无液体再分布的功能,一般用于直径小于 0.6m 的塔中。

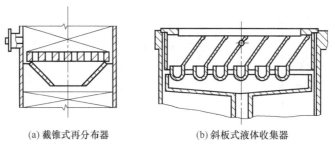

(a) 截锥式再分布器　　　(b) 斜板式液体收集器

图 4-18　液体收集再分布装置

>> 想一想

1. 液体再分布器的作用是什么？

2. 有哪些常见的液体再分布器？

4. 支承板

支承板的作用是支承填料及填料所持液体的重量，并保证气体和液体能自由通过，所以应有足够的强度和刚度。支承板通常用竖立的扁钢制成栅板的形式，扁钢之间距离约为填料外径的 0.7~0.8 倍，以防止在此首先发生液泛。如图 4-19（a）所示，为了支承板有较大的气体流通面积，也可采用升气管式。如图 4-19（b）所示，在支承板上安装若干个升气短管，管的顶部及侧面有小孔，气体沿升气管上升，由顶部及侧面进入填料层，而液体则由支承板上的小孔流下。另外还有如图 4-19（c）所示的驼峰型支承板。支承装置的选择，主要的依据是塔径、填料种类及型号、塔体及填料的材质、气液流率等。

(a) 栅板型　　　　　(b) 孔管型　　　　　(c) 驼峰型

图 4-19　填料支承装置

>> 想一想

1. 支承板的作用是什么？

2. 有哪些常见的支承板？其形状如何？

5. 气液体进口及出口（接管）

气体进口的结构既要能防止淋下的液体进入管中，同时又要能使气体分散均匀。常见的气体进口管塑式是将管端作成 45°向下倾斜的切口或向下弯的喇叭口。气体出口一般需要设置除雾沫装置，这样既能使气体顺利地排出，又能防止挟带液体。

液体出口装置既要便于塔内排液，又要防止夹带气体。常采用水封装置。当塔内外压差较大时，可采用倒 U 形管密封装置。

>> 想一想

接管的作用是什么？对它有什么要求？

6. 填料压紧装置

填料上方安装压紧装置可防止在气流的作用下填料床层发生松动和跳动。填料压紧装置分为填料压板和床层限制板两大类，每类又有不同的类型。填料压板自由放置于填料层上端，靠自身重量将填料压紧，它适用于陶瓷、石墨等制成的易发生破碎的散装填料。床层限制板用于金属、塑料等制成的不易发生破碎的散装填料及所有规整填料。床层限制板要固定在塔壁上，为不影响液体分布器的安装和使用，不能采用连续的塔圈固定，对于小塔可用螺钉固定于塔壁，而大塔则用支耳固定，如图4-20所示。

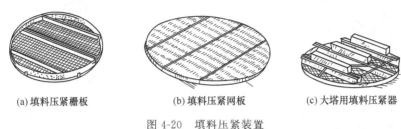

(a)填料压紧栅板　　　　　(b)填料压紧网板　　　　　(c)大塔用填料压紧器

图4-20　填料压紧装置

填料塔的优点是生产能力大，分离效率高，操作弹性大，阻力小，结构简单，易用耐腐蚀材料制作，操作稳定，造价低。主要缺点是气液两相接触易不均匀，吸收效率较低，塔笨重，检修麻烦。随着新型高效填料的不断出现，填料塔的效率在不断提高。

想一想

1. 填料压紧装置的作用是什么？
2. 有哪些常见的填料压紧装置？其形状如何？

三、其他吸收设备

1. 旋流板塔

旋流板塔是一种新型吸收塔，近年来在生产中逐渐得到应用。塔内有若干层旋流板式塔板，塔板主要由中心的一块圆形盲板及圆周一组风车型的固定板片组成，板片沿切线方向焊在盲板的周围，具有一定的仰角，气体通过塔板时沿板片与板片之间的间隙螺旋上升。流体从上一层塔板通过溢流装置流到盲板上，再从盲板流到板片上形成薄液层，被气流分散成细小液滴，并利用气体旋转时产生的离心力将液滴甩到塔壁上，沿塔壁下流，通过与塔壁相接的溢流装置流到下一塔板的盲板上。可以看出，液体从流到板片开始，到沿溢流装置流下为止，都与气体有较好的接触，特别是以细小的液滴状态穿过气流时，气液接触面积很大，吸收效率很高，如图4-21所示。

2. 喷射塔

喷射塔由上部的喷射装置、中部的吸收管和下部的分离器三部分组成。喷射装置的主要部件是向下逐渐缩小的锥形喷射管，称为喷杯。吸收剂由喷杯外的空间均匀地溢流入喷杯内，以膜状沿杯内壁向下流动。气体由塔顶进入喷杯，至喷杯出口处流速达20～25m/s。液体因气体的喷射而被分散成雾状，气液充分接触，吸收过程迅速进行。气液混合物由喷杯进入吸收管内，流速降低，吸收过程继续进行。在分离器内，由于气流速率的降低和气流方向的改变，使汽液分离。

喷射塔结构简单，如图4-22所示。气液接触面积大，吸收效率高，不易堵塞，因而在生产中应用也较多。缺点是吸收剂用量较大。

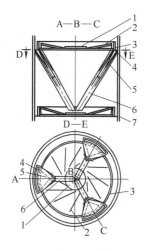

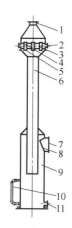

图 4-21 旋流板塔塔板简图

1—盲板；2—旋流板片；3—罩筒；4—溢流口；
5—溢流槽；6—圆型溢流管；7—塔壁

图 4-22 喷射塔结构简图

1—气体进口；2—吸收剂进口；3—锥形喷射管；4—多孔
分流板；5—管板；6—吸收管；7—气体出口；8—捕沫
挡板；9—分离器；10—液位计；11—溶液出口

3. 文丘里吸收器

文丘里吸收器由文丘里管和汽液分离器组成，其结构如图 4-23 所示。吸收剂由文丘里喉管加入，被高速气流在喉管处分散成雾滴，气液两相充分混合，在文丘里管内完成吸收过程，然后进入旋风式汽液分离器使汽液分离，气体由顶部排出，溶液由底部排出。文丘里吸收器气液接触面积大，吸收效率高，处理能力大，但气体流速大，压强降大。文丘里除尘器有时也可作为除尘器使用。

4. 湍球塔

湍球塔也是吸收操作中使用较多的一种塔型，其结构如图 4-24 所示。主要构件有支承栅板、球形填料、挡网、雾沫分离器、液体喷嘴等。操作时把一定数量的球形填料放在栅板上，气体由塔底引入，液体由塔顶引入，经喷嘴喷洒而下，使小球表面形成一层液膜。当气速达到一定值时，便使小球悬浮起来，旋转翻腾，互相碰撞，呈湍动状态，小球上

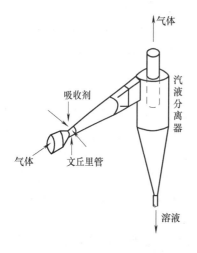

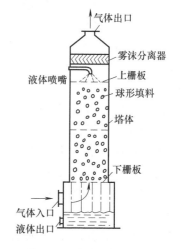

图 4-23 文丘里吸收器结构简图

图 4-24 湍球塔结构简图

的液膜在小球湍动中不断更新。湍球塔内的气、液、球都在湍动，从而使液膜变薄，接触面积增大，加强了传质效果。另外，由于小球的无规则运动，球面相互碰撞，而有自清理作用。

湍球塔结构简单，气速高，处理能力大，塔的总重量轻，气、液分布均匀，操作弹性大，不易被固体及黏性物料堵塞。缺点是小球无规则的湍动造成一定程度的返混。另外由于小球常用塑料制成，使操作温度受一定限制，一般应在 80℃ 以下。

想一想

1. 除了填料吸收塔还有哪些吸收设备？其工作原理及特点如何？
2. 查资料说说还有哪些新型的吸收设备。

【技能训练】

一、认识不同类型的填料

- 训练目标　认识各种填料的形状、材质；对拉西环进行性能的测定。

二、填料塔进行性能测定

- 训练目标　1. 熟悉本装置的工艺流程。

2. 了解本装置各主要设备的作用。

3. 了解本装置开停车步骤。

4. 正确处理本装置操作过程中的不正常现象。

5. 认真做好实训记录，完成数据处理。

6. 写出实训报告。

课题二　精馏操作技术

【教学目标】

1. 掌握精馏流程。

2. 掌握影响精馏操作的因素。

3. 了解各种精馏方法。

4. 了解各类精馏设备结构特点和工作原理。

5. 了解有关精馏的基本概念及其在工业上的应用。

项目一　精馏操作基础

一、蒸馏操作的依据及方法

化工生产中要处理的液体物料，包括原料、中间产物、粗产品等，很多都是由几种不同的液体组分组成的混合物。常需要将这些混合物分离开，以得到较纯净或纯度较高的物质。分离液体混合物的方法很多，如蒸馏、萃取等，其中最常用的方法是蒸馏。例如，将原油分离成汽油、煤油、柴油、重油等众多的石油品种，从裂解气中分离乙烯、丙烯、丁二烯等重要化工原料。从液态空气中分离出氧气、氮气和惰性气体等，使用的都是蒸馏方法。因为其操作简便，易于实施，而且分离出的产品纯度高；适用范围广泛，对各种浓度混合液的分离都适应。有些在常压下呈气态、固态的混合物，可先改变操作压力和温度，使其转为液态后，再用蒸馏方法分离。

蒸馏分离液体混合物的依据是液体混合物中各组分的挥发度或沸点不同。因为同样条件下的液体，沸点低的比沸点高的容易挥发。比如，桌上有一滴酒精和一滴水，酒精很快地挥发了，水则慢得多。这是因为，在常压下酒精的沸点（351.4K）比水（373K）低，酒精的挥发性比水强。蒸馏就是利用液体混合物中各组分的挥发性（沸点）的差别，将混合液加热沸腾汽化，再分别收集挥发出的气相和残留的液相，而将液体混合物中各组分分离提纯的单元操作。显然，液体混合物中各组分的挥发能力相差越大，也就是沸点相差越大，就越容易分离。它是目前使用最广泛的液体混合物的分离方法。

蒸馏可分为简单蒸馏、精馏和特殊蒸馏。简单蒸馏是将溶液加热使其部分汽化，然后将汽化出的蒸气引出并加以冷凝，这样的操作称为简单蒸馏。得到的馏出液中，易挥发组分的浓度虽然比原料液中要高，但是不能得到纯度很高的易挥发组分。要得到纯度较高的易挥发组分可以采用精馏，即将混合液经过多次部分汽化和多次部分冷凝，使溶液各组分分离提纯。

当某种混合物用一般蒸馏操作不能分离的时候，常用特殊蒸馏，包括水蒸气蒸馏、恒沸蒸馏、萃取蒸馏等。它是在混合液中加入某一组分以扩大原料液中不同组分的沸点差，以达到有效的分离。

若混合物中只有两种组分称为双组分蒸馏，若混合物由两种以上组分组成称为多组分蒸馏。对于多组分混合液的分离，可以通过多次双组分蒸馏的方法来解决。根据需要，蒸馏可以间歇进行，也可以连续进行。间歇进行是将物料一次性加入釜内，操作过程中釜内液体浓度逐渐降低，直至符合生产要求为止，也叫做间歇精馏，常用于小规模生产或有特殊要求的场合。连续进行是将物料连续不断地加入设备中，同时也连续不断地从塔顶、塔釜获得产品的操作，也叫做连续精馏，常用于处理大批量物料的场合。

工业上采用的蒸馏操作多数在常压下进行。但对于某些高沸点混合液或加热易分解的物质，则可采用减压蒸馏。若待分离的混合物在常压下是气态，则可采用加压蒸馏，如氯乙烯单体的提纯就采用加压蒸馏。

蒸馏和蒸发虽然都是将混合液加热沸腾汽化，但二者有本质的区别。在进行蒸发的溶液中，溶质是不挥发性的，蒸发是使挥发性溶剂与不挥发性溶质分离的过程，经蒸发后仅除去一部分挥发性的溶剂而使溶液中溶质浓度增加，蒸发的产物是被浓缩了的溶液。例如在固碱生产中，将稀的 NaOH 溶液加热浓缩使水分蒸发掉而得到固碱。

进行蒸馏的溶液，溶质和溶剂都具有挥发性，但挥发能力不同，在蒸馏过程两者同时变成蒸气，蒸馏是将溶液中几种挥发能力不同的组分分离的过程，其蒸气冷凝液或残留液都可能是蒸馏产物。

想一想

1. 蒸馏分离液体混合物的依据是什么？
2. 蒸馏和蒸发有什么区别？
3. 填写下表中按不同方式分类的蒸馏类型及其特点和应用。

分　类		特点及应用
按蒸馏方式分类		
按操作压力分类		
按被分离混合物中组分的数目分类		
按操作流程分类		

二、双组分理想溶液的气液相平衡关系

假设溶液中不同组分分子之间吸引力和纯组分分子间的吸引力完全相同，而且在形成溶液时既无体积变化也无热效应产生，此溶液称为理想溶液。它是一种假设的溶液，真正的理想溶液并不存在，但一般可以把性质极其相似、分子结构相近的物质所组成的溶液当作理想溶液来处理，例如某些烃类同系物所组成的溶液——苯和甲苯的混合液、甲醇和乙醇的混合液等。在实际生产中有某些易挥发组分含量不高的溶液也常视为理想溶液来处理。

蒸馏操作中，由于混合液中各组分挥发能力不同，混合液在加热沸腾汽化时溶液中各组分在气相和液相中含量将发生变化，那么它们是如何变化的？需要讨论一下在一定条件下溶液与其上方的蒸气达到平衡时气、液相组成之间的关系。

1. 溶液的气液平衡

某容器中盛有苯-甲苯混合液，如图 4-25 所示。苯的沸点低，常压下为 353K，称为易挥发组分或轻组分，将其设为 A 组分；甲苯的沸点高，常压下为 383K，称为难挥发组分或重组分，将其设为 B 组分。若保持一定温度，则易挥发组分苯先汽化，苯分子由液相进入气相的速度要比甲苯快。由于苯和甲苯都在不断地挥发，液面上方的蒸气中也存在苯和甲苯两种组分，同时气相中的两种分子也不断地凝结，回到液相中。当汽化速率和凝结速率相等时，气相和液相中的苯和甲苯分子都不再增加和减少，气、液两相达到了动态平衡，这种状态称为气液平衡状态，也叫饱和状态。这时，液面上方的蒸气称为饱和蒸气，苯在溶液上方蒸气中的含

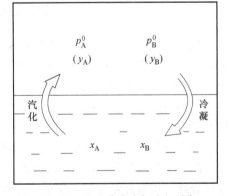

图 4-25　双组分溶液气液相平衡

量要比在原来溶液中的含量高。若将此蒸气引出冷凝，便可得到苯的含量高于原溶液的冷凝液，称为馏出液。其蒸气的压力称为饱和蒸气压。容器中的剩余溶液则是甲苯含量高于原溶液的残液，称为饱和液体，相应的温度称为饱和温度。平衡状态下气、液相之间的组成关系

称为气液相平衡关系。这时系统的温度、压力和气、液相组成都不再发生变化,一旦温度发生变化,则平衡将被破坏,并在新的条件下重新建立一个新的气液平衡体系。可以看出,蒸馏过程实质上是将液体混合物形成气、液两相平衡体系,使易挥发组分浓集到气相、难挥发组分浓集到液相的传质分离过程。

⟫ 想一想

1. 什么是理想溶液?

2. 什么是气液平衡状态?

2. 拉乌尔定律

在实践中,常常用理想溶液的规律来分析解决溶液气液平衡关系中的问题。理想溶液各组分的蒸气压服从拉乌尔定律,即在一定温度条件下溶液上方蒸气中某一组分的分压等于该纯组分在该温度下的饱和蒸气压乘以该组分在溶液中的摩尔分数。用数学式表达为:

$$p_A = p_A^0 \chi_A \tag{4-17}$$

$$p_B = p_B^0 \chi_B = p_B^0(1 - \chi_A) \tag{4-18}$$

式中　p_A,p_B——平衡时溶液上方组分 A、B 的蒸气分压,Pa;

　　p_A^0,p_B^0——在同一温度下纯组分 A、B 的饱和蒸气压,Pa;

　　χ_A,χ_B——组分 A、B 在液相中的摩尔分数。

3. 理想二元溶液的平衡关系式

对于理想溶液上方的蒸气,可以看作是理想气体。根据道尔顿分压定律,理想气体在气液两相平衡时溶液上方的蒸气总压等于各组分蒸气分压之和。用数学式表达为:

$$p = p_A + p_B \tag{4-19}$$

式中　p——气相的总压,Pa;

　p_A,p_B——A、B 组分的分压,Pa。

由上式整理得

$$\chi_A = \frac{p - p_B^0}{p_A^0 - p_B^0} \tag{4-20}$$

气相组成用摩尔分数表示为:

$$y_A = \frac{p_A^0 \chi_A}{p} = \frac{p_A^0 \chi_A}{p_A^0 \chi_A + p_B^0(1 - \chi_A)} \tag{4-21}$$

式(4-20)和式(4-21)清楚地表示了理想二元溶液的气液相平衡关系。利用这两个式子,可以求得在一定操作温度和压力下各个组分在液相和气相的所有平衡组成。

4. 挥发度与相对挥发度

气相中某一组分的蒸气分压和它在与气相平衡的液相中的摩尔分数之比,称为该组分的挥发度。

两个组分的挥发度之比称为相对挥发度,用相对挥发度可以判别混合液分离的难易程度。以理想溶液为例,相对挥发度相差越大,即两组分的沸点相差越大,这种液体混合物越容易分离。相对挥发度相差越小,说明两组分的沸点差越小,则越难分离。当相对挥发度等于 1 时,无法用普通蒸馏方法分离。

⟫ 想一想

1. 理想溶液各组分的蒸气压服从什么定律?

2. 什么是挥发度与相对挥发度？如何判断混合液分离的难易程度？

项目二 精馏操作过程

精馏操作一般在精馏塔内完成。精馏塔是进行精馏操作时实现多次部分汽化和多次部分冷凝的关键设备。精馏塔由若干塔板组成，每块塔板相当于一个蒸馏釜，原料液一般由塔中部进入精馏塔，进料口以上称为精馏段，以下称为提馏段（含进料板）。精馏段的作用是浓缩易挥发组分并回收难挥发组分，提馏段的作用是浓缩难挥发组分并回收易挥发组分。塔顶设有冷凝器，由塔顶导出的蒸气经冷凝器冷凝成液体，一部分作为馏出液制成产品，另一部分作为回流液返回第一块塔板。回流液是使蒸气部分冷凝的冷却剂，也是稳定蒸馏操作的必要条件；塔底设有再沸器，塔底溶液进入由蒸汽加热的再沸器中，被间接加热沸腾汽化，沿塔上升，向塔底蒸馏釜的加热管不断通入蒸汽是维持部分汽化的必要条件。塔内蒸气由塔釜逐板上升，回流液由塔顶逐板下降，在每块塔板上二者互相接触，多次部分汽化和部分冷凝。

操作时，每块塔板上都有适当高度的液层。来自上一板的回流液体和来自下一板的上升蒸气在每块塔板上汇合，同时发生上升蒸气部分冷凝和回流液体部分汽化的传热过程，以及易挥发组分由液相转到气相和难挥发组分由气相转入液相的传质过程。上升的蒸气根据每进行一次部分冷凝易挥发组分含量就增加一次的原理使易挥发组分逐板增浓，下降的回流液则在多次部分汽化过程中使难挥发组分逐板增浓。在塔板数足够多的情况下，塔顶可得到较纯的易挥发组分，塔釜可得到较纯的难挥发组分。

在精馏操作过程中实现传热传质的场所是塔板，如果在该塔板上气、液相能充分接触，能够使该塔板上上升蒸气和下降液体达到平衡状态，该塔板称为理论板，能满足分离要求所需的这样的塔板的数量称为理论塔板数。由于实际情况下气、液相接触的时间和面积有限，所以所需要的实际塔板数总是要高于理论塔板数。通常理论塔板数与实际塔板数之比称为全塔效率，它是衡量精馏塔分离效果好坏的主要标志之一。

总之，如图 4-26 所示，精馏塔的操作过程是：由再沸器产生的蒸气自塔底向塔顶上升，回流液自塔顶向塔底下降，原料液自加料板流入。在每层塔板上，气、液两相互相接触，气相多次部分逐渐冷凝，液相多次部分汽化。这样，易挥发组分逐渐浓集到气相，难挥发组分逐渐浓集到液相。最后，将塔顶蒸气冷凝，得到符合要求的馏出液；将塔底的液体导出，得到相当纯净的残液。

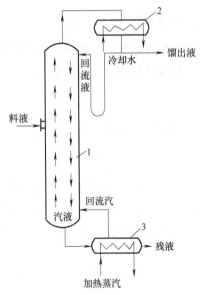

图 4-26 乙醇水溶液连续精馏流程
1—精馏塔；2—冷凝器；3—再沸器

想一想

1. 什么是精馏段？什么是提馏段？
2. 对照图 4-26 简述精馏过程。

项目三　精馏操作物料衡算

对精馏塔进行物料衡算，首先要进行全塔物料衡算。如图 4-27 所示，设进入精馏塔待分离的原料液用 F 表示（单位为 kmol/h），混合液中轻组分的摩尔分数用 x_F 表示，经过精馏塔分离后得到塔顶产品流量用 D 表示（单位为 kmol/h），其中轻组分的摩尔分数用 x_D 表示，塔底产品流量用 W 表示（单位为 kmol/h），其中轻组分的摩尔分数用 x_W 表示。由于是连续稳定操作，故

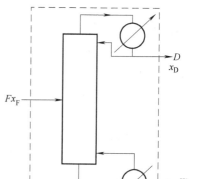

图 4-27　精馏塔物料衡算示意图

总物料：
$$F = D + W \tag{4-22}$$

易挥发组分：
$$Fx_F = Dx_D + Wx_W \tag{4-23}$$

将上述两个衡算式联立后，可得产品量的计算式。

塔顶产品量：
$$D = \frac{F(x_F - x_W)}{x_D - x_W} \tag{4-24}$$

塔底产品量：
$$W = \frac{F(x_D - x_F)}{x_D - x_W} \tag{4-25}$$

塔顶采出率：
$$\frac{D}{F} = \frac{x_F - x_W}{x_D - x_W} \tag{4-26}$$

塔底采出率：
$$\frac{W}{F} = \frac{x_D - x_F}{x_D - x_W} \tag{4-27}$$

在精馏计算中，常使用回收率来表示分离的效果，其计算式如下：

塔顶易挥发组分回收率
$$\eta_A = \frac{Dx_D}{Fx_F} \times 100\% \tag{4-28}$$

塔底难挥发组分回收率
$$\eta_B = \frac{W(1 - x_W)}{F(1 - x_F)} \times 100\% \tag{4-29}$$

【例 4-2】　在连续精馏塔中分离苯-苯乙烯混合液，原料液量为 5000kg/h，组成为 0.49，要求馏出液中含苯 0.96，釜液中含苯不超过 0.07（以上均为摩尔分数）。试求馏出液量及釜液产品量各为多少，并计算塔顶易挥发组分的回收率。

解
$$M = M_{苯}x_F + M_{甲苯}(1 - x_F) = 78 \times 0.49 + 92 \times 0.51 = 88.82$$
$$F = 5000/88.82 = 56.3 \ (\text{kmol/h})$$

列出全塔物料式
$$F = W + D$$
$$Fx_F = Wx_W + Dx_D$$

带入数值得
$$\begin{cases} 56.3 = D + W \\ 56.3 \times 0.49 = W \times 0.07 + D \times 0.96 \end{cases}$$

解之得

$$W = 30.4\text{kmol/h}; \quad D = 25.9\text{kmol/h}$$

$$\eta_A = \frac{Dx_D}{Fx_F} \times 100\% = \frac{25.9 \times 0.96}{56.3 \times 0.49} \times 100\% = 90\%$$

答：馏出液量为25.9kmol/h，釜液量为30.4kmol/h。塔顶易挥发组分回收率为90%。

🔁 想一想

计算：每小时将15000kg含苯40%（摩尔分数，下同）和甲苯60%的溶液在连续精馏塔中进行分离，要求釜残液中含苯不高于2%，塔顶馏出液中苯的回收率为97.1%。求馏出液和釜残液的流量和组成，以摩尔流量和摩尔流率表示。

项目四　回流比的确定

精馏的工程手段是回流，精馏与蒸馏的区别也是"回流"。在精馏过程中，回流量与塔顶采出量之比称为回流比。回流比是保证精馏塔连续稳定操作的基本条件。回流比通常以 R 表示：

$$R = \frac{L}{D} \tag{4-30}$$

式中　R——回流比；

L——单位时间内塔顶回流液量，kg/h；

D——单位时间内塔顶采出液量，kg/h。

1. 全回流

精馏操作中，塔顶上升的蒸气进入全凝器冷凝，冷凝液全部作为回流液返回塔顶，这时称为全回流。全回流时，为维持塔内物料平衡，既不向塔内加料，也不采出产品，回流比为无穷大，理论塔板数为最少，但一个塔没有任何产品的操作对实际生产没有任何实际意义。所以全回流主要应用于以下情况：①精馏塔开工阶段，暂时采用全回流，以便迅速在各塔板上建立逐板增浓的液层；②实验或科研为测定试验数据方便，采用全回流；③当产品浓度低于要求时，进行一定时间的全回流，可以较快地达到操作正常。

2. 最小回流比

当回流量由全回流逐渐减少时，所需理论塔板数逐渐增加。当回流比减少到某一数值时，理论塔板数增加至无穷多，这时回流比达到最小值，即称为最小回流比。

3. 最适宜回流比

生产操作过程中，全回流和最小回流比都不适用。回流比的选择应考虑操作费用和设备费用。在完成规定分离项目的同时操作费用和设备费用又都处于最低点时的回流比，称最适宜的回流比 $R_{宜}$。由于最适宜的回流比影响因素很多，无精确的计算公式，一般取值范围为 $R_{宜} = (1.2 \sim 2)R_{min}$，难分离混合液可以取4.25倍。

🔁 想一想

1. 什么是回流比？为什么要回流？

2. 如何确定精馏过程的回流比？

项目五　精　馏　流　程

1. 简单蒸馏

简单蒸馏是间歇操作。如图 4-28 所示，一次性加入蒸馏釜 1 一定量的料液，在恒压下料液在蒸馏釜内被间接加热沸腾汽化，所产生蒸气由蒸馏釜顶引出至冷凝器 2 全部冷凝，并作为塔顶产品送入产品储罐 3，其中易挥发组分浓度相对增加。当釜中溶液浓度下降至工艺要求时，即停止加热，将釜中残液排出后，再在蒸馏釜中加入新的料液，重复上述蒸馏过程。在蒸馏的过程中，釜内液相中易挥发组分的浓度不断下降，与此相应的蒸气中易挥发组分的浓度也不断下降。所以简单蒸馏常用多个产品罐，以收集不同浓度范围的塔顶产品。

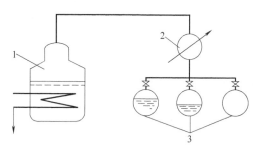

图 4-28　简单蒸馏

1—蒸馏釜；2—冷凝器；3—产品储罐

闪蒸和简单蒸馏都是直接运用蒸馏原理进行组分初步分离的一种操作，分离程度不高，可作为精馏的预处理步骤。这两种蒸馏过程的流程、设备和操作控制都比较简单，但因其分离程度很低，不能满足高纯度的分离要求，因此主要用来分离沸点相差较大或分离要求不高的场合。要实现混合液的高纯度分离，需采用精馏操作。

2. 精馏

精馏是工业生产中用以实现混合液高纯度分离的单元操作。按操作过程的连续性来分，精馏过程可以分为连续精馏和间歇精馏两种流程。

（1）连续精馏　连续精馏塔的进料口一般设在塔中部某块塔板上，此板称为加料板。加料板把塔分成上下两段，加料板以上为精馏段，加料板以下包括加料板为提馏段。

连续精馏流程如图 4-29 所示。原料液不断地从高位槽 3 流下，经预热器 4 预热到指定的温度后，从塔中部的加料板上进入塔内。料液与精馏段下降的回流液体汇合后逐板下流，最后流入塔底蒸馏釜。在逐板下流的同时，液体与上升的蒸气直接接触，被部分汽化；易挥发组分向气相转移，而上升的蒸气与冷凝液接触后被部分冷凝，难挥发组分向液相转移，因此当提馏段塔板数足够多时，下流至塔底的液体可接近为纯的难挥发组分；一部分作为塔底产品不断排出，另一部分在蒸馏釜中受热不断沸腾汽化，产生的蒸气自塔底逐板上升。上升蒸气每经一块塔板，蒸气中易挥发组分被增浓一次，如果精馏段的塔板数也足够多的话，则塔顶蒸气也接近为纯的易挥发组分。

将此塔顶蒸气引入全凝器中全部冷凝，所得冷凝液一部分送回塔顶作为回流液，其余部分则作为塔顶产品流入贮槽中。

在连续精馏过程中，原料液源源不断地进入塔内进行精馏，在操作达到稳定状态时，每层塔板上液体与蒸气组成都保持不变。

（2）间歇精馏　间歇精馏又称分批精馏，其流程与连续精馏有许多不同的地方。原料是

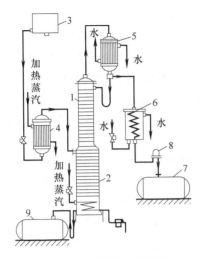

图 4-29　连续精馏流程

1—精馏段；2—提馏段；3—高位槽；4—原料
预热器；5—冷凝器；6—冷却器；7—馏出
液贮槽；8—观测罩；9—残液贮槽

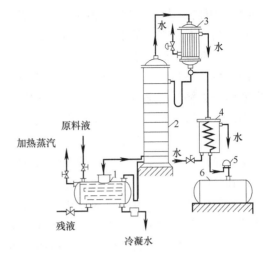

图 4-30　间歇精馏流程

1—蒸馏釜；2—精馏塔；3—冷凝器；
4—冷却器；5—观测罩；6—馏出液槽

一次性加入蒸馏釜内的，在操作过程中不再加料。如图 4-30 所示，通过再沸器将釜内的液体加热至沸腾，产生的蒸气由塔底上升，经过各块塔板到达塔顶外的全凝器。间歇精馏操作刚开始时属于全开全回阶段，即将冷凝液全部回流入塔，在塔板上建立泡沫层，各塔板可正常操作。全回流操作稳定后，逐渐减小回流比，改为部分回流操作，随着精馏过程的进行，釜液浓度逐渐降低，各层塔板的气、液相浓度也逐渐降低，塔顶产品中易挥发组分浓度高于釜液浓度，可从塔顶采集产品。

间歇精馏特点是精馏塔只有精馏段，没有提馏段，但是由于在塔顶有回流，有多层塔板，所以属于精馏，而不是简单蒸馏。它适用于处理量小、物料品种多变的场合。

3. 特殊精馏

精馏操作是以液体混合物中各组分的相对挥发度差异为依据的，组分间挥发度差别越大越容易分离。但对某些液体混合物，组分间的相对挥发度接近于 1 或形成恒沸物，以至于不宜或不能用一般精馏方法进行分离，则需要采用特殊精馏方法。特殊精馏方法有恒沸精馏、萃取精馏、盐效应精馏、膜蒸馏、催化精馏、吸附精馏等。

（1）恒沸精馏　若在两组分恒沸液中加入第三组分（称为夹带剂），该组分能与原料液中的一个或两个组分形成新的恒沸液，从而使原料液能用普通精馏方法予以分离，这种精馏操作称为恒沸精馏。恒沸精馏可分离具有最低恒沸点的溶液、具有最高恒沸点的溶液以及挥发度相近的物系。

图 4-31 为分离乙醇-水混合液的恒沸精馏流程示意图。在原料液中加入适量的夹带剂苯，苯与原料液形成新的三元非均相恒沸液

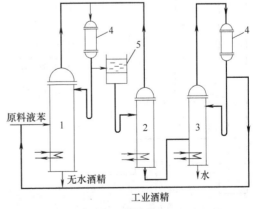

图 4-31　恒沸精馏流程示意图

1—恒沸精馏塔；2—苯回收塔；3—乙醇
回收塔；4—全凝器；5—分层器

（相应的恒沸点为 64.85℃，恒沸摩尔组成为苯 0.539、乙醇 0.228、水 0.233）。只要苯的加入量适当，原料液中的水可全部转入到三元恒沸液中，从而使乙醇-水混合液得以分离。

由于常压下此三组分恒沸液的恒沸点为 64.85℃，故其由塔顶蒸出，塔底产品为近于纯态的乙醇。塔顶蒸气进入冷凝器 4 中冷凝后，部分液相回流到塔 1，其余的进入分层器 5，在器内分为轻重两层液体。轻组分返回塔 1 作为补充回流。重组分送入苯回收塔 2，以回收其中的苯。塔 2 的蒸气由塔顶引出，也进入冷凝器 4 中。塔 2 底部的产品为稀乙醇，被送到乙醇回收塔 3 中。塔 3 中塔顶产品为乙醇-水恒沸液，送回塔 1 作为原料，塔底产品几乎为纯水。在操作中苯是循环使用的，但因有损耗，故隔一段时间后需补充一定量的苯。

在恒沸精馏中，需选择适宜的夹带剂。对夹带剂的要求是：①夹带剂应能与被分离组分形成新的恒沸液，最好其恒沸点比纯组分的沸点低，一般两者沸点差不小于 10℃；②新恒沸液所含夹带剂的量越少越好，以便减少夹带剂用量及汽化和回收时所需的能量；③新恒沸液最好为非均相混合物，便于用分层法分离；④无毒性，无腐蚀性，热稳定性好；⑤来源容易，价格低廉。

（2）萃取精馏　萃取操作的基本方法是选择一种适当的溶剂（称为萃取剂）加到要处理的液体混合物中，液体混合物中各组分在萃取剂中具有不同的溶解度，要分离的组分（称为溶质）能溶解到萃取剂中，其余组分则不溶或微溶，从而使混合液得到分离。

萃取精馏和恒沸精馏相似，也是向原料液中加入第三部分（称为萃取剂或溶剂），以改变原有组分间的相对挥发度而达到分离要求的特殊精馏方法。但不同的是要求萃取剂的沸点较原料液中各组分的沸点高得多，且不与组分形成恒沸液，容易回收。例如在苯-环己烷溶液中加入萃取剂糠醛，则溶液的相对挥发度发生显著的变化，且相对挥发度随萃取剂量加大而增高，如表 4-2 所示。

表 4-2　苯-环己烷溶液加入糠醛后 α 的变化

溶液中糠醛的摩尔分数	0	0.2	0.4	0.5	0.6	0.7
相对挥发度	0.98	1.38	1.86	2.07	2.36	2.7

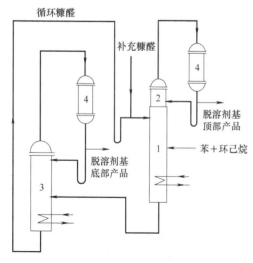

图 4-32　环己烷萃取精馏流程示意图
1—萃取精馏塔；2—萃取剂回收段；
3—苯回收塔；4—冷凝器

图 4-32 为分离苯-环己烷溶液的萃取精馏流程示意图。原料液进入萃取精馏塔 1 中，萃取剂（糠醛）由塔 1 顶部加入，以便在每层板上都与苯相结合。塔顶蒸出的为环己烷蒸气。为回收微量的糠醛蒸气，在塔 1 上部设置回收段 2（若萃取剂沸点很高，也可以不设回收段）。塔底釜液为苯-糠醛混合液，再将其送入苯回收塔 3 中。由于常压下苯的沸点为 80.1℃，糠醛的沸点为 161.7℃，故两者很容易分离。塔 3 中釜液为糠醛，可循环使用。在精馏过程中，萃取剂基本上不被汽化，也不与原料液形成恒沸液，这些都是有异于恒沸精馏的。

选择适宜萃取剂时，主要应考虑以下因素：①萃取剂应使原组分间相对挥发度发生显著的变化；②萃取剂的挥发性应低一些，即其沸点应较原混合液中纯组分高，且不与原组分形成恒沸液；③无毒性，无腐蚀性，热稳定性好；④来源方便，价格低廉。

萃取精馏中萃取剂的加入量一般较多，以保证各层塔板上足够的添加剂浓度，而且萃取精馏塔往往采用饱和蒸气加料，以使精馏段和提馏段的添加剂浓度基本相同。

⏩ 想一想

1. 精馏过程有哪些流程？各有什么特点？
2. 特殊精馏有哪些精馏方法？什么时候用特殊精馏？

项目六　精馏操作控制

精馏是目前工业生产中分离均相液体混合物最常用的方法。精馏操作的好坏，将直接影响产品的质量、产量和消耗定额等工艺指标。影响精馏操作的因素很多，而且各种因素相互制约。下面讨论精馏操作的几个主要控制参数。

1. 操作压力

任一个精馏塔都是根据在一恒定的操作压力下的气液平衡数据进行设计、计算和操作的，操作压力的选择主要根据被处理物料的性质。对于一些沸点高，高温时性质不稳定，易分解、聚合、结焦的物料，或在常压下相对挥发度较小。有剧毒的物料，则常常采用减压下进行精馏。由于减压操作降低了物料沸腾温度，可降低物料在高温时热分解、聚合、结焦等可能性，且减少了有毒物料的泄漏、污染等情况，如苯酚精馏、苯乙烯的精馏均采用减压精馏。如果被分离的混合物在常温常压下是气体或沸点较低，则可以采用加压蒸馏的方法，如氯乙烯的精馏、石油气的裂解及深冷分离均采用加压蒸馏。

此外操作压力的选择应由传热设备的价格、塔的耐压性能、操作费用等综合经济效果来决定。当原料液常压下是液体时，则一般尽可能地采用常压操作，这样对设备的要求简单，附属设备也少。

操作压力确定后应尽量保持在允许范围内的稳定，虽然压力在小范围内变化对气液平衡无明显的影响，但大幅度的变化会破坏精馏正常进行和气液平衡，导致整个操作恶化。

塔顶压力的调节可以通过改变塔顶冷凝器中冷却剂用量和回流比的大小进行，增大冷却剂用量和回流比可以降低塔顶压力。

2. 操作温度

在一定的操作压力下气液平衡与温度有密切的关系。不同的温度都对应着不同的气液平衡组成。塔顶、塔釜的气液平衡组成就是产品的质量情况，它们所对应的平衡温度就被确定为塔顶、塔釜的温度指标。因此，在生产中塔顶、塔釜温度就反映了产品的质量。

当操作压力恒定时，温度也要保持相对稳定。若温度改变，则产品的质量和产量都相应地发生变化。如塔顶温度升高时，塔顶产中难挥发组分含量增加，因此虽然塔顶产品产量可能增加，但质量下降了。若塔釜温度升高，同样会使塔顶产品中难挥发组分增加，质量下降。

要注意，温度是随着压力变化而变化的。在操作压力基本稳定的情况下，温度的变化常常由于蒸馏釜中加热蒸汽量、冷凝器中冷却剂量、回流量、釜液面高度、进料等条件的变化而变化，通过调节这些条件可以使温度趋于恒定。因此精馏过程的操作是一个多因素的"综合平衡"过程。而温度的调节在精馏操作中起着最终的质量调节的作用。

3. 操作回流比

从精馏原理的讨论中知道，从精馏塔引出的蒸气经全凝后，一部分作为塔顶产品排出，另一部分通过回流装置返回到塔顶，这部分液体称为回流液。液体的回流在精馏操作的过程中是必要的，它不仅是蒸气部分冷凝的冷却剂，同时又起着不断补充塔板上的液体，使精馏操作连续稳定地进行的作用。

在精馏操作中，把回流液量与塔顶产品量之比称为回流比。回流比的大小不仅对精馏塔塔板数和进料位置的设计起着重要的作用，且对结构已定的一个塔，在实际操作中人们也往往用调节回流比来控制产品的质量。

当塔顶馏分中难挥发组分含量增高时，采取加大回流比的方法，增加塔内下降的液体流量，使上升蒸气中难挥发组分冷凝的可能性加大，从而提高塔顶产品的质量。但回流比的增大将影响塔顶产品的产量，降低塔的生产能力。所以回流比不宜无限地增大，而且回流比过大会造成液量过多而导致液泛。

对于内回流塔，回流比可以通过塔顶冷凝器中冷却剂的用量调节。

对于外回流塔，则可以通过控制塔顶产品采出量和塔顶冷凝量等方法来调节。

4. 塔釜液面

在精馏操作中，只有液面稳定，才能保持塔内温度和压力的稳定，因此塔釜液面必须稳定在规定的高度，不能上下波动。塔釜液面主要靠釜液的排出量调节。采用釜液，不能超过允许的采出量。

另外，在精馏操作过程中，精馏塔内的某一块塔板对操作条件的变化反应特别灵敏，该快塔板称为灵敏板，操作过程中要经常注意该塔板温度的变化，对于稳定生产实现精馏塔的安全操作预防生产事故的发生是非常重要的。

想一想

精馏操作控制参数有哪些？如何控制？

项目七　精　馏　装　置

精馏装置包括精馏塔、再沸器、冷凝器和回流装置等设备。主要设备是精馏塔，其基本功能是为气、液两相提供充分接触的机会，使传热和传质过程迅速而有效地进行，并且使接触后的气、液两相及时分开，互不夹带。根据塔内气、液接触部件的结构形式的不同，精馏塔可分为板式塔和填料塔两大类型，在本节中主要讨论板式塔。

一、板式塔基本结构与工作过程

板式塔（如图 4-33 所示）通常是由一个呈圆柱体的壳体及沿塔高按一定的间距水平设置的若干层塔板所组成。板式塔为逐级接触式气液传质设备，塔板是其基本构件，是最常用的气液传质设备之一。工业生产中的板式塔常根据塔板间有无降液管沟通而分为有降液管及无降液管两大类，用得最多的是有降液管的板式塔［如图 4-34（a）所示］，它主要由塔体、溢流装置和塔板构件等组成。

传质机理如下所述：塔内液体依靠重力作用由上层塔板的降液管流到下层塔板的受液盘，然后横向流过塔板，从另一侧的降液管流至下一层塔板。溢流堰的作用是使塔板上保持一定厚度的液层。气体则在压力差的推动下自下而上穿过各层塔板的气体通道（泡罩、筛孔或浮阀等），分散成小股气流，鼓泡通过各层塔板的液层。在塔板上，气、液两相密切接触，进行热量和质量的交换。在板式塔中，气、液两相逐级接触，两相的组成沿塔高呈阶梯式变化，在正常操作下，液相为连续相，气相为分散相。图 4-35 所示为板式塔传质机理示意图。

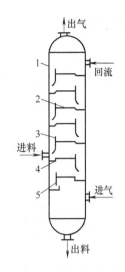

图 4-33　板式塔的结构
1—塔体；2—塔板；3—溢流堰；
4—受液盘；5—降液管

一般而论，板式塔的空塔速率较高，因而生产能力较大，塔板效率稳定，操作弹性大，且造价低，检修、清洗方便，故工业上应用较为广泛。

（1）塔体　通常为圆柱体，常用钢板焊接而成，有时也将其分成若干塔节，塔节间用法兰盘连接。

（2）溢流装置　包括出口堰、降液管、受液盘等部件。

① 溢流堰　在塔板的出口端设有溢流堰，又称出口堰。是为使塔板上贮有一定量的液体，以保证气、液两相在塔板上有充分的接触时间。塔板上的液层厚度或持液量很大程度上由堰高决定。生产中最常用的是弓形堰，小塔中也有用圆形降液管升出板面一定高度作为出口堰的。

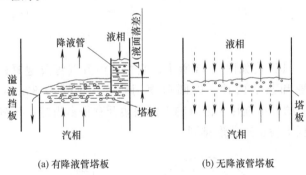

(a) 有降液管塔板　　(b) 无降液管塔板

图 4-34　板式塔结构类型

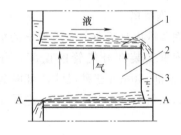

图 4-35　板式塔传质机理示意图
1—气液传质区；2—气流分离区；3—降液区

② 降液管　降液管是塔板间液流通道，也称为溢流管。它是溢流液中所夹带气体进行分离的场所。为了保证液流能顺畅地流入下层塔板，并防止沉淀物堆积和堵塞液流通道，降液管与下层塔板间应有一定的间距。为保持降液管的液封，防止气体由下层塔进入降液管，此间距应小于出口堰高度。

正常工作时，液体从上层塔板的降液管流出，横向流过塔板，翻越溢流堰，进入该层塔板的降液管，流向下层塔板。降液管有圆形和弓形两种，弓形降液管在生产上广泛采用，因为其具有较大的降液面积，气液分离效果好，降液能力大。

③ 受液盘　降液管下方部分的塔板通常又称为受液盘，有凹型及平型两种，一般较大的塔采用凹型受液盘，平型则就是塔板面本身。

⏵⏵ **想一想**

1. 填写图 4-36 中的构件名称。

2. 填写图 4-37 中的构件名称，并用不同颜色的笔画出气、液两相的流动路线。

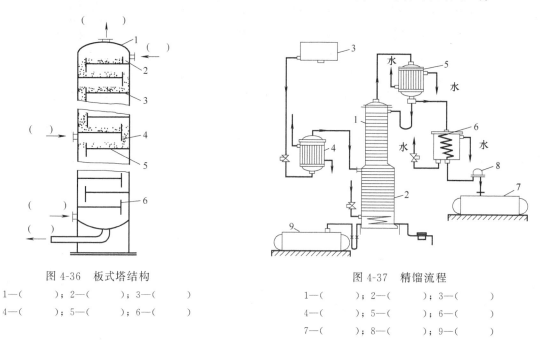

图 4-36 板式塔结构

1—( )；2—( )；3—( )

4—( )；5—( )；6—( )

图 4-37 精馏流程

1—( )；2—( )；3—( )

4—( )；5—( )；6—( )

7—( )；8—( )；9—( )

二、几种常见板式塔

1. 泡罩塔

泡罩塔板是工业上应用最早的塔板，其结构如图 4-38 所示。它主要由升气管及泡罩构成。泡罩安装在升气管的顶部，分圆形和条形两种，以圆形使用较广。泡罩有 80mm、100mm 和 150mm 三种尺寸，可根据塔径的大小选择。泡罩的下部周边开有很多齿缝，齿缝一般为三角形、矩形或梯形。泡罩在塔板上为正三角形排列。

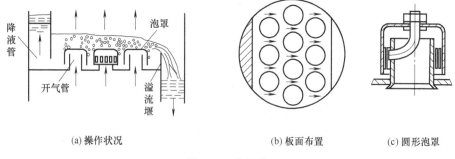

(a) 操作状况   (b) 板面布置   (c) 圆形泡罩

图 4-38 泡罩塔

操作时，液体横向流过塔板，靠溢流堰保持板上有一定厚度的液层，齿缝浸没于液层之中而形成液封。升气管的顶部应高于泡罩齿缝的上沿，以防止液体从中漏下。上升气体通过齿缝进入液层时，被分散成许多细小的气泡或流股，在板上形成鼓泡层，为气液两相的传热和传质提供足够大的界面，如图 4-39 所示。

泡罩塔的优点是液体不易泄漏，操作较稳定，塔板不易堵塞；缺点是结构复杂、造价高，板上液层厚，塔板压降大。泡罩塔板已逐渐被筛板、浮阀塔板取代，在新建塔设备中已很少采用。

2. 筛板塔

筛板塔是应用较早的塔设备之一。如图 4-40 所示，它的结构与泡罩塔基本相同，其差别只是取消了泡罩与升气管，直接在塔板上钻有均匀分布的小孔，称筛孔。孔径一般为 3～8mm，近年来也有孔径比较大的塔板。筛孔在塔板上为正三角形排列。同样要在塔板上设置溢流堰，以使板上能保持一定厚度的液层。操作时，气体高速通过筛孔而上升，使板上横向流动的液体不能经筛孔落下，只能通过降液管流到下一层塔板，上升蒸气或泡点的条件使板上液层成为强烈搅动的泡沫层。这时，气体上升的压力必须超过塔板上液体的静压力，才能阻止液体从筛孔漏下来。

筛板塔具有的优点为：结构简单，金属消耗量小，造价低；在一定范围内，板效率高于泡罩塔；阻力小，生产能力大；检修、清洗方便。缺点为：操作范围窄，易造成液泛，筛板易堵塞，对塔板的安装要求严格。

3. 浮阀塔

浮阀塔的结构与泡罩塔大体相同，即每层塔板上有溢流管，并开有许多升气孔（一般孔径为 39mm），它们分别构成了塔板间液、气两种流体的通道。不同的是，升气孔中没有升气管与泡罩，而是在塔板上开有若干个阀孔，每个阀孔装有一个可上下浮动的阀片，如图 4-41 所示。阀片本身连有几个阀腿，插入阀孔后将阀腿底脚拨转 90°，以限制阀片升起的最大高度，并防止阀片被气体吹走。阀片周边冲出几个略向下弯的定距片，当气速很低时，由于定距片的作用，阀片与塔板呈点接触而坐落在阀孔上，在一定程度上可防止阀片与板面的黏结。

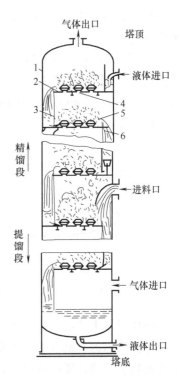

图 4-39 板式塔的典型结构
1—塔壳；2—塔板；3—降液管道；
4—升气管；5—泡罩；6—溢流堰

操作时，由阀孔上升的气流经阀片与塔板间隙沿水平方向进入液层，增加了气液接触时间。浮阀开度随气体负荷而变。在低气量时，开度较小，气体仍能以足够的气速通过缝隙，避免漏液过多；在高气量时，阀片自动浮起，开度增大，使气速不致过大。

浮阀塔板的优点是结构简单、造价低，生产能力大，操作弹性大，塔板效率较高。其缺点是处理易结焦、高黏度的物料时阀片易与塔板黏结；在操作过程中有时会发生阀片脱落或卡死等现象，使塔板效率和操作弹性下降。

4. 喷射型塔

上述几种塔的塔板，使气体以鼓泡或泡沫状态和液体接触，当气体垂直向上穿过液层时，会使分散形成的液滴或泡沫

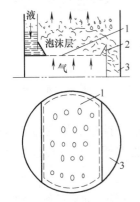

图 4-40 筛板塔结构示意图
1—筛板；2—溢流堰；3—降液管

具有一定向上的初速度。但如果气速过高，会造成较为严重的液沫夹带，使塔板效率下降，

因而生产能力受到一定的限制。为克服这一缺点，近年来开发出喷射型塔板，大致有以下几种类型。

① 舌形塔板　舌形塔板的结构如图 4-42 所示，在塔板上冲出许多舌孔，方向朝塔板液体流出口一侧张开。舌片与板面成一定的角度，有 18°、20°和 25°三种（一般为 20°），舌片尺寸有 50mm×50mm 和 25mm×25mm 两种。舌孔按正三角形排列，塔板的液体流出口一侧不设溢流堰，只保留降液管，降液管截面积要比一般塔板设计得大一些。

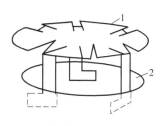

图 4-41　浮阀
1—阀片；2—塔板上的阀孔

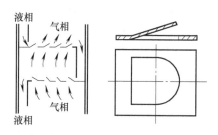

图 4-42　舌形塔板示意图

操作时，上升的气流沿舌片喷出，其喷出速率可达 20～30m/s。当液体流过每排舌孔时，即被喷出的气流强烈扰动而形成液沫，被斜向喷射到液层上方，喷射的液流冲至降液管上方的塔壁后流入降液管中，流到下一层塔板。

舌形塔板的优点是：生产能力大，塔板压降低，传质效率较高。缺点是：操作弹性较小，气体喷射作用易使降液管中的液体夹带气泡流到下层塔板，从而降低塔板效率。

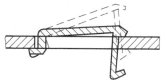

② 浮舌塔板　与舌形塔板相比，浮舌塔板的结构特点是其舌片可上下浮动。因此，浮舌塔板兼有浮阀塔板和固定舌形塔板的特点，具有处理能力大、压降低、操作弹性大等优点，特别适用于热敏性物系的减压分离过程。

5. 斜孔塔

斜孔塔板的结构如图 4-43 所示。在板上开有斜孔，孔口向上，与板面成一定角度。斜孔的开口方向与液流方向垂直，同一排孔的孔口方向一致，相邻两排开孔方向相反，使相邻两排孔的气体向相反的方向喷出。这样，气流不会对喷，既可得到水平方向较大的气速，又阻止了液沫夹带，使板面上液层低而均匀，气体和液体不断分散和聚集，其表面不断更新，气液接触良好，传质效率提高。

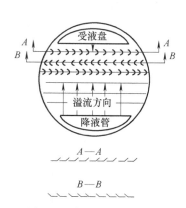

图 4-43　斜孔塔板示意图

斜孔塔板克服了筛孔塔板、浮阀塔板和舌形塔板的某些缺点。斜孔塔板的生产能力比浮阀塔板大 30% 左右，效率与之相当，且结构简单，加工制造方便，是一种性能优良的塔板。

⊡》 想一想

1. 请你说说常见的塔式板有几种。你还知道有哪些新型的板式塔吗？
2. 填写表 4-3。

表 4-3 塔板的分类

分　类		结　构	特　点
泡罩塔板			
筛板			
浮阀塔板			
喷射型塔板	舌形塔板		
	浮舌塔板		
	斜孔塔板		
	网孔塔板		

三、辅助设备

精馏装置的辅助设备主要是各种类型的换热器，包括塔底溶液再沸器、塔顶蒸气冷凝器、料液预热器、产品冷却器等，另外还需管线以及流体输送设备等。冷凝器、再沸器均可用夹套式或内装蛇管、列管的间壁式换热器，安装在塔外的再沸器、冷凝器则多为卧式列管换热器。

冷凝器（见图 4-44）的作用是将塔顶上升的蒸气进行冷凝，使其成为液体，之后将一部分冷凝液从塔顶回流入塔，以提供塔内下降的液流，使其与上升气流进行逆流传质接触。对于小塔，冷凝器一般安装在塔顶，这样冷凝液可以利用位差而回流入塔。对于大塔（处理量大或塔板数较多时），若冷凝器安装在塔顶部不便于安装、检修和清理，可将冷凝器安装在较低的位置，回流液则用泵输送入塔。

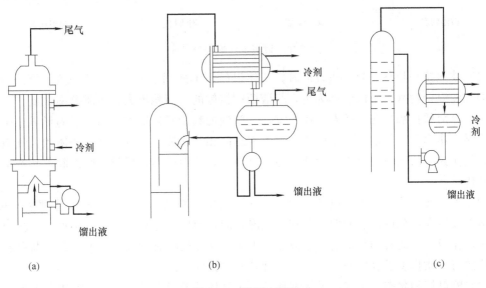

图 4-44　塔顶冷凝器

再沸器（见图 4-45）的作用是将塔内最下面的一块塔板流下的液体进行加热，使其中一部分液体发生汽化变成蒸气而重新回流入塔，以提供塔内上升的气流，从而保证塔板上气、液两相的稳定传质。再沸器一般安装在塔底外部。

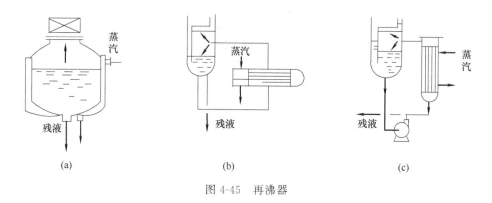

图 4-45 再沸器

想一想

1. 精馏装置的辅助设备主要有哪些?

2. 再沸器的作用是什么?

3. 冷凝器的作用是什么?

四、板式塔上流体流动现象

1. 塔板上气液接触状况

塔板上气液两相的接触状态是决定板上两相流体力学及传质和传热规律的重要因素。如图 4-46 所示,当液体流量一定时,随着气速的增加,可以出现四种不同的接触状态。

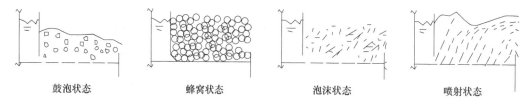

鼓泡状态　　　　蜂窝状态　　　　泡沫状态　　　　喷射状态

图 4-46 塔板上气液接触状况

(1) 鼓泡接触状态　当气速较低时,气体以鼓泡形式通过液层。由于气泡的数量不多,形成的气液混合物基本上以液体为主,气液两相接触的表面积不大,传质效率很低。

(2) 蜂窝状接触状态　随着气速的增加,气泡的数量不断增加。当气泡的形成速率大于气泡的浮升速率时,气泡在液层中累积。气泡之间相互碰撞,形成各种多面体的大气泡,板上为以气体为主的气液混合物。由于气泡不易破裂,表面得不到更新,所以此种状态不利于传热和传质。

(3) 泡沫接触状态　当气速继续增加,气泡数量急剧增加,气泡不断发生碰撞和破裂,此时板上液体大部分以液膜的形式存在于气泡之间,形成一些直径较小、扰动十分剧烈的动态泡沫,在板上只能看到较薄的一层液体。由于泡沫接触状态的表面积大,并不断更新,为两相传热与传质提供了良好的条件,是一种较好的接触状态。

(4) 喷射接触状态　当气速继续增加,由于气体动能很大,把板上的液体向上喷成大小不等的液滴,直径较大的液滴受重力作用又落回到板上,直径较小的液滴被气体带走,形成液沫夹带。此时塔板上的气体为连续相,液体为分散相,两相传质的面积是液滴的外表面。由于液滴回到塔板上又被分散,这种液滴的反复形成和聚集使传质面积大大增加,而且表面不断更新,有利于传质与传热进行,也是一种较好的接触状态。

如上所述，泡沫接触状态和喷射状态均是优良的塔板接触状态。因喷射接触状态的气速高于泡沫接触状态，故喷射接触状态有较大的生产能力，但喷射状态液沫夹带较多，若控制不好，会破坏传质过程，所以多数塔均控制在泡沫接触状态下工作。

⏎》 想一想

塔板上可能出现哪几种气液接触状况？特点是什么？

2. 塔板上的不正常现象

塔板的异常操作现象包括漏液、液泛和液沫夹带等，是使塔板效率降低甚至使操作无法进行的重要因素，因此，应尽量避免这些异常操作现象的出现。

（1）漏液现象　当气速较低时，液体会从塔板上的开孔处下落，这种现象称为漏液。严重漏液会使塔板上无法形成液层，导致分离效率的严重下降。

（2）液沫夹带现象　当气速增大时上升的气流会将较小的液滴带走，或者由于气体通过开孔处的速率较大而使某些液滴被带到上一层塔板的现象，称为液沫夹带。前者与空塔气速有关，后者主要与板间距和板开孔上方的孔速有关。

（3）气泡夹带现象　是指在一定结构的塔板上，因液体流量过大使溢流管内液体的流量过快，导致溢流管中液体所夹带的气泡等不及从管中脱出而被夹带到下一层塔板的现象。

（4）液泛现象

① 夹带液泛　当塔板上液体流量很大，上升气体的速率很高时，大量液体被气体夹带到上一层塔板，使塔板间充满气液混合物，最终使整个塔内都充满液体，这种现象称为夹带液泛。

② 溢流液泛　当降液管通道太小，流动阻力大，或因其他原因使降液管局部地区堵塞而变窄，液体不能顺利地通过降液管下流，使液体在塔板上积累而充满整个板间，这种液泛称为溢流液泛。

液泛使整个塔内的液体不能正常下流，物料大量返混，严重影响塔的操作，在操作中需要特别注意和防止。

⏎》 想一想

塔板上可能有哪些不正常现象？如何判断？如何解决？

【技能训练】　板式塔精馏操作训练

• 训练目标　掌握精馏系统开、停车操作；能对操作参数进行调节控制，能及时地发现、报告并处理系统的异常现象与事故；能进行紧急停车。

课题三　干燥操作技术

【教学目标】

1. 掌握湿空气的性质及其在干燥中的应用。

2. 掌握影响干燥操作的因素。

3. 理解干燥操作过程的条件变化对干燥的影响。

4. 了解各类干燥器结构特点、工作原理。

5. 了解有关干燥的类型、特点及其在工业上的应用。

6. 了解干燥方法选择的依据。

项目一　干燥操作基础

一、物料去湿的方法

在化学工业中，有些固体原料、半成品和成品中含有水分和或其他溶剂（统称为湿分），为了便于储藏、运输、使用或进一步加工，需要除去其中湿分，简称去湿。常用的去湿方法有以下三种。

（1）机械去湿法　即通过沉降、过滤、离心分离等方法除去湿分。这些方法应用于溶剂无需完全除尽的情况，能量消耗较少。

（2）物理化学去湿法　即用吸湿性物料如石灰、无水氯化钙等吸收湿分。因这种方法费用高，故只适用于小批量固体物料的去湿，或用于除去气体中的水分。

（3）供热去湿法　即用加热的方法使水分或其他溶剂汽化，并排除所生成的蒸气，借此来除去固体物料中湿分的操作，又称为固体的干燥。这种方法去湿完全，但能耗较大。

在化工生产中，固体的干燥通常指用热空气、烟道气以及红外线等加热湿固体物料，使其中所含的水分或溶剂汽化而除去，是一种属于热质传递过程的单元操作。干燥操作广泛应用于化工、食品、轻工、纺织、煤炭、农林产品加工和建材等各部门。例如谷物、蔬菜经干燥后可长期贮存；合成树脂干燥后用于加工，可防止塑料制品中出现气泡或云纹；纸张干燥后，便于使用和贮存；制药中中药干燥后，可以增加有效期；还有生物制品中溶菌酶需要干燥，感光胶片需要干燥，石油化工中催化剂需要干燥，化肥厂中尿素需要干燥，食品厂中糖、奶粉需要干燥等。

想一想

1. 什么是干燥操作？试举出我们生活中干燥的例子。

2. 干燥应用在哪些工业生产中？

3. 生产中常用的去除物料中的湿分的方法有哪些？

二、物料中的湿分

物料中所含的湿分可能是纯液体，或是水溶液，一般指的是水分，即和物料没有化学结合的水分。根据水分与物料的结合方式的不同，可以分为吸附水分、毛细管水分和溶胀水分。

根据物料中水分被去除的难易程度，可将物料中的水分分为结合水分和非结合水分。结合水分包括物料细胞壁内的水分、物料内含有固体溶质的溶液中的水分和物料毛细管内的水分。含结合水分的物料称为吸水物料，如木材、粮食、皮革、纤维及其织物、纸张、合成树脂颗粒等。非结合水分包括存在于物料表面的润湿水、孔隙水等物料与水分直接接触时被物料吸收的水分。由于与物料的结合强度小，故易于去除。仅含有非结合水分的物料称为非吸水性物料，如铸造用型砂、各种结晶颗粒等。物料的结晶水为化学结合水，干燥过程一般是不能去除结晶水的。不同结构的水分的结合能大约为 $100\sim3000J/mol$。由于物料和水分的结合形式不同，使排除水分耗费的能量不同，所以干燥所需的热能也不一样。

根据物料在一定的干燥条件下其水分能否用干燥方法除去可分为平衡水分和自由水分。在生活中，常会遇到一些物料在湿度较大的空气中出现"返潮"的现象，而这些返潮的物料在干空气中又会返回其"干燥"状态。不管"返潮"还是"干燥"过程，进行到一定限度后，物料中的含水量必将趋于一定值，这一部分水分不能用干燥的方法除去，即称为在此空气状态下的平衡水分。物料中所含的大于平衡水分的那一部水分可以在干燥过程中从湿物料中去除，称为自由水分。

想一想

1. 物料中的湿分的存在形式有哪些？
2. 物料中的什么水分容易去除？什么水分难于去除？
3. 结合水分与平衡水分有何区别和联系？

三、干燥的实质及必要条件

干燥按传热方式通常分为传导干燥、对流干燥、辐射干燥和介电加热干燥以及上述两种或多种方式组合成的联合干燥。

（1）传导干燥 又称为间接加热干燥，是以传导的方式将热能通过壁面传给湿物料，以使湿物料中的水分汽化的干燥方式。其热能利用率较高，但物料易被过热而变质。

（2）对流干燥 又称为直接加热干燥，载热体（即干燥介质，通常以热空气作为干燥介质）将热能以对流的方式传给与其接触的湿物料，使湿物料水分汽化并被带走。在对流干燥中，热空气的温度易于调节，物料不易过热，但热能的利用率较低。生活中湿衣物的晾晒过程就是一个简单的对流干燥的例子。

（3）辐射干燥 热能以电磁波（即红外线）的形式由辐射器发射到湿物料表面，被湿物料吸收再转变为热能，从而将水分加热汽化而达到干燥的目的。其生产强度较大，产品干燥均匀而洁净，但电能消耗大。

（4）介电加热干燥 又称高频加热干燥，是将湿物料置于高频电场内，由于高频电场的交互作用，使物料内部的极性分子（如水分子）产生振动，依靠其振动产生的能量使物料发热而达到干燥的目的。此法热量利用率较高，但物料易由于过热而变质。

化工生产中以连续操作的对流干燥应用最为普遍，使用的干燥介质可以是不饱和热空气、惰性气体及烟道气，被除去的湿分为水或其他化学溶剂。

生产中干燥过程如图 4-47 所示，当热空气从湿物料表面稳定地流过时，由于空气的温度高，物料的温度低，空气与物料之间存在着传热推动力，空气以对流的方式把热量传递给物料表面，再从表面传到物料内部，表面水分首先被汽化，并不断地被气流带走，而物料的湿含量不断下降。当物料的湿含量下降到平衡水分时，干燥过程结束。由此看出，物料干燥过程实质上存在着传热和传质两个过程，其方向相反。传热过程是指热空气将热量传递

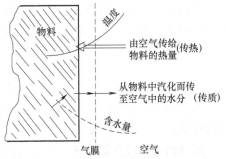

图 4-47 热空气与物料表面
间的传热传质示意图

给物料，用于汽化其中的水分并加热物料；传质过程是指物料中的水分蒸发并迁移到热空气中，使物料水分逐渐降低，从而得到干燥。

所以干燥的必要条件是物料表面的水汽分压必须大于干燥介质中的水汽分压。在其他条件相同的情况下，两者差别越大，干燥操作进行得越快。

⏩ 想一想

1. 干燥按传热方式可分为哪几类？各有什么特点？
2. 干燥过程是如何进行的？其必要条件是什么？
3. 干燥过程是单纯的传质过程吗？为什么？

四、空气的湿度和相对湿度

1. 空气湿度

空气湿度对干燥过程影响较大。如湿空气中含水量越少，物料中的水汽化越快，但随着干燥的进行，湿空气的含水量逐渐增大，物料中的水分汽化速率就会变慢，直到湿空气达到饱和，干燥就不再进行。在此过程中，湿空气中水蒸气的质量不断变化，而干空气的质量是不变的。

空气湿度又称湿含量或绝对湿度，即湿空气中水汽的质量与干空气的质量之比。以符号 H 表示。

$$H = \frac{\text{湿空气中水汽的质量}}{\text{湿空气中绝干空气的质量}} = \frac{n_v M_v}{n_g M_g} \tag{4-31}$$

式中　H——空气的湿度，kg 水气/kg 绝干气；

M——摩尔质量，kg/kmol；

n——物质的量，kmol；

下标 v，g——分别表示水蒸气和绝干气。

对水蒸气-空气系统，空气的湿度又可由下式计算：

$$H = 0.622 \times \frac{p_v}{p - p_v} \tag{4-32}$$

式中　p_v——湿空气中水蒸气的分压，Pa；

p——湿空气的总压，Pa。

2. 相对湿度

湿度只能表示空气中水蒸气含量的绝对值，用相对湿度才能反映湿空气的吸水能力。在一定总压和温度下，湿空气中水汽分压 p_v 与同温度下水的饱和蒸汽分压 p_s 之比的百分数称为相对湿度百分数，简称相对湿度，以 φ 表示。

$$\varphi = \frac{p_v}{p_s} \times 100\% \tag{4-33}$$

当 $p_v = 0$，$\varphi = 0$ 时，表示湿空气中不含水分，为绝干空气，具有较强的吸水能力；

当 $p_v = p_s$，$\varphi = 1$ 时，表示湿空气为水汽所饱和，称为饱和空气，这种湿空气不能用作干燥介质。

所以相对湿度是湿空气中含水气的相对值，说明湿空气偏离饱和空气的程度。若相对湿度处于 0~1 之间，说明湿空气处于未饱和状态。相对湿度越大，越接近饱和状态，湿空气的吸湿能力越差，反之越强。

相对湿度常用干湿球温度计来测定，如图 4-48 所示。

　　（1）干球温度　　用普通温度计直接测得的湿空气的温度，称为湿空气的干球温度，简称温度，以 t 表示。它是湿空气的真实温度。

　　（2）湿球温度　　用湿棉布包扎温度计水银球感温部分，棉布下端浸在水中以维持棉布一直处于润湿状态，这种温度计称为湿球温度计。由于湿棉布水汽分压大于空气中的水汽分压，湿棉布表面的水必须要汽化，水汽向空气主流中扩散。汽化所需的汽化热只能由水分本身温度下降释放出显热而供给。水温下降后，与空气间出现温度差，空气即将因这种温度差而产生的显热传给水分，但水分温度仍要继续下降

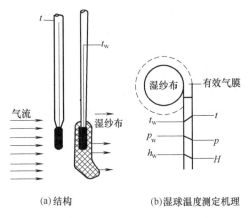

图 4-48　干湿球温度计

放出显热，以弥补汽化水分不足的热量，直至空气传给水分的显热等于水分汽化所需的汽化热时，湿球温度计上的温度维持稳定，这种稳定温度称为该湿空气的湿球温度，以 t_w 表示。

$$t_w = \varphi \ (空气温度、湿度)$$

湿球温度 t_w 不是湿空气的真实温度，它是湿空气温度 t 和湿度 H 的函数。当空气的温度一定时，不饱和湿空气的湿球温度总低于干球温度，空气的湿度越高，湿球温度越接近干球温度，当空气为水汽所饱和时，湿球温度就等于干球温度。在一定总压下，只要测出湿空气的干、湿球温度，就可以算出空气的湿度。应指出，在测湿球温度时，空气的流速应大于5m/s，以减少辐射与导热的影响。

　　3. 湿空气性质对干燥过程的影响

　　相对湿度越低，空气的吸水能力越强，干燥速率越快。所以要不断降低空气的相对湿度，如气流干燥器和沸腾干燥器都要经常保持空气的流动状态，连续不断地将湿度增大的气体排出，以保证干燥器内较低的相对湿度。

　　温度升高，可以降低湿空气的相对湿度。所以在干燥过程中绝大多数干燥器都以热空气作为干燥器的干燥介质，以使干燥速率加快。

⟩⟩ 想一想

　　1. 什么是空气的湿度？如何计算？

　　2. 空气的吸水能力用什么表示？它对干燥过程有什么影响？

　　3. 观察干球温度计和湿球温度计并简述它们的区别。

　　五、干燥速率及影响因素

　　1. 干燥速率

　　干燥速率是指单位时间、单位干燥面积所除去的水分量，以符号 U 表示，单位为 kg/（m² · s）。

　　如用公式表示为

$$U = \frac{W}{A\tau} \tag{4-34}$$

　　式中　U——干燥速率，kg/（m² · s）；

　　　　　W——汽化水分质量，kg；

A——干燥面积，m^2；

τ——干燥所需时间，s 或 h。

2. 干燥速率曲线

干燥速率曲线是指物料干燥速率 U 与物料含水量 X 的关系曲线，其过程可以分为恒速干燥与降速干燥两个阶段。

如图 4-49 所示，AB 段称预热段，时间很短。BC 段为恒速干燥阶段，又可称为表面汽化控制阶段，在这一阶段中物料内部的水分能及时扩散到物料表面，使物料表面始终有一层易于除去的非结合水，即物料内部的水分扩散速率大于表面水分汽化速率。这一阶段干燥速率受空气状态影响，取决于表面水分汽化速率，与物料中所含水分量关系不大。

在图中 C 点，干燥速率由恒速阶段转为降速阶段，此点称为临界点，所对应湿物料的含水量称为临界含水量，用 X_c 表示。

临界含水量与湿物料的性质及干燥条件有关。

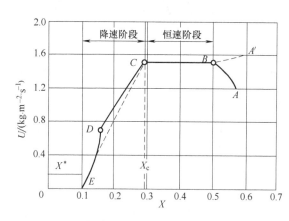

图 4-49 恒定干燥条件下的干燥速率曲线

CDE 段称为降速干燥阶段。随着物料含水量的减少，物料内部的水分扩散速率小于表面水分汽化速率，物料表面湿润程度不断减小，干燥速率下降。此阶段的干燥速率主要取决于物料中水分的性质以及物料的结构、形状和大小，与空气的性质关系不大。E 点的干燥速率为零，所表示的物料含水量 X^* 即为操作条件下的平衡含水量。

综上所述，当物料中的含水量大于临界含水量 X_c 时，属于表面汽化控制阶段，亦即恒速干燥阶段；而当物料含水量小于临界含水量 X_c 时，属于内部扩散控制阶段，即降速阶段。而当达到平衡含水量 X^* 时，则干燥速率为零。实际上，在工业生产中，物料不会被干燥到平衡含水量，而是在临界含水量和平衡含水量之间，这需视产品要求和经济核算而定。临界含水量 X_c 由实验测定。

注意：干燥曲线或干燥速率曲线是在恒定的空气条件下获得的，对指定的物料，空气的温度、湿度不同，速率曲线的位置也不同。

3. 影响干燥速率的因素

（1）物料的含水量　物料的最初、最终以及临界含水量决定干燥各阶段所需时间的长短。

（2）物料的性质与形状　湿物料的物理结构、化学组成、形状和大小，物料层的厚薄及水分的结合方式等都影响干燥速率。纤维类物料具有多孔性，内部水分迁移阻力小，易于干燥块状物料。随尺寸的增大，水分的迁移距离也增大，干燥速率相应减慢。物料结构越致密，干燥越困难。

（3）物料本身的温度　物料的温度越高，则干燥速率越大。但物料的温度与干燥介质的温度和湿度有关。

（4）干燥介质的温度与湿度　干燥介质（空气）的温度越高，湿度越低，则干燥第一阶段的干燥速率越大，但以不损坏物料为原则。温度与相对湿度相比，温度是显著的主导因素。但温度过高会引起物料表层甚至内部的质变，干燥速率也因内部水分来不及扩散而增大甚微，所以温度的提高是有限度的。有些干燥设备采用分段中间加热方式，可以避免过高的介质温度。

（5）干燥介质的流速和流向　在干燥开始阶段，提高气流速率，可加速物料表面的水分汽化蒸发，干燥速率也随之增大，而当干燥进入内部水分汽化阶段则影响不大。介质流动方向垂直于物料表面时的干燥速率比平行时要大。在干燥第二阶段，气速和流向对干燥速率影响很小。

（6）干燥器的结构　以上各因素都和干燥器的结构有关，许多新型的干燥器就是针对着某些因素而设计的。

想一想

1. 什么是干燥速率？其影响因素有哪些？
2. 干燥速率曲线可分哪几个阶段？各有什么特点？

六、干燥流程

干燥流程如图 4-50 所示，空气经过预热器预热，至一定温度后进入干燥器，在干燥器内与加入的湿物料接触，热量以对流的方式由热空气传给湿物料，使湿物料表面的水分汽化成蒸汽，并由空气带出。

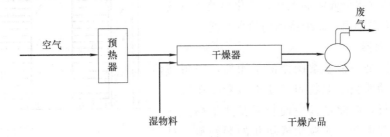

图 4-50　对流干燥流程示意图

干燥流程中湿空气用来干燥前必须经预热器预热以提高温度，这样可以提高空气的焓值，使其作为载热体，同时降低了空气的相对湿度，使其可作为载湿体。

项目二　常用干燥设备

由于干燥是很多产品的生产流程中不可缺少的一个环节，所以干燥设备的合理选型和正确使用是非常重要的，直接影响到产品质量、生产效率、生产成本、能源消耗、人员劳动强度等指标。为保证优化生产、提高效益，对干燥器提出下列要求。

① 能保证产品的工艺要求。
② 干燥速率快，生产能力要大。
③ 干燥器的热效率高。
④ 干燥系统的流体阻力要小。
⑤ 操作控制方便，劳动条件良好，附属设备简单。

通常，干燥器可按加热方式分成如表 4-4 所示的类型。

表 4-4　常用干燥器的分类

类　型	干　燥　器
对流干燥器	厢式干燥器,气流干燥器,沸腾床干燥器,转筒干燥器,喷雾干燥器
传导干燥器	滚筒干燥器,真空盘架式干燥器
辐射干燥器	红外线干燥器
介电加热干燥器	微波干燥器

常用的干燥器有厢式干燥器、气流干燥器、沸腾床干燥器、喷雾干燥器、转筒干燥器、等对流干燥器，介绍如下。

1. 厢式干燥器

厢式干燥器是一种间歇式的干燥器，可以同时用来干燥多种不同的物料，一般为常压操作，也有在真空下操作的。一般小型的厢式干燥器称为烘箱，大型的称为烘房。按气体流动的方式，又可分为并流式、穿流式和真空式。

对流式干燥器的基本结构如图 4-51 所示。厢式干燥器可在真空下操作，称为厢式真空干燥器。这种干燥厢是密封的，将浅盘架制成空心的，加热蒸汽从中通过，干燥时热量以传导方式传给物料，以加热盘中物料，使其所含水分或溶剂汽化，汽化出的水汽或溶剂蒸气用真空泵抽出，以维持厢内的真空度。

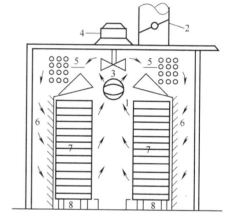

图 4-51　厢式干燥器

1—空气入口；2—空气出口；3—风机；4—电动机；5—加热器；6—挡板；7—盘架；8—移动轮

2. 气流干燥器

气流干燥器是一种连续操作的干燥器，利用高速的热气流吹动粉粒状湿物料，使物料悬浮在气流中并被带动前行，在此过程中使物料受热干燥。气流干燥器可处理泥状、粉粒状或块状的湿物料，对于泥状物料需装设分散器，对于块状物料需附设粉碎机。气流干燥器分直管型、脉冲管型、倒锥型、套管型、环型和旋风型等。

图 4-52 所示为装有粉碎机的直管型气流干燥装置的流程图。

气流干燥器具有以下优点。

① 处理量大，干燥效率高。由于气流速率可高达 $20 \sim 40 m/s$，物料又悬浮于气流中，分散均匀，因此气固间的接触面积大，传热与传质均得到强化。对粒径在 $50 \mu m$ 以下的颗粒，可得到干燥均匀且含水量很低的产品。

② 干燥时间短。物料在干燥器内一般只停留 $0.5 \sim 2s$，故即使干燥介质温度较高，物料温度也不会升得太高。因此，适用于热敏性、易氧化物料的干燥。

③ 设备紧凑，结构简单，占地面积小。

其缺点是：由于干燥管内气速较高，物料颗粒之间、物料颗粒与器壁之间将发生相互摩擦及碰撞，对物料有破碎作用，产品磨损较大，因此气流干燥器不适于易粉碎的物料；还有气流干燥器对除尘设备要求较严，系统的流体阻力较大。

3. 沸腾床干燥器

沸腾床干燥器又称流化床干燥器，它是固体流态化技术在干燥操作中的应用。流化床干燥器种类很多，大致可分为立式和卧式，立式又分为单层和多层。

图 4-53 为单层圆筒流化床干燥器。

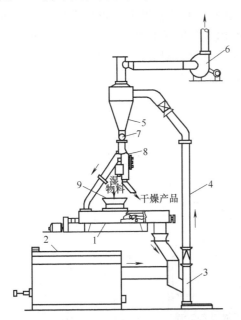

图 4-52　具有粉碎机的气流干燥装置流程图
1—螺旋浆式输送混合器；2—燃烧炉；3—球磨机；4—气
流干燥器；5—旋风分离器；6—风机；7—星式加料器；
8—流动固体物料的分配器；9—加料斗

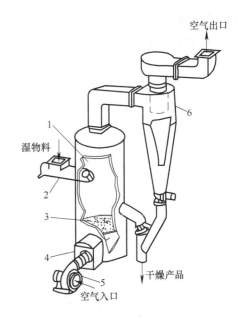

图 4-53　单层圆筒流化床干燥器
1—流化室；2—进料器；3—分布板；
4—加热器；5—风机；6—旋风分离器

流化床干燥器结构简单，造价低，活动部件少，操作维修方便。特别适用于处理颗粒状物料，粒径最好在 $30\mu m \sim 6mm$ 之间。因为粒径过小会使气体通过分布板后产生局部沟流，且颗粒易被夹带；粒径过大则流化需要较高的气速，从而使流体阻力加大，磨损严重。与气流干燥器相比，流化床干燥器的流体阻力相对较小，对物料的磨损较轻，气固分离较易，热效率较高（对非结合水的干燥为 $60\% \sim 80\%$，对结合水的干燥为 $30\% \sim 50\%$）。流化干燥与气流干燥一样，具有较高的热质传递速率，体积传热系数可高达 $2300 \sim 7000 W/(m^3 \cdot ℃)$。

物料在干燥器中停留时间可自由调节，因此可以得到含水量很低的产品。当物料干燥过程存在降速阶段时，采用流化床干燥较为有利。另外，当干燥大颗粒物料且不适于采用气流干燥器时，若采用流化床干燥器，则可通过调节风速来完成干燥操作。

4. 喷雾干燥器

喷雾干燥器是将含水量达 $75\% \sim 80\%$ 以上的溶液、浆液或悬浮液通过喷雾器形成细雾滴并分散于热气流中，使水分迅速汽化而达到干燥的目的。

对喷雾器的一般要求为：形成的雾粒均匀，结构简单，生产能力大，能量消耗低及操作容易等。常用的喷雾器有：压力式喷雾器、旋转式喷雾器和气流式喷雾器三种基本类型。

物料与气流在干燥器中的流向分为并流、逆流和混合流三种。每种流向又可分为直线流动和螺旋流动。对于易黏壁的物料，宜采用直线流的并流，液滴随高速气流直行而下，不易黏附于器壁，但雾滴在干燥器中的停留时间相对较短；螺旋形流动时物料在器内的停留时间较长，但由于离心力的作用将粒子甩向器壁，因而增加了物料黏壁的机会。逆流时物料在器内的停留时间也较长，所以适宜用于干燥颗粒较大或较难干燥的物料，但不适用于热敏性物料。

常用的喷雾干燥流程如图 4-54 所示。喷雾干燥的优点是干燥速率快、时间短，尤其适用于热敏物料的干燥；可连续操作，产品质量稳定；干燥过程中无粉尘飞扬，劳动条件较好；对于低浓度溶液，用其他方法难于干燥，而用喷雾干燥不需要蒸发、结晶、机械分离及粉碎等操作，可由料液直接获得干燥产品。其缺点是对不耐高温的物料体积传热系数较低，所需干燥器的设备体积大；单位产品耗热量及能量消耗大。

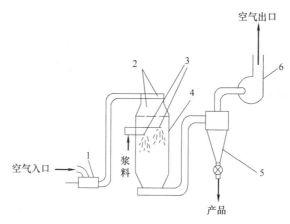

图 4-54　喷雾干燥设备流程

1—燃烧炉；2—空气分布器；3—压力式喷嘴；4—干燥塔；5—旋风分离器；6—风机

5. 转筒干燥器

转筒干燥器的主体一般是一个略微倾斜的旋转圆筒。物料从较高一端进入干燥器，热空气与物料可以呈并流或逆流流动。并流时，入口处湿物料与高温、低湿的热气体相遇，干燥速率最大，沿着物料的移动方向干燥速率逐渐减小，至出口时为最小，因此，并流操作适用于含水量较高且允许快速干燥、不能耐高温及吸水性较小的物料；而逆流时干燥器内各段干燥速率相差不大，适用于不允许快速干燥而产品能耐高温的物料。干燥器内空气与物料间的流向除逆流外，还可采用并流或并逆流相结合的操作。

图 4-55 所示的为用热空气直接加热的逆流操作转筒干燥器，其主体为一个略微倾斜的

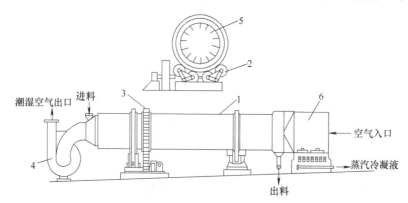

图 4-55　热空气直接加热的逆流操作转筒干燥器

1—圆筒；2—支架；3—驱动齿轮；4—风机；5—抄板；6—蒸汽加热器

旋转圆筒。湿物料从转筒较高的一端送入，热空气由另一端进入，气固在转筒内逆流接触。随着转筒的旋转，由于圆筒是倾斜的，物料在重力作用下流向较低的一端。通常转筒内壁上装有若干块抄板，其作用是将物料抄起到一定高度后再洒下，与空气密切接触，以增大干燥表面积，提高干燥速率，同时还促使物料向前运行。当转筒旋转一周时，物料被抄起和洒下一次，物料前进的距离等于其落下的高度乘以转筒的倾斜率。抄板的形式多种多样，如图4-56所示。同一回转筒内可采用不同的抄板，如前半部分可采用结构较简单的抄板，后半部分可采用结构较复杂的抄板。

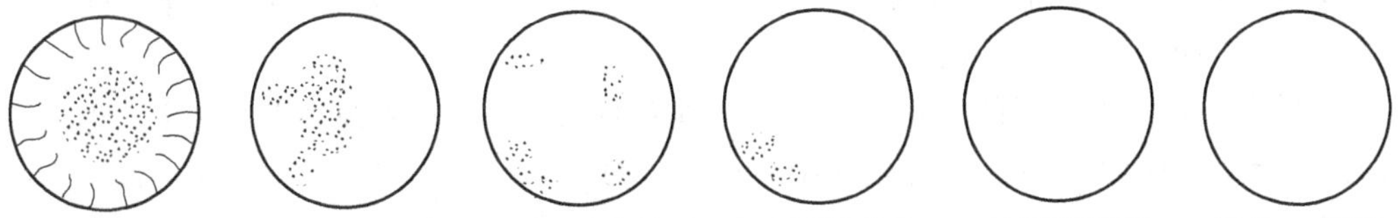

(a) 最普遍使用的形式,利用抄板将颗粒状物料扬起,而后自由落下　(b) 弧形抄板没有死角,适于容易黏附的物料　(c) 将回转圆筒的截面分割成几个部分,每回转一次可形成几个下泻物流,物料约占回转筒容积的15%　(d) 物料与热风之间的接触比c更好　(e) 适用于易破碎的脆性物料,物料占回转筒容积的25%　(f) 为c、d结构的进一步改进,适用于大型装置

图 4-56　抄板

为了减少粉尘的飞扬，气体在干燥器内的速率不宜过高。如对粒径为1mm左右的物料，气流速率可为0.3~1.0m/s；对粒径为5mm左右的物料，气速应在3m/s以下。有时为防止转筒中粉尘外流，也可采用真空操作。

转筒干燥器的优点是机械化程度高，生产能力大，流体阻力小，生产过程容易控制，产品质量均匀。此外，转筒干燥器对物料的适应性较强，不仅适用于处理散粒状物料，而且当处理黏性膏状物料或含水量较高的物料时，只需在其中掺入部分干料以降低黏性，或在转筒外壁安装敲打器械以防止物料黏壁即可。

缺点是设备结构复杂，占地面积大；传动部分需要经常维修；生产强度低（与气流和流化干燥比较）；设备笨重，金属材料耗量多，热效率低。

想一想

请于课下查找干燥设备的技术新进展，并在课堂上简述。

项目三　干燥的操作与维护要点

工业生产中的对流干燥，所采用的干燥介质不同，所干燥的物料多种多样，且干燥设备类型很多，干燥机理复杂，干燥操作中要注意控制和调节工艺条件，确保以最佳的工艺条件进行操作，才能完成干燥项目，同时做到优质、高产、低耗。在此仅介绍对干燥过程进行调节和控制的一般原则。

对于一个特定的干燥过程，干燥器一定，干燥介质一定，同时湿物料的含水量、水分性质、温度以及要求的干燥质量也一定。所以能调节的参数只有干燥介质的流量、进出干燥器时的温度以及出干燥器时废气的湿度。但这4个参数是相互制约的，即在对流干燥操作中只有两个参数可以作为自变量而加以调节。在实际操作中，主要调节的参数是进入干燥器的干燥介质的温度和流量。

（1）干燥介质的进口温度和流量的调节　即使是同一物料，在不同类型的干燥器中干燥时，其允许的介质进口温度都不同。为强化干燥过程，提高其经济性，干燥介质预热后的温度应尽可能高一些，但要注意保持在物料允许的最高温度范围内，以避免物料发生质变。例如，在厢式干燥器中，由于物料静止，加热介质只与物料表面直接接触，这样容易造成过热，因此应控制加热介质的进口温度不能太高；而在转筒干燥器、气流干燥器、沸腾床干燥器等干燥器中，由于物料在不断翻动，所以表面更新快，干燥过程较均匀、速率快、时间短，因此介质的进口温度可较高。

虽然可以通过增加空气的流量来增加干燥过程的推动力，从而提高干燥速率，但增加空气流量不但要增加动力消耗，还会使热损失增加，热量利用率下降，另外气速的增加会造成产品回收负荷增加。所以要综合考虑温度和流量的影响，合理选择工艺条件。

（2）干燥介质的出口温度和湿度　如果增加干燥介质的出口温度，则干燥后产生的废气带走的热量增多，热损失增大；但是如果干燥介质的出口温度太低（达到露点），则废气由于含有相当多的水汽，就可能在出口处或后面的设备中析出水滴，这将破坏正常的干燥操作。实践证明，对于气流干燥器，为了避免干燥产品的返潮或造成设备的堵塞和腐蚀，一般要求介质的出口温度较物料的出口温度高 $10\sim30℃$，或较其进口时的绝热饱和温度高 $20\sim50℃$。

如果增加干燥介质出口时的相对湿度，则可使一定量的干燥介质带走的水汽量增加，降低操作费用。但相对湿度增加，会导致过程推动力减小，完成相同干燥项目所需的干燥时间增加或干燥器尺寸增大，可能使总的费用增加。因此，必须全面考虑，并根据具体情况分别对待。对气流干燥器，一般控制出口介质中的水汽分压低于出口物料表面水汽分压的 50%，这是由于物料在设备内的停留时间短，为完成干燥项目，要求有较大的推动力以提高干燥速率；对转筒干燥器，则出口介质中的水汽分压可高一些，可达与之接触的物料表面水汽分压的 $50\%\sim80\%$。

干燥介质的最佳出口温度和湿度应通过操作实践来确定，并根据生产情况及时进行调节。生产上控制、调节介质的出口温度和湿度主要是通过控制、调节介质的预热温度和流量来实现的。

在废气需要循环使用的干燥装置中，通常将循环的废气与新鲜空气混合后，先进入预热器加热，再送入干燥器，以提高传热和传质系数，减少热损失，提高热能的利用率。但循环废气的加入增加了进入干燥器的空气湿度，使过程的传质推动力下降。因此，采用循环废气操作时，应根据生产情况适当地调节循环比。

总之，干燥操作的目的是将物料中的含水量降至规定的指标以下，且不出现龟裂、焦化、变色、氧化和分解等物理和化学性质上的变化，而且干燥过程的经济性主要取决于热能消耗及热能的利用率。因此，生产中应从实际出发，综合考虑，选择适宜的操作条件，以达到优质、高产、低耗的目标。

▷〉 **想一想**

干燥操作应如何控制和调节？

【技能训练】 干燥操作训练

• 训练目标 了解气流常压干燥设备的基本流程和工作原理，掌握干燥操作方法。

课题四 吸附操作技术

【教学目标】

1. 了解有关吸附的概念及其在工业上的应用。
2. 掌握吸附原理及常用吸附剂。
3. 了解各类吸附流程。
4. 了解吸附及再生。

项目一 吸附操作基础

人们很早就发现并利用了吸附现象，如生活中用木炭脱湿和除臭等。随着新型吸附剂的开发及吸附分离工艺条件等方面的研究，吸附操作在化工、轻工、炼油、冶金和环保等领域都有着广泛的应用。如在喷漆工业中常有大量的有机溶剂逸出，采用活性炭处理排放的气体，既减少环境的污染，又可回收有价值的溶剂；纯氮、纯氧的制取；分离某些精馏难以分离的物系，如烷烃、烯烃、芳香烃馏分的分离；废气和废水的处理，如从高炉废气中回收一氧化碳和二氧化碳，从炼厂废水中脱除酚等有害物质。

一、吸附原理

当流体与多孔固体接触时，流体中某一组分或多个组分在固体表面处产生积蓄，此现象称为吸附。吸附也指物质（主要是固体物质）表面吸住周围介质（液体或气体）中的分子或离子的现象。利用某些多孔固体有选择地吸附流体中的一个或几个组分，从而使混合物分离的方法，称为吸附操作，它是分离纯净气体和液体混合物的重要单元操作之一。其中被吸附的物质称为吸附质，固体物质称为吸附剂。

吸附也属于一种传质过程，物质内部的分子和周围分子有互相吸引的引力，但物质表面的分子，其中相对物质外部的作用力没有充分发挥，所以液体或固体物质的表面可以吸附其他的液体或气体，尤其是表面面积很大的情况下，这种吸附力能产生很大的作用，所以工业上经常利用大面积的物质进行吸附，如活性炭、水膜等。

吸附可分为物理吸附、化学吸附和生物吸附等。如果吸附剂与被吸附物质之间是通过分子间引力（即范德瓦尔斯力）而产生吸附，称为物理吸附；如果吸附剂与被吸附物质之间产生化学作用，生成化学键引起吸附，称为化学吸附。物理吸附的过程是可逆的，吸附和解吸的速率都很快；化学吸附选择性较强。物理吸附和化学吸附并非不相容的，而且随着条件的变化可以相伴发生，但在一个系统中可能某一种吸附是主要的。在污水处理中，多数情况下，往往是几种吸附综合的结果。另外，在生物作用下也可以产生吸附。

▷ **想一想**

1. 从日常生活中举例说明吸附现象。

2. 吸附原理是什么？

3. 什么是物理吸附、化学吸附和生物吸附？

二、常用吸附剂

通常固体都具有一定的吸附能力，但只有具有很高选择性和很大吸附容量的固体才能作为工业吸附剂。

吸附剂可按孔径大小、颗粒形状、化学成分、表面极性等分类，如粗孔和细孔吸附剂、粉状、粒状、条状吸附剂，碳质和氧化物吸附剂，极性和非极性吸附剂等。

吸附剂的性能对吸附分离操作的技术经济指标起着决定性的作用，吸附操作时吸附剂的选择是非常重要的一环，一般选择原则如下。

① 具有较大的平衡吸附量。一般比表面积大的吸附剂，其吸附能力强。

② 具有良好的吸附能力和选择性。

③ 容易解吸，即平衡吸附量与温度或压力具有较敏感的关系。

④ 有一定的机械强度和耐磨性，性能稳定，床层压降较低，价格便宜等。

吸附剂一般也分为有机物和无机物两类。有机物类如小麦胚粉、脱脂的玉米胚粉、玉米芯碎片、粗麸皮、大豆细粉以及吸水性强的谷物类等。无机物类则包括二氧化硅、蛭石、硅酸钙等。最具代表性的吸附剂是活性炭，吸附性能相当好，但是成本比较高。其次还有分子筛、硅胶、活性铝、聚合物吸附剂和生物吸附剂等。

1. 硅胶

硅胶是一种坚硬、无定形链状和网状结构的硅酸聚合物颗粒，分子式为 $SiO_2 \cdot nH_2O$，为一种亲水性的极性吸附剂。有天然的，也有人工合成的。天然的又称硅藻土。人工合成的称为硅胶，它是用硫酸处理硅酸钠的水溶液，生成凝胶，并将其水洗除去硫酸钠后经干燥，便得到玻璃状的硅胶，它主要用于气体干燥、气体吸收、液体脱水制备色谱和催化剂等。工业上用的硅胶分成粗孔和细孔两种。粗孔硅胶在相对湿度饱和的条件下吸附量可达吸附剂重量的 80% 以上，而在低湿度条件下吸附量大大低于细孔硅胶。

2. 活性炭

活性炭具有多孔结构、很大的比表面积和非极性表面，是疏水性和亲有机物的吸附剂。它是将木炭、果壳、煤等含碳原料经炭化、活化后制成的。其吸附性能取决于原始成炭物质及炭化活化等操作条件。活化方法可分为两大类，即药剂活化法和气体活化法。药剂活化法是在原料里加入氯化锌、硫化钾等化学药品，在非活性气氛中加热进行炭化和活化。气体活化法是把活性炭原料在非活性气氛中加热，通常在 700℃ 以下除去挥发组分以后，通入水蒸气、二氧化碳、烟道气、空气等，并在 700～1200℃ 温度范围内进行反应，使其活化。

在生产中应用的活性炭种类很多。一般都制成粉末状或颗粒状。粉末状的活性炭吸附能力强，制备容易，价格较低，但再生困难，一般不能重复使用。颗粒状的活性炭价格较贵，但可再生后重复使用，并且使用时的劳动条件较好，操作管理方便。因此在水处理中较多采用颗粒状活性炭。

再生是在吸附剂本身的结构基本不发生变化的情况下，用某种方法将吸附质从吸附剂微孔中除去，恢复它的吸附能力。活性炭的再生方法主要有加热再生法和化学再生法。湿式氧化法也是化学再生法，主要用于再生粉末状活性炭。

3. 活性氧化铝

活性氧化铝是由铝的水合物加热脱水制成，是一种极性吸附剂。由于它的毛细孔通道表面具有较高的活性，故又称活性氧化铝。一般都不是纯粹的 Al_2O_3，而是部分水合无定形的多孔结构物质，其中不仅有无定形的凝胶，还有氢氧化物的晶体。它对水有较强的亲和力，是一种对微量水深度干燥用的吸附剂。

4. 沸石分子筛

沸石分子筛又称合成沸石或分子筛，目前分子筛的制造主要采用水热合成法，其次是碱处理法。沸石分子筛是一种硅铝酸金属盐的晶体，它的特点是有相当均匀的孔径，其晶格中有许多大小相同的空穴，可包藏被吸附的分子，空穴之间又由许多直径相同的孔道相连。因此，分子筛能使比其孔道直径小的分子通过微孔孔口进入孔穴内，吸附于孔穴表面，并在一定条件下解吸放出，而比孔径大的物质分子则排斥在外面，从而把分子直径大小不同的混合物分离开来，起到了筛选分子的作用，分子筛由此而得名。

沸石分子筛已广泛用于气体吸附分离、气体和液体干燥以及正异烷烃的分离。

5. 碳分子筛

实际上也是一种活性炭，它与一般碳质吸附剂的不同之处在于其微孔孔径均匀地分布在一个狭窄的范围内，微孔孔径大小与被分离的气体分子直径相当，微孔的比表面积一般占碳分子筛所有表面积的 90% 以上。碳分子筛的孔结构主要分布形式为：大孔直径与碳粒的外表面相通，过渡孔从大孔分支出来，微孔又从过渡孔分支出来。在分离过程中，大孔主要起运输通道的作用，微孔则起分子筛的作用。

6. 腐植酸类吸附剂

腐植酸类物质能吸附工业废水中的许多金属离子，如汞、铬、锌、镉、铅、铜等。用作吸附剂的腐植酸类物质主要有天然的富含腐植酸的风化煤、泥煤、褐煤等，它们可以直接使用或经简单处理后使用；还可以将富含腐植酸的物质用适当的黏合剂制备成腐植酸系树脂。

腐植酸类物质在吸附重金属离子后，可以用 H_2SO_4、HCl、$NaCl$ 等进行解吸。目前，这方面的应用还处于试验和研究阶段。

想一想

1. 如何选择吸附剂？

2. 常用吸附剂有哪几种？各有什么特点？

三、影响吸附的因素

吸附能力和吸附速率是衡量吸附过程的主要指标。固体吸附剂吸附能力的大小可用吸附量来衡量。吸附速率是指单位质量吸附剂在单位时间内所吸附的物质量。在水处理中，吸附速率决定了污水需要与吸附剂接触的时间。吸附速率快，所需的接触时间就短，吸附设备的容积就小；反之亦然。

多孔性吸附剂的吸附过程基本上可分为三个阶段：颗粒外部扩散阶段，即吸附质从溶液中扩散到吸附剂表面；孔隙扩散阶段，即吸附质在吸附剂孔隙中继续向吸附点扩散；吸附反应阶段，吸附质被吸附在吸附剂孔隙内的吸附点表面。一般吸附速率主要取决于外部扩散速率和孔隙扩散速率。

颗粒外部扩散速率与溶液浓度成正比，也与吸附剂的比表面积的大小成正比。因此吸附剂颗粒直径越小，外部扩散速率越快。同时，增加溶液与颗粒间的相对运动速率，也可以提高外部扩散速率。

孔隙扩散速率与吸附剂孔隙的大小和结构、吸附质颗粒的大小和结构等因素有关。一般地，吸附剂颗粒越小，孔隙扩散速率越快。

吸附剂和吸附质的物理化学性质以及吸附过程的操作条件（温度、压力和两相接触状况）和两相组成等对吸附过程影响很大。一般极性分子（或离子）型的吸附剂容易吸附极性分子（或离子）型的吸附质，非极性分子型的吸附剂容易吸附非极性的吸附质。同时，吸附质的溶解度越低，越容易被吸附。吸附质的浓度增加，吸附量也随之增加。

污水的 pH 值对吸附也有影响，活性炭一般在酸性条件下比在碱性条件下有较高的吸附量。吸附反应通常是放热反应，因此温度低对吸附反应有利。

想一想

影响吸附的因素有哪些？

项目二　吸附流程

工业吸附过程包括两个步骤：吸附操作和吸附剂的脱附与再生操作。有时不用回收吸附质与吸附剂，则不需再生，只需更换新的吸附剂。但在大多数工业吸附装置中，都要考虑吸附剂的再生问题。

由吸附平衡的吸附等温线知道，加压降温有利于吸附质的吸附，降压加温有利于吸附质的解吸或吸附剂的再生。即在同一温度下，吸附质在吸附剂上的吸附量随吸附质的分压上升而增加；而在同一吸附质分压下，吸附质在吸附剂上的吸附量随吸附温度上升而减少。工业上将吸附分离循环过程分成变压吸附和变温吸附循环，如图 4-57 所示，图中横坐标为吸附质的分压，纵坐标为单位吸附剂的吸附量。

1. 变温吸附循环

变温吸附循环是利用温度变化来完成循环操作的，即在较低温度下进行吸附，在较高温度下脱附，如图 4-58 所示。变温吸附只适用于原料气中杂质组分含量低而要求有较高的产品回收率的场合，如气体干燥、原料气净化、废气中脱除或回收低浓度溶剂，以及应用于环保中的废气、废液处理等。

变温吸附过程可分为吸附、加热再生和冷吹三个步骤。其过程是在两条不同温度的等温吸附线之

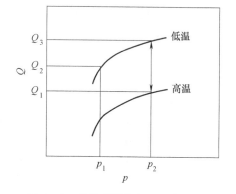

图 4-57　变压吸附和变温吸附概念

间上下移动以进行吸附和解吸的，它是最早实现工业化的循环吸附工艺。

2. 变压吸附循环

变压吸附循环是利用压力的变化完成循环操作的，即在较高压力下进行吸附，在较低压力下（降低系统压力或抽真空）使吸附质脱附出来，如图 4-59 所示。

变压吸附循环技术广泛应用于气体分离和纯化领域中，如从合成氨弛放气回收氢气、从含一氧化碳混合气中提纯一氧化碳、合成氨变换气脱碳、天然气净化、空气分离制富氧、空气分离制纯氮、从富含乙烯的混合气中浓缩乙烯等。

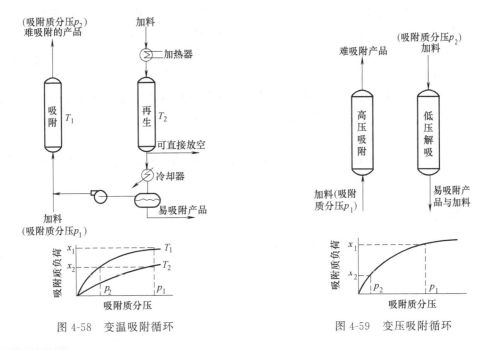

图 4-58　变温吸附循环　　　　　　图 4-59　变压吸附循环

> **想一想**
>
> 工业上将吸附分离循环过程分为哪几类？各有什么特点？

项目三　吸附操作再生方法

当吸附进行一定时间后吸附剂的表面就会被吸附物覆盖，使吸附能力急剧下降，此时就需使吸附剂再生。通常工业上采用的再生方法有下列几种。

（1）降低压力　吸附过程与气相的压力有关。压力高，吸附进行得快，脱附进行得慢。当压力降低时，脱附变快。所以操作压力降低后，被吸附的物质就会脱离吸附剂表面返回气相。降压是指降低吸附床总压。吸附床在较高的压力下完成了吸附操作，然后降到较低的压力（通常接近大气压），这时一部分被吸附组分解吸出来。将吸附床压力降到大气压后，为了进一步减小吸附组分的分压，可用抽空的方法来降低吸附床压力，以得到更好的再生效果，但这种方法要使用真空泵，增加了动力消耗。在变换气脱碳、提纯 CO、提纯 CO_2、浓缩乙烯等变压吸附工艺中采用这种再生方法。

（2）升高温度　吸附为放热过程。从热力学观点可知，温度降低有利于吸附，温度升高有利于脱附。这是因为分子的动能随温度的升高而增加，使吸附在固体表面上的分子不稳定，不易被吸附剂表面的分子吸引力控制，也就越容易逸入气相中去。工业上利用这一原理，提高吸附剂的温度，使被吸附物脱附。加热的方法有两种：一种是用内盘管间接加热；另一种是用吸附质的热蒸气返回床层直接加热。两种方法也可联合使用。显然，吸附床层的传热速率也就决定了脱附速率。

（3）置换脱附　向床层中通入另一种流体，当该流体被吸附剂吸附的程度较吸附质弱时，通入的流体就将吸附质置换与吹扫出来，这种流体称为脱附剂。脱附剂与吸附质的吸附性能越接近，则脱附剂用量越省。脱附剂被吸附的能力越强，则吸附质脱附就越彻底。如果通入的脱附剂被吸附程度比吸附质强时，则纯属置换脱附，否则就兼有吹扫作用。这种脱附剂置换脱附的方法特别适用于热敏性物质。当然，采用置换脱附时，还需将脱附剂进行脱附。

（4）通气吹扫　将吸附剂不吸附或基本不吸附的气体通入吸附剂床层进行吹扫，以降低吸附剂上的吸附质分压，从而达到脱附。当吹扫气的量一定时，脱附物质的量取决于该操作温度和总压下的平衡关系。

在工业上常是根据情况将上述各方法综合使用，特别是经常把降压、升温和通气吹扫联合使用，以达到吸附剂再生的目的。

⊅⟫ 想一想

吸附脱附操作和吸收脱附操作有什么相似之处？

第五单元　单元反应器

【教学目标】

1. 掌握单元反应的分类和技术指标。
2. 掌握釜式、塔式、管式、固定床、流化床反应器的基本结构。
3. 了解化学反应器选择指标。
4. 了解釜式、塔式、管式、固定床、流化床反应器的特点及正常操作。

项目一　认识单元反应

一、单元反应的分类

单元反应是化工生产中的核心步骤，单元反应器为化学反应物提供了必要的反应条件和充分的反应空间，是使反应向着目标产物方向进行的保证，在化工生产中具有举足轻重的地位。单元反应是指具有化学变化特点的基本加工过程，即反应过程。反应过程是化工生产过程的中心环节，既有化学反应，使原物质的结构发生变化生成新的物质，又有传递过程，使物质的热量和质量进行扩散，改变了反应器内各处的温度和浓度，从而影响到反应结果。

由于物系相态不同，反应规律和传递规律也有显著的差别。单元反应按相态可分为均相反应和非均相反应。均相反应可分为气相反应和液相反应；非均相反应可分为气-固反应、气-液反应、液-液反应、液-固反应和气-液-固反应。

按是否使用催化剂可分为催化反应和非催化反应；按操作压力可分为等压反应、加压反应和减压反应；按操作温度可分为等温反应和变温反应；按操作方式分为间歇操作、连续操作和半间歇操作；按化学反应的类型可分为氧化反应、加氢反应、还原反应、脱氢反应等。

二、单元反应过程的技术指标

在化工生产过程中，总希望消耗最少的原料、动力而生产出最多的优质产品，为了说明生产中某一反应系统中原料的变化情况和消耗情况，需要引用一些常用的指标进行评价。

1. 转化率

转化率是表示进入单元反应器内的原料与参加反应的原料之间的数量关系。转化率越大，说明参加反应的原料量越多，转化程度越高。由于进行反应器的原料一般不会全部参加反应，所以转化率的数值小于1。

$$转化率 = \frac{过程中参加反应的反应物量}{进入过程的反应物总量} \times 100\%$$

2. 产率（或选择性）

产率表示参加主反应的原料量与参加反应的原料量之间的数量关系。即参加反应的原料有一部分被副反应消耗掉了，而没有生成目的产物。因此常用的产率是指理论上的值。产率越高，说明参加反应的原料生成的目的产物越多。

$$产率 = \frac{生成目的产物所消耗的原料量}{参加反应的原料量} \times 100\%$$

3. 收率

表示进入反应器的原料与生成目的产物所消耗的原料之间的数量关系。收率越高，说明进入反应器的原料中消耗在生产目的产物上的数量越多。

$$总收率 = \frac{生成目的产物所消耗的原料量}{新鲜原料量} \times 100\%$$

4. 生产能力

生产能力是指一个设备、一个车间、一套装置或一个工厂在单位时间内生产的产品量或在单位时间内处理的原料量，其单位为 kg/h、t/d、kt/a 等。

5. 消耗定额

消耗定额是指生产单位产品所消耗的原料量及辅助材料（水、电、燃料、蒸汽等），即每生产 1 吨 100% 的产品所需要的原料数量或辅助材料的数量。

$$消耗定额 = \frac{原料量}{产品量}$$

消耗定额的高低说明生产工艺水平的高低和操作技术水平的好坏。生产中应选择先进的工艺技术，严格控制各操作条件，才能达到高产、低耗，实现较低的消耗定额的目的。

6. 空间速度

空间速度简称空速，指单位时间、单位体积催化剂所通过的标准状态下反应器气体的体积。其单位是 $m^3/(m^3 \ 催化剂 \cdot h)$。用来表示反应器的生产能力，即空速越高，单位体积催化剂处理能力越大，生产能力就越大。

7. 接触时间

接触时间又称停留时间，是指反应气体与催化剂的接触时间。是空速的倒数，也常用来表示反应器的生产能力。如接触时间为 3s，表示每 3s 所处理的原料体积与反应器的体积相等。因此，当进料体积流量一定时，接触时间越小，反应器的生产能力越大。

空间速度、接触时间与反应物的转化率、主产物的产率、收率、生产能力有着密切的联系。空间速度增大、接触时间缩短，反应物转化率降低，副反应减少，主反应物的产率相对增加，收率和生产能力呈峰形变化。

 练一练

请填写下表。

名　　称	定　　义	公　　式
转化率		
收率		
产率		
生产能力		
消耗定额		
空间速度		
接触时间		

⚡》 **想一想**

1. 单元反应和单元反应器在化学工业中的作用是什么?
2. 请简单描述一下单元反应的分类。

项目二 认识单元反应器

一、单元反应器的基本类型

单元反应器的分类方法很多,常见的有以下几种。

1. 按物料的聚散状态分

可分为均相反应器和非均相反应器。均相反应器内的物质都处于一个相,包括原料、催化剂、溶剂等,反应过程无相界面,反应速率只与温度、浓度(压力)有关,不用考虑物料的混合问题。非均相反应器的物质处于两个或两个以上的相,反应过程有相界面,反应速率不仅受温度、压力、浓度的影响,还要受相间传递速率和相间接触面积的影响,主要包括气-液相反应器、液-液相反应器、气-固相反应器、液-固相反应器和气-液-固相反应器。

2. 按反应器的结构分

可分为釜式(槽式)反应器、管式反应器、塔式反应器、固定床反应器、流化床反应器、移动床反应器等。如图 5-1 所示。各类反应器的特点及适用范围见表 5-1。

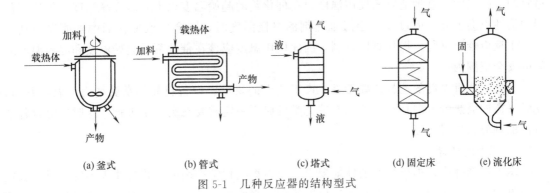

(a)釜式 (b)管式 (c)塔式 (d)固定床 (e)流化床

图 5-1 几种反应器的结构型式

表 5-1 各类反应器的特点及适用范围

形　式	特　点	适用范围
釜式反应器	适应性强,操作弹性大,温度、压力、浓度容易控制,产品质量均一	液-液相、液-固相
管式反应器	返混小,体积小,比传热面积大	气相、液相
塔式反应器	结构简单,返混小,操作易控制	气-液相、液-液相
固定床反应器	返混小,催化剂不易磨损,高转化率时催化剂用量少。缺点是温度不好控制,催化剂装卸麻烦	气-固相
流化床反应器	传热效果好,温度均匀,易控制,催化剂磨损大,返混大,操作条件受限制	气-固相
移动床反应器	返混小,固体粒子传送容易,床内温差较大,不易调节	气-固相
滴流床反应器	易分离,气液分布均匀,催化剂带出较少,温度调节困难	气-液-固相

3. 按操作方式分

可分为间歇（或称分批）式操作、半连续（或称半分批）式操作和连续式操作。

间歇式操作时反应物料是一次性加入反应器的，在一定条件下，经过一定的反应时间，达到所要求的反应程度时取出全部物料的生产过程。在整个反应过程中，既无物料的输入，也无物料的输出，反应器内物料的组成随时间而变。适用于小批量、多品种的生产过程。

半连续（或称半分批）式操作是反应物料与产物其中一种为连续输入或输出，其余为分批次加入或取出的生产过程。属于非定态过程，反应器内物料组成既随时间而变，也随反应器内位置而变。

连续式操作是连续加入反应物料和取出产物的生产过程。属定态过程，反应器内物料组成不随时间而改变，随反应器内的位置而变化。适用于大规模生产过程，具有产品质量稳定、便于实现机械化和自动化等优点。

二、单元反应过程中工艺条件的选择

化工生产过程的核心是单元反应即化学反应，影响化学反应的因素很多。由于原料一般都不可能全部转化为主产物，生产中常将转化率控制在一定范围内，再将未反应的原料分离加以回收利用，因此要实现最少的原料消耗得到最多的主产物，必须分析影响工艺过程的基本因素，选择和确定最佳的工艺操作条件，实现化工生产的最佳效果。

1. 温度的选择

温度的选择应根据所用催化剂的使用条件、活性温度范围以及温度影响化学平衡的变化规律来确定。由于催化剂只有在温度达到活性起始温度以上才能达到催化效果，因此要选择适宜的反应温度，这种适宜的反应温度要在催化剂的起始温度以上。若提高温度，虽然催化剂的活性也会上升，但过高而超过催化剂的终极温度时，则会导致催化剂中毒而失去其活性，主反应难以进行，操作难以控制。因此操作温度应该在催化剂的起始温度和终极温度之间的安全范围内。

另外，适宜温度的选择还要考虑生产工艺上的要求、设备材质的承受能力。温度升高，化学平衡向吸热的方向移动，因此有些化学反应不一定需要在高温下进行，这时要综合各个方面的利弊来选择温度。

2. 压力的选择

压力的选择应根据催化剂的性能要求、压力影响化学平衡的变化规律来确定。对于有气相参见的反应，压力的提高缩小了气体的体积，当原料的处理量一定时，就可以相应减小管道和反应设备的体积，当生产装置一定时，就可以加大处理量，提高设备的生产能力。但压力的提高对设备的材质提出了更高的要求，同时增加了设备的造价、能量的消耗等，也加大了爆炸发生的范围。

在生产工艺上，提高压力可以使化学平衡向体积减小的方向移动。所以选择压力时关键要看化学反应的特点。

3. 原料配比的选择

原料配比是指化学反应有两种或两种以上的原料时的摩尔分数。原料配比的选择主要是根据反应物的性能、催化剂的性能、化学反应特点及经济核算等综合因素的分析后确定的。

提高反应物的浓度，使化学平衡向生成生成物的方向移动。提高任一原料的配比，可以提高另一种原料的转化率，因此可以考虑使某一原料过量的操作。

若两种以上的原料混合后属于爆炸性混合物，则首先要考虑其配比应在爆炸范围外，以保证生产的安全进行。

　　4. 空间速度的选择

　　对一个具体的化学反应，空间速度应根据能达到适宜转化率时所需的时间以及催化剂的性能来确定。空间速度越小，原料在反应区或催化剂表面上的停留时间越长，化学反应进行得越彻底，原料转化率高，循环原料量少，能量消耗也会降低。但空间速度过短，则导致发生副反应的可能性增加，催化剂容易中毒，寿命缩短，设备生产能力下降。因此生产中应根据实际情况选择适当的空间速度。

　　5. 原料纯度的选择

　　在工业生产中，催化剂在使用过程时往往会由于原料中带进某些其他物质而导致其活性下降，严重时使催化剂失去活性。不同的毒物对催化剂的影响是不同的。因此要求进入反应设备的原料尽可能不含（或微量）对催化剂有害的毒物，应对原料在进入反应器之前进行净化处理。

▷〉 想一想

　　1. 单元反应器是如何分类的？

　　2. 说出下面分别是什么反应器。

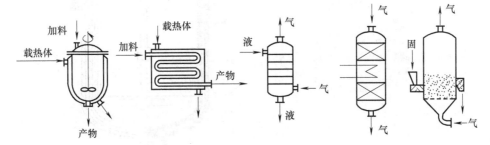

练一练

　　请填写下表。

工 艺 条 件	如 何 选 择
温度	
压力	
原料配比	
空间速度	
原料纯度	

项目三　釜式反应器和塔式反应器

　　为了适应化工生产过程的多样性和复杂性，不同类型的单元反应器都有其不同的结构特点、适用范围和操作要求。同一个化学反应可能在不同的反应器中进行，而反应条件相似的不同化学反应可能在不同的反应器内进行。下面主要介绍几种常用的单元反应器。

一、釜式反应器

国内外聚氯乙烯的生产大多采用装有搅拌器的釜式反应器，称为搅拌釜式反应器，是化学工业中广泛采用的反应器之一，可用于液-液均相反应或非均相反应中。

1. 釜式反应器的结构

釜式反应器主要由壳体、搅拌器、换热器等部分组成，如图 5-2 所示。壳体包括筒体、底、盖（或称封头）、手孔、人孔、视镜及各种工艺接管口等。筒体都是圆筒形。釜底和釜盖常用的形状有平面形、碟形、椭圆形、球形、锥形等。

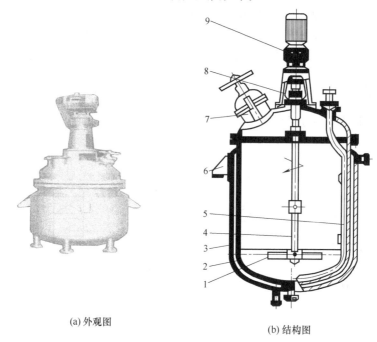

(a) 外观图　　　　　　　　　　(b) 结构图

图 5-2　搅拌釜式反应器

1—搅拌器；2—釜体；3—夹套；4—搅拌轴；5—压料管；
6—支座；7—人孔；8—轴封；9—传动机构

搅拌器的种类有桨式、框式、锚式、旋桨式、涡轮式等，如图 5-3 所示。作用是将反应器的物料通过机械搅拌达到充分混合，强化传质和传热过程。不同搅拌器的结构在第二单元中讲过了，这里不再赘述。

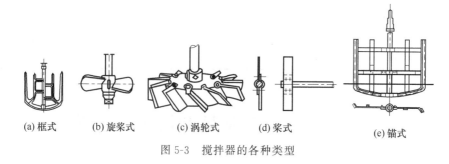

(a) 框式　　　(b) 旋桨式　　　(c) 涡轮式　　　(d) 桨式　　　(e) 锚式

图 5-3　搅拌器的各种类型

换热器部分有夹套式、蛇管式、列管式等。作用是用来加热或冷却物料。当工艺要求的换热面积不大又能满足工艺要求时，可采用夹套式换热，如图 5-4（a）所示。夹套高度一般要高于料液的高度，在热体比釜内液面高出 50～100mm。当夹套中换热介质是水时，采用下进上出的方式，介质为饱和水蒸气，采用上进下出，以便排除不凝性气体。当工艺需要的传热面积大，单靠夹套传热不能满足要求时，可采用蛇管传热，如图 5-4（b）所示。工业上常用的蛇管有水平式蛇管和直立式蛇管两种。对于大型反应釜，需高速传热时，可在釜内、外安装列管式换热器，即将反应器内的物料移出换热器换热后再循环回反应器，如图 5-4（c）和图 5-4（d）所示。

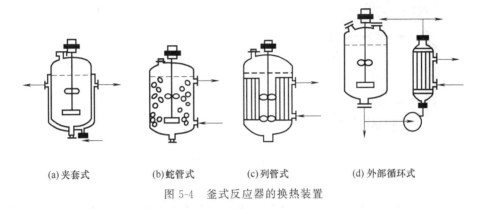

| (a)夹套式 | (b)蛇管式 | (c)列管式 | (d) 外部循环式 |

图 5-4　釜式反应器的换热装置

2. 釜式反应器的特点

釜式反应器在化工生产中具有较大的灵活性，适用于小批量、多品种、反应时间较长、转化率高的产品生产，既可用于间歇反应生产也能连续生产，既能单釜操作也能多釜串联操作操作弹性较大，适宜温度、压力范围宽，连续生产时温度、压力容易控制，器内物料的出口浓度均一。

二、塔式反应器

塔设备除了广泛应用在精馏、吸收、萃取等单元操作外，还可以作为反应器应用在气液相反应中。在化学工业中，塔式反应器广泛应用于加氢、磺化、卤化、氧化等化学加工过程。

塔式反应器类型很多，常见的有鼓泡塔反应器、板式塔反应器、填料塔反应器、喷淋塔反应器等，如图 5-5 所示。

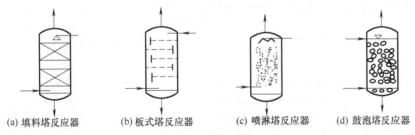

| (a) 填料塔反应器 | (b) 板式塔反应器 | (c) 喷淋塔反应器 | (d) 鼓泡塔反应器 |

图 5-5　塔式反应器的结构示意图

塔式反应器主要由塔体和内部构件组成。塔体一般为高大的圆筒形，内部构件因其类型不同稍有差别，但基本都有气体分布器、液体分布器、汽液分离器等。填料塔内装有一定量、一定体积的填料，板式塔内有很多块塔板，鼓泡塔和喷淋塔内基本为空塔。进入鼓泡塔和板式塔反应器的气体以气泡的形态分散在液相中进行反应，进入喷淋塔的液体以液膜的形态分散在气相中进行反应，填料塔内的液体以膜状形态与气相接触进行反应。

➡️ **想一想**

1. 简述塔式反应器和釜式反应器的基本结构。
2. 填写图 5-6 中的构件名称。

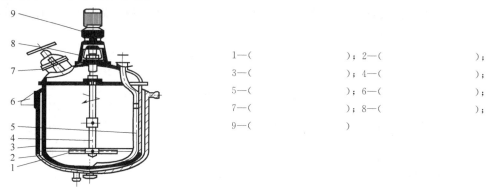

1—(   )；2—(   )；
3—(   )；4—(   )；
5—(   )；6—(   )；
7—(   )；8—(   )；
9—(   )

图 5-6 搅拌釜式反应器

项目四 管式反应器和固定床反应器

一、管式反应器

管式反应器是由很多根细管串联或并联而构成的，管子的长度与直径比很大，通常在 50～100 之间。在实际生产中多采用连续式操作。

1. 管式反应器的结构

反应器的结构可以是单管，也可以是多管。可以是空管。如管式裂解炉；也可以是在管内填充颗粒状催化剂的填充管，以进行多相催化反应，如列管式固定床反应器。

按管式反应器通道的连接方式不同，可分为多管串联管式反应器和多管并联管式反应器。常见管式反应器如图 5-7 所示。

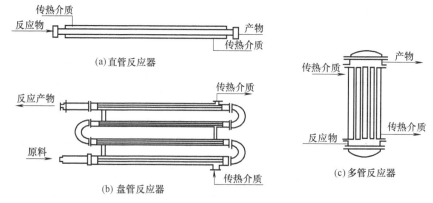

图 5-7 常见管式反应器

2. 管式反应器的特点

管式反应器的传热比表面积大，利于传热；反应物在管内停留时间短，反应器内任何一点的反应物浓度和化学反应速率都不随时间而变化，只随管长而变；反应器内反应物反应速率快、流速快，生产率高；反应器返混程度小，容积效率（单位容积生产能力）高。此外，管式反应器可实现分段温度控制。其主要缺点是反应速率很低时所需管道过长，工业上不易实现。

二、固定床反应器

在反应器中，当原料气通过固体催化剂时有三种情况：第一种是固体催化剂静止不动的，称为固定床反应器；第二种是固体催化剂边反应边移动位置的，称为移动床反应器；第三种是固体催化剂像流体一样剧烈运动的，称为流化床反应器。化工生产中固定床反应器和流化床反应器的应用十分广泛。固定床反应器主要用于实现气-固相催化反应，如氨合成塔、二氧化硫接触氧化器、烃类蒸气转化炉等。用于气-固相或液-固相非催化反应时，床层则填装固体反应物。

1. 固定床反应器的结构

固定床反应器按反应过程中是否与外界有热量交换分为绝热式固定床反应器和换热式固定床反应器。

（1）绝热式固定床反应器　绝热式固定床反应器结构简单，催化剂均匀堆置于床内的栅板上，床层不与外部进行热量交换，其最外层为隔热材料层，防止热量与外界进行交换，维持一定的操作条件并起到安全防护的作用。绝热式反应器有单段绝热式和多段绝热式。

（2）换热式固定床反应器结构　换热式固定床反应器多为列管式结构，固又称为列管式固定床反应器。如图 5-8 所示，由多根反应管并联构成。一般管内装催化剂，管间为换热介质，气体上进下出。管径通常在 $25\sim50mm$ 之间，管数可多达上万根。列管式固定床反应器中，合理地选择载热体及其温度的控制是保持反应稳定进行的关键。

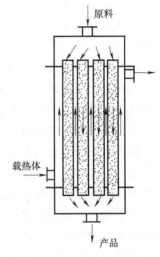

图 5-8　列管式固定床反应器

有的换热式固定床反应器以原料气为换热介质，利用反应后的高温气体预热原料气，使其达到反应温度，本身得到冷却，这种反应器称自热式固定床反应器。其上部采用绝热层，下部冷管间放置催化剂，管外为冷却介质。根据床层外作冷却剂的原料气流向不同有并流、逆流之别，根据冷管的套管数不同又有单管、双套管、三套管之分。

2. 固定床反应器的特点

固定床反应器返混小，流体同催化剂可进行有效接触，当反应伴有串联副反应时可得较高选择性；催化剂机械损耗小，不易磨损，可长期使用；气体停留时间可以严格控制，温度分布可以调节，有利于达到高的转化率和高的选择性；结构简单，化学反应速率快，在完成同样生产能力时所需要的催化剂用量和反应器体积较小，适用于高温高压条件下操作；不能使用细粒催化剂，否则流体阻力增大，破坏了正常操作；催化剂再生、更换不方便。

固定床反应器内由于装有固体催化剂，传热效果差。当反应放热量很大时，在反应器入口处，因为反应物浓度较高，反应速率较快，放出的热量往往来不及移走而使反应物料温度升高，促使反应以更快的速率进行，放出更多的热量，物料温度继续升高，直到反应物浓度降低，反应速率减慢，传热速率超过反应速率时，温度才逐渐下降。因此在放热反应过程中，在反应器气体流动方向上存在一个最高温度点，称为"热点"。床层内的"热点"温度超过工艺允许的最高温度时，称为"飞温"。操作中出现"飞温"会严重危害催化剂的活性、选择性、适用寿命等性能，因此应控制出现"飞温"。对于热效应大的反应过程，传热与控温问题是固定床技术中的难点和关键所在。

简述固定床反应器的基本结构。

项目五　流化床反应器

在流化床中，固体粒子可以像流体一样流动，这种现象称为固体粒子的流态化。流化床反应器就是利用固体流态化技术进行气-固相反应的装置。化学工业中广泛使用固体流态化技术进行固体的物理加工、颗粒输送、催化和非催化化学加工过程，目前流态化技术作为一门基础技术已经渗透到国民经济的许多部门，在化工、炼油、冶金、材料、轻工、生化、机械等领域中都可见到。

一、流化床反应器的基本构件

流化床反应器的结构形式很多，一般都由壳体、气体分布装置、内部构件、换热装置、气固分离装置等部件构成。

（1）气体分布装置　气体分布装置是保证流化床具有良好而稳定的流态化的重要构件，包括气体分布板和气体预分布器两部分。其作用是支承固体催化剂，分流并使气体均匀分布在催化剂表面，以形成良好的起始流化条件。

气体分布板的下部通常有一个倒锥形的气室，使气体进入分布板前有一个大致均匀的分布，从而减轻分布板均匀布气的负荷。

（2）内部构件　内部构件有水平构件和垂直构件之分，主要用来破碎气泡，改善气固接触状况，减少返混现象，提高反应速率和转化率。

水平构件主要是指水平的挡板和挡网，能够将流化床沿床高分成许多小室，当气泡上升碰到挡板或挡网时就破碎变小，而催化剂颗粒则从挡板或挡网上雨淋而下。垂直构件采用圆管、平板、翅片管等制成的构件插入床层内，来改善流化质量。

（3）换热装置　流化床反应器的换热装置可以装在床层内，也可以采用夹套式换热，主要用来及时取出或提供反应的热量。

（4）气固分离装置　气体离开床层时总要带出部分细小的固体催化剂颗粒，气固分离装置的主要作用是回收被气体带出的细小颗粒并返回到反应器床层，常用的有内过滤器和旋风分离器。

二、流化床的不正常现象

（1）沟流现象　沟流现象是指气体通过床层时形成短路。大部分气体没有和固体颗粒很好地接触就通过了床层，使部分催化剂没有流化或流化不良，可能使部分床层成为死床，造成床层温度分布不均匀，从而引起催化剂烧结，降低催化剂的使用寿命和效率，不利于传热、传质和化学反应，降低设备的生产能力，如图5-9（a）所示。

沟流现象的出现主要与颗粒的特性和气体分布板的结构有关。如颗粒很细，气速过小，易黏合、结团的潮湿物料，气体分布不均匀等，容易引起沟流的发生。

（2）大气泡现象　是气泡在床层内逐渐汇合长大，形成大气泡。如果大气泡很多，由于气泡不断搅动和破裂，床层波动很大，操作就不稳定，气速较大时容易产生大气泡，操作中应避免产生大气泡现象，如图 5-9（b）所示。

（3）腾涌现象　当气泡直径长大到与床径相等时，则将床层分为几段，形成相互间隔的气泡与颗粒层。颗粒层像活塞那样被气泡向上推动，在达到上部后气泡破裂，引起部分颗粒分散下落，这种现象称为腾涌现象。腾涌现象发生时，使气固接触不良，器壁受颗粒磨损加剧，引起设备震动，造成床内部构件的损坏，降低设备的生产能力，如图 5-9（c）所示。

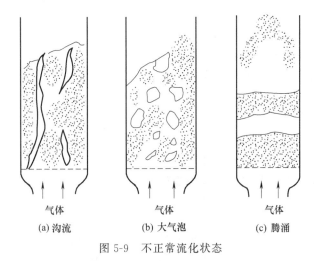

图 5-9　不正常流化状态

一般来说，床层越高、容器直径越小、颗粒越大、气速过高，越容易发生腾涌现象。

三、流化床反应器的特点

流化床的特性既有有利的一面，也有不利的一面。流态化技术之所以能够得到比较广泛的应用，主要是由于其具有以下显著的优点。

① 床层温度分布均匀。由于床层内流体和颗粒剧烈搅动混合，使床内温度均匀，避免了局部过热现象。

② 流化床内的传热及传质速率很高。由于颗粒的剧烈运动造成了对传热壁面的冲刷，促使壁面气膜变薄，两相间表面不断更新，提高了床内的传热及传质速率，可大幅度地提高设备的生产强度，进行大规模生产。

③ 床层和金属器壁之间的传热系数大。由于固体颗粒的运动，使金属器壁与床层之间的传热系数大为增加，因此便于向床内输入或取出热量，所需的传热面积却较小。

④ 操作方便。流态化的颗粒流动平稳，类似液体，其操作可以实现连续、自动控制，并且容易处理。

⑤ 床与床之间颗粒可连续循环，这样使得大型反应器中生产的或需要的大量热量有传递的可能性。

⑥ 为小颗粒或粉末状物料的加工开辟了途径。

由于颗粒处于运动状态，流体和颗粒的不断搅动也给流化床带来如下一些缺点。

① 颗粒的返混现象使得在床内颗粒停留时间分布不均，因而影响产品质量。另一方面，由于颗粒的返混造成反应速率降低和副反应增加。

② 当气速过高时，气泡互相聚集形成大气泡，气固接触不均匀，影响产品的均匀性，降低了产品转化率。

③ 颗粒在流化过程中相互碰撞，容易磨损，颗粒易成粉末而被气体夹带，损失严重，除尘要求高。

④ 不利于高温操作。由于高温下颗粒易于聚集和黏结，从而影响了产物的生成速率。

当然，尽管有这些缺点，但流态化的优点是不可比拟的。并且由于对这些缺点充分认识，可以借助结构加以克服，因而流态化得到了越来越广泛的应用。

想一想

1. 简述流化床反应器的基本结构。

2. 简述流化床反应器如何分类。

3. 简述流化床反应器的不正常现象。

【技能训练】 单元操作训练

• 训练目标

1. 了解氨合成岗位的项目主要设备。

2. 了解氨合成岗位的工艺指标和操作规程。

阅读材料

新型分离技术——膜分离操作技术

一、膜的概述

1. 膜

膜并非一般人所想象的一层塑料状的东西，而是一种具有特殊选择性分离功能的无机或高分子材料，它能把流体分隔成不相通的两部分，使其中一种或几种物质透过，而将其他物质分离出来。

2. 膜的用途

膜无所不在，无所不有。维生素 C 等医药产品的生产过程离不开膜，我们喝的纯净水、饮料等离不开膜，穿的衣服也离不开膜。膜系统及设备在生物制药、化工、石油、染料、纺织、电子、冶金、食品、饮料、环保资源再生利用等领域都派上了大用场。

3. 膜分离原理

膜分离技术是一门新兴的高新技术，近 30 年来，膜分离技术在工业领域得到广泛的应用。其机理为：通过克服膜的渗透压实现两种或多种物质间的分离。分离膜之所以能使混在一起的物质分开，不外乎以下两种手段。

① 根据它们质量、体积大小和几何形态等物理性质的不同，用过筛的办法将其分离。如根据这一原理将水溶液中孔径大于 50nm 的固体杂质去掉的微滤膜分离过程。

② 根据混合物的不同化学性质。物质通过分离膜的速率取决于以下两个步骤的速率。

a. 从膜表面接触的混合物中进入膜内的速率（称溶解速率）。

b. 进入膜内后从膜的表面扩散到膜的另一表面的速率。

溶解速率取决于被分离物与膜材料之间化学性质的差异，扩散速率除与化学性质有关外还与物质的分子量有关。二者之和为总速率。总速率越大，透过膜所需的时间越短；反之越长。混合物中两物质透过的总速率相差越大，则分离效率越高。例如，反渗透膜是亲水性的高聚物，水分子很容易进入膜内，而在水中的无机盐离子（Na^+、K^+、Cl^-）则较难进入，所以经过反渗透膜的水中的盐离子就被除去了。

二、膜的种类

1. 按膜的形状分

分离用膜按形状可分为平板式和管式（有支承的管状膜和无支承的中空纤维膜）两类，如图 1 所示。

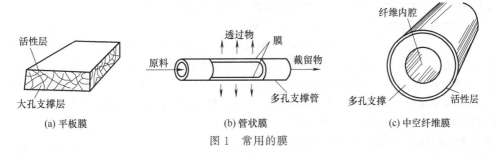

(a) 平板膜　　　　　(b) 管状膜　　　　　(c) 中空纤维膜

图 1　常用的膜

2. 按膜的材质分

膜的种类和功能繁多。按膜的材质，可将其分为聚合物膜和无机膜两大类。

（1）聚合物膜　聚合物分离膜由高分子、金属、陶瓷等材料制造，按其物态又可分为固膜、液膜与气膜三类。目前大规模工业应用的多为固膜，固膜又以高分子材料制成的聚合物膜在分离用膜中占主导地位。聚合物膜由天然或合成聚合物制成。天然聚合物包括橡胶、纤维素等；合成聚合物可由相应的单体经缩合或加合反应制得，亦可由两种不同单体共聚而得。

聚合物膜按结构与作用特点，可将其分为致密膜、微孔膜、非对称膜、复合膜与离子交换膜五类。

① 致密膜 又称非多孔膜，主要由物质的晶区和无定形区组成。膜的孔结构已难以用电子显微镜分辨，只能用气体渗透法和液体渗透法或气体吸附法测定其模型。

② 微孔膜 微孔膜是孔径在 5.0nm～1.0mm 之间的多孔膜。主要用于超滤和膜过滤。

③ 非对称膜 非对称膜的特点是膜的断面不对称，如图 2 所示。它是由同种材料制成的表面活性层（厚度通常为 0.1～0.5μm）与支承层（厚度通常为 5～10μm）组成的。膜的分离作用主要取决于表面活性层。对分离小分子物质而言，该膜层不但渗透性高，而且分离的选择性好。高孔隙率支承层仅起支承作用，它决定了膜的机械强度。

④ 复合膜 复合膜是以微孔膜或超滤膜作支撑层，在其表面覆盖以厚度仅为 0.1～0.25μm 的致密的均质膜作壁障层构成的分离膜。使得物质的透过量有很大的增加。

复合膜的材料包括任何可能的材料结合，如在金属氧化物上覆以陶瓷膜或是在聚砜微孔膜上覆以芳香聚酰胺薄膜，其平板膜或卷式膜都要用非织造物增强以支承微孔膜的耐压性，而中空纤维膜则不需要。

复合膜主要用于反渗透、气体分离、渗透蒸发等分离过程中。

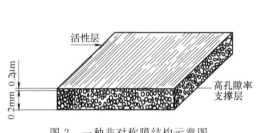

图 2　一种非对称膜结构示意图

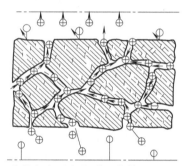

图 3　非均相离子交换膜及其传递机理示意图

⑤ 离子交换膜 离子交换膜是一种含离子基团、对溶液里的离子具有选择透过能力的高分子膜。因一般在应用时主要是利用它的离子选择透过性，所以也称为离子选择透过性膜。

它由基膜和活性基团构成，具有选择透过性强、电阻低、抗氧化和耐腐蚀性好、机械强度高、使用中不发生变形等特点。

按其功能和结构的不同，可分为阳离子交换膜、阴离子交换膜、两性交换膜、镶嵌离子交换膜和聚电解质复合膜五种。离子交换膜的构造和离子交换树脂相同，但为膜的形式。

离子交换膜主要应用于海水淡化，甘油、聚乙二醇的除盐，放射性元素、同位素及氨基酸的分离，有机物及无机物纯化，放射性废液处理，燃料电池隔膜及选择性电极等。

图 3 所示的就是非均相离子交换膜的一个典型例子。

(2) 无机膜 无机膜使用时，要求待分离的原料流体不与膜发生化学作用，并且要在较低的温度下使用（最高不超过 200℃）；当在较高温度下（使用温度一般可达 400℃，有时甚至高达 800℃）或原料流体为化学活性混合物时，可以采用由无机材料制成的分离膜。无机膜多以金属及其氧化物、陶瓷、多孔玻璃等为原料，制成相应的金属膜、陶瓷膜、玻璃膜等。与高聚物分离膜相比，无机膜有以下特点。

① 热稳定性好，适用于高温、高压体系。

② 化学稳定性好，能耐酸和弱碱，pH 值适用范围宽。

③ 抗微生物能力强，与一般的微生物不发生生化及化学反应。

④ 孔分布窄，分离性能好。

⑤ 清洁状态好。本身无毒，不会使被分离体系受到污染。容易再生和清洗。当膜污染被堵塞后，可进行反吹及反冲，也可在高温下进行化学清洗。

⑥ 膜组件机械强度大。无机膜一般都是以经过高压和焙烧制成的微孔陶瓷材料和多孔玻璃等载体膜的形式应用，涂膜后再经高温焙烧，使膜非常牢固，不易脱落和破裂。

⑦ 其缺点是：没有弹性，比较脆；不易加工成形；可用于制造膜的材料较少；成本较贵；强碱条件下会受到侵蚀。

冷冻技术

一、应用

冷冻（制冷）是指用人为的方法将物料的温度降到低于周围介质温度的单元操作，在工业生产中得到广泛应用。例如，在化学工业中，空气的分离、低温化学反应、均相混合物分离、结晶、吸收、借蒸气凝结提纯气体等生产过程；石油化工生产中，石油裂解气的分离则要求在173K左右的低温下进行，裂解气中分离出的液态乙烯、丙烯则要求在低温下贮存和运输；食品工业中冷饮品的制造和食品的冷藏；医药工业中一些抗菌素剂、疫苗血清等须在低温下贮存；在化工、食品、造纸、纺织和冶金等工业生产中回收余热；室内空调等应用。

二、制冷原理

制冷操作是从低温物料中取出热量，并将此热量传给高温物体的过程。根据热力学第二定律，这种传热过程不可能自动进行。只有从外界补充所消耗的能量，即外界必须做功，才能将热量从低温传到高温。

液体汽化为蒸气时，要从外界吸收热量，从而使外界的温度有所降低。而任何一种物质的沸点（或冷凝点）都随压力的变化而变化，如氨的沸点随压力变化的情况见表1。

表1 氨的沸点与压力的关系

压力/kPa	101.325	429.332	1220
沸点/℃	−33.4	0	30
汽化热/(kJ/kg)	1368.6	1262.4	114.51

从表中可以看出，氨的压力越低，沸点越低；压力越高，沸点越高。利用氨的这一特性，使液氨在低压（101.325kPa）下汽化，从被冷物质中吸取热量降低其温度，而达到使被冷物质制冷的目的。同时将汽化后的气态氨压缩提高压力（如压缩至1220kPa），这时气态氨的冷凝温度（30℃）高于一般冷却水的温度，因此可用常温水使气态氨冷凝为液氨。

因此，制冷利用制冷剂的沸点随压力变化的特性，使制冷剂在低压下汽化，吸收被冷物质的热量降低其温度，达到被冷物质制冷目的，气化后的制冷剂又在高压下冷凝成液态。如此循环操作，借助制冷剂在状态变化时的吸热和放热过程，达到制冷的目的。

三、常用的制冷剂

一般经常用氨、二氧化碳、氟利昂、碳氢化合物等作为制冷剂。

四、操作温度的选择

制冷装置在操作运行中重要的控制点有：蒸发温度和压力、冷凝温度和压力、压缩机的进出口温度、过冷温度及冷却温度。

1. 蒸发温度

制冷过程的蒸发温度是指制冷剂在蒸发器中的沸腾温度。实际使用中的制冷系统，由于用途各异，蒸发温度就各不相同，但制冷剂的蒸发温度必须低于被冷物料要求达到的最低温度，使蒸发器中制冷剂与被冷物料之间有一定的温度差，以保证传热所需的推动力，这样制冷剂在蒸发时才能从冷物料中吸收热量，实现低温传热过程。

2. 冷凝温度

制冷过程的冷凝温度是指制冷剂蒸气在冷凝器中的凝结温度。影响冷凝温度的因素有冷却水温度、冷却水流量、冷凝器传热面积大小及清洁度。冷凝温度主要受冷却水温度的限制，由于使用的地区和季节的不同，其冷凝温度也不同，但它必须高于冷却水的温度，使冷凝器中的制冷剂与冷却水之间有一定的温度差，以保证热量传递，即使气态制冷剂冷凝成液态，实现高温放热过程，通常选取制冷剂的冷凝温度比冷却水高 8～10K。

3. 操作温度与压缩比的关系

压缩比是压缩机出口压强 p_2 与入口压强 p_1 的比值。当冷凝温度一定时，随着蒸发温度的降低，压缩比明显加大，功率消耗先增大后下降，制冷系数总是变小，操作费用增加。当蒸发温度一定时，随着冷凝温度的升高，压缩比也明显加大，消耗功率增大，制冷系数变小，对生产也不利。

4. 制冷剂的过冷

制冷剂的过冷就是在进入节流阀之前将液态制冷剂温度降低，使其低于冷凝压力下所对应的饱和温度，成为该压力下的过冷液体。若蒸发温度一定时，降低冷凝温度，可使压缩比有所下降，功率消耗减小，制冷系数增大，可获得较好的制冷效果。通常取制冷剂的过冷温度比冷凝温度低 5K 或比冷却水进口温度高 3～5K。

附　　录

一、某些气体的重要物理性质

名称	分子式	密度(0℃,101.3kPa)/(kg/m³)	比热容[kJ/(kg·℃)]	黏度 $\mu \times 10^5$/Pa·s	沸点(101.3kPa)/℃	汽化热/(kJ/kg)	临界点 温度/℃	临界点 压力/kPa	热导率/[W/(m·℃)]
空气		1.293	1.009	1.73	−195	197	−140.7	3768.4	0.0244
氧	O_2	1.429	0.653	2.03	−132.98	213	−118.82	5036.6	0.0240
氮	N_2	1.251	0.745	1.70	−195.78	199.2	−147.13	3392.5	0.0228
氢	H_2	0.0899	10.13	0.842	−252.75	454.2	−239.9	1296.6	0.163
氦	He	0.1785	3.18	1.88	−268.95	19.5	−267.96	228.94	0.144
氩	Ar	1.7820	0.322	2.09	−185.87	163	−122.44	4862.4	0.0173
氯	Cl_2	3.217	0.355	1.29(16℃)	−33.8	305	+144.0	7708.9	0.0072
氨	NH_3	0.771	0.67	0.918	−33.4	1373	+132.4	11295	0.0215
一氧化碳	CO	1.250	0.754	1.66	−191.48	211	−140.2	3497.9	0.0226
二氧化碳	CO_2	1.976	0.653	1.37	−78.2	574	+31.1	7384.8	0.0137
硫化氢	H_2S	1.539	0.804	1.166	−60.2	548	+100.4	19136	0.0131
甲烷	CH_4	0.717	1.70	1.03	−161.58	511	−82.15	4619.3	0.0300
乙烷	C_2H_6	1.357	1.44	0.850	−88.5	486	+32.1	4948.5	0.0180
丙烷	C_3H_8	2.020	1.65	0.795(18℃)	−42.1	427	+95.6	4355.0	0.0148
正丁烷	C_4H_{10}	2.673	1.73	0.810	−0.5	386	+152	3798.8	0.0135
正戊烷	C_5H_{12}	—	1.57	0.874	−36.08	151	+197.1	3342.9	0.0128
乙烯	C_2H_4	1.261	1.222	0.935	+103.7	481	+9.7	5135.9	0.0164
丙烯	C_3H_8	1.914	2.436	0.835(20℃)	−47.7	440	+91.4	4599.0	—
乙炔	C_2H_2	1.171	1.352	0.935	−83.66(升华)	829	+35.7	6240.0	0.0184
氯甲烷	CH_3Cl	2.303	0.582	0.989	−24.1	406	+148	6685.8	0.0085
苯	C_6H_6	—	1.139	0.72	+80.2	394	+288.5	4832.0	0.0088
二氧化硫	SO_2	2.927	0.502	1.17	−10.8	394	+157.5	7879.1	0.0077
二氧化氮	NO_2	—	0.315	—	+21.2	712	+158.2	10130	0.0400

二、某些液体的重要物理性质

名称	分子式	密度 ρ/(kg/m³)(20℃)	沸点 T_b/℃(101.3kPa)	汽化焓 ΔH/(kJ/kg)(760mmHg)	比热容 c_p/[kJ/(kg·℃)](20℃)	黏度 μ/mPa·s(20℃)	热导率 λ/[W/(m·℃)](20℃)	体积膨胀系数 $\beta \times 10^4$/(1/℃)(20℃)	表面张力 σ $\times 10^3$/(N/m)(20℃)
水	H_2O	998	100	2258	4.183	1.005	0.599	1.82	72.8
氯化钠盐水(25%)	—	1186(25℃)	107	—	3.39	2.3	0.57(30℃)	(4.4)	
氯化钙盐水(25%)	—	1228	107	—	2.89	2.5	0.57	(3.4)	
硫酸	H_2SO_4	1831	340(分解)	—	1.47(98%)	23	0.38	5.7	
硝酸	HNO_3	1513	86	481.1	1.17(10℃)				
盐酸(30%)	HCl	1149			2.55	2(31.5%)	0.42		

续表

名 称	分子式	密度 ρ /(kg/m³) (20℃)	沸点 T_b /℃ (101.3kPa)	汽化焓 ΔH /(kJ/kg) (760mmHg)	比热容 c_p /[kJ/(kg·℃)] (20℃)	黏度 μ /mPa·s (20℃)	热导率 λ /[W/(m·℃)] (20℃)	体积膨胀系数 $\beta \times 10^4$ /(1/℃) (20℃)	表面张力 σ $\times 10^3$/(N/m) (20℃)
二硫化碳	CS₂	1262	46.3	352	1.005	0.38	0.16	12.1	32
戊烷	C₅H₁₂	626	36.07	357.4	2.24 (15.6℃)	0.229	0.113	15.9	16.2
己烷	C₆H₁₄	659	68.74	335.1	2.31 (15.6℃)	0.313	0.119		18.2
庚烷	C₇H₁₆	684	98.43	316.5	2.21 (15.6℃)	0.411	0.123		20.1
辛烷	C₈H₁₈	703	125.67	306.4	2.19 (15.6℃)	0.540	0.131		21.8
三氯甲烷	CHCl₃	1489	61.2	253.7	0.992	0.58	0.138 (30℃)	12.6	28.5 (10℃)
四氯化碳	CCl₄	1594	76.8	195	0.850	1.0	0.12		26.8
二氯乙烷	C₂H₄Cl₂	1253	83.6	324	1.260	0.83	0.14 (50℃)		30.8
苯	C₆H₆	879	80.10	393.9	1.704	0.737	0.148	12.4	28.6
甲苯	C₇H₈	867	110.63	363	1.70	0.675	0.138	10.9	27.9
邻二甲苯	C₈H₁₀	880	144.42	347	1.74	0.811	0.1423		30.2
间二甲苯	C₈H₁₀	864	139.10	343	1.70	0.611	0.167	0.1	29.0
对二甲苯	C₈H₁₀	861	138.35	340	1.704	0.643	0.129		28.0
苯乙烯	C₈H₉	911 (15.6℃)	145.2	(352)	1.733	0.72			
氯苯	C₆H₅Cl	1106	131.8	325	1.298	0.85	0.14 (30℃)		32
硝基苯	C₆H₅NO₂	1203	210.9	396	1.47	2.1	0.15		41
苯胺	C₆H₅NH₂	1022	184.4	448	2.07	4.3	0.17	8.5	42.9
酚	C₆H₅OH	1050 (50℃)	181.8 (熔点40.9℃)	511		3.4 (50℃)			
萘	C₁₀H₈	1145 (固体)	217.9 (熔点80.2℃)	314	1.80 (100℃)	0.59 (100℃)			
甲醇	CH₃OH	791	64.7	1101	2.48	0.6	0.212	12.2	22.6
乙醇	C₂H₅OH	789	78.3	846	2.39	1.15	0.172	11.6	22.8
乙醇(95%)		804	78.2		1.4				
乙二醇	C₂H₄(OH)₂	1113	197.6	780	2.35	23			47.7
甘油	C₃H₅(OH)₃	1261	290 (分解)	—		1499	0.59	5.3	63
乙醚	(C₂H₅)₂O	714	34.6	360	2.34	0.24	0.140	16.3	18
乙醛	CH₃CHO	783 (18℃)	20.2	574	1.9	1.3 (18℃)			21.2
糠醛	C₅H₄O₂	1168	161.7	452	1.6	1.15 (50℃)			43.5
丙酮	CH₃COCH₃	792	56.2	523	2.35	0.32	0.17		23.7
甲酸	HCOOH	1220	100.7	494	2.17	1.9	0.26		27.8
醋酸	CH₃COOH	1049	118.1	406	1.99	1.3	0.17	10.7	23.9
醋酸乙酯	CH₃COOC₂H₅	901	77.1	368	1.92	0.48	0.14 (10℃)		
煤油		780~820				3	0.15	10.0	
汽油		680~800				0.7~0.8	0.19 (30℃)	12.5	

三、空气的重要物理性质

温度 T /℃	密度 ρ /(kg/m³)	比热容 c_p /[kJ/(kg·℃)]	热导率 $\lambda \times 10^2$ /[W/(m·℃)]	黏度 $\mu \times 10^5$ /Pa·s	普兰德数 Pr
−50	1.584	1.013	2.035	1.46	0.728
−40	1.515	1.013	2.117	1.52	0.728
−30	1.453	1.013	2.198	1.57	0.723
−20	1.395	1.009	2.279	1.62	0.716
−10	1.342	1.009	2.360	1.67	0.712
0	1.293	1.005	2.442	1.72	0.707
10	1.247	1.005	2.512	1.77	0.705
20	1.205	1.005	2.591	1.81	0.703
30	1.165	1.005	2.673	1.86	0.701
40	1.128	1.005	2.756	1.91	0.699
50	1.093	1.005	2.826	1.96	0.698
60	1.060	1.005	2.896	2.01	0.696
70	1.029	1.009	2.966	2.06	0.694
80	1.000	1.009	3.047	2.11	0.692
90	0.972	1.009	3.128	2.15	0.690
100	0.946	1.009	3.210	2.19	0.688
120	0.898	1.009	3.338	2.29	0.686
140	0.854	1.013	3.489	2.37	0.684
160	0.815	1.017	3.640	2.45	0.682
180	0.779	1.022	3.780	2.53	0.681
200	0.746	1.026	3.931	2.60	0.680
250	0.674	1.038	4.268	2.74	0.677
300	0.615	1.047	4.605	2.97	0.674
350	0.566	1.059	4.908	3.14	0.676
400	0.524	1.068	5.210	3.30	0.678
500	0.456	1.093	5.745	3.62	0.687
600	0.404	1.114	6.222	3.91	0.699
700	0.362	1.135	6.711	4.18	0.706
800	0.329	1.156	7.176	4.43	0.713
900	0.301	1.172	7.630	4.67	0.717
1000	0.277	1.185	8.071	4.90	0.719
1100	0.257	1.197	8.502	5.12	0.722
1200	0.239	1.206	9.153	5.35	0.724

四、水的重要物理性质

温度 T/℃	饱和蒸气压 p/kPa	密度 ρ /(kg/m³)	焓 H /(kJ/kg)	比热容 c_p /[kJ/(kg·℃)]	热导率 $\lambda \times 10^2$ /[W/(m·℃)]	黏度 $\mu \times 10^5$ /Pa·s	体积膨胀系数 $\beta \times 10^4$ /(1/℃)	表面张力 $\sigma \times 10^3$ /(N/m)	普兰德数 Pr
0	0.608	999.9	0	4.212	55.13	179.2	−0.63	75.6	13.67
10	1.226	999.7	42.04	4.191	57.45	130.8	+0.70	74.1	9.52
20	2.335	998.2	83.90	4.183	59.89	100.5	1.82	72.6	7.02
30	4.247	995.7	125.7	4.174	61.76	80.07	3.21	71.2	5.42
40	7.377	992.2	167.5	4.174	63.38	65.60	3.87	69.6	4.31
50	12.31	988.1	209.3	4.174	64.78	54.94	4.49	67.7	3.54
60	19.92	983.2	251.1	4.178	65.94	46.88	5.11	66.2	2.98
70	31.16	977.8	293	4.178	66.76	40.61	5.70	64.3	2.55
80	47.38	971.8	334.9	4.195	67.45	35.65	6.32	62.6	2.21
90	70.14	965.3	377	4.208	68.04	31.65	6.95	60.7	1.95
100	101.3	958.4	419.1	4.220	68.27	28.38	7.52	58.8	1.75
110	143.3	951.0	461.3	4.238	68.50	25.89	8.08	56.9	1.60
120	198.6	943.1	503.7	4.250	68.62	23.73	8.64	54.8	1.47
130	270.3	934.8	546.4	4.266	68.62	21.77	9.19	52.8	1.36
140	361.5	926.1	589.1	4.287	68.50	20.10	9.72	50.7	1.26
150	476.2	917.0	632.2	4.312	68.38	18.63	10.3	48.6	1.17

续表

温度 $T/℃$	饱和蒸气压 p/kPa	密度 ρ /(kg/m³)	焓 H /(kJ/kg)	比热容 c_p /[kJ/(kg·℃)]	热导率 $\lambda×10^2$ /[W/(m·℃)]	黏度 $\mu×10^5$ /Pa·s	体积膨胀系数 $\beta×10^4$ /(1/℃)	表面张力 $\sigma×10^3$ /(N/m)	普兰德数 Pr
160	618.3	907.4	675.3	4.346	68.27	17.36	10.7	46.6	1.10
170	792.6	897.3	719.3	4.379	67.92	16.28	11.3	45.3	1.05
180	1003.5	886.9	763.3	4.417	67.45	15.30	11.9	42.3	1.00
190	1225.6	876.0	807.6	4.460	66.99	14.42	12.6	40.8	0.96
200	1554.8	863.0	852.4	4.505	66.29	13.63	13.3	38.4	0.93
210	1917.7	852.8	897.7	4.555	65.48	13.04	14.1	36.1	0.91
220	2320.9	840.3	943.7	4.614	64.55	12.46	14.8	33.8	0.89
230	2798.6	827.3	990.2	4.681	63.73	11.97	15.9	31.6	0.88
240	3347.9	813.6	1037.5	4.756	62.80	11.47	16.8	29.1	0.87
250	3977.7	799.0	1085.6	4.844	61.76	10.98	18.1	26.7	0.86
260	4693.8	784.0	1135.0	4.949	60.43	10.59	19.7	24.2	0.87
270	5504.0	767.9	1185.3	5.070	59.96	10.20	21.6	21.9	0.88
280	6417.2	750.7	1236.3	5.229	57.45	9.81	23.7	19.5	0.90
290	7443.3	732.3	1289.9	5.485	55.82	9.42	26.2	17.2	0.93
300	8592.9	712.5	1344.8	5.736	53.96	9.12	29.2	14.7	0.97

五、水在不同温度下的黏度

温度/℃	黏度/cP(mPa·s)	温度/℃	黏度/cP(mPa·s)	温度/℃	黏度/cP(mPa·s)
0	1.7921	34	0.7371	69	0.4117
1	1.7313	35	0.7225	70	0.4061
2	1.6728	36	0.7085	71	0.4006
3	1.6191	37	0.6947	72	0.3952
4	1.5674	38	0.6814	73	0.3900
5	1.5188	39	0.6685	74	0.3849
6	1.4728	40	0.6560	75	0.3799
7	1.4284	41	0.6439	76	0.3705
8	1.3860	42	0.6321	77	0.3702
9	1.3462	43	0.6207	78	0.3655
10	1.3077	44	0.6097	79	0.3610
11	1.2713	45	0.5988	80	0.3565
12	1.2363	46	0.5883	81	0.3521
13	1.2028	47	0.5782	82	0.3478
14	1.1709	48	0.5683	83	0.3436
15	1.1404	49	0.5588	84	0.3395
16	1.1111	50	0.5494	85	0.3355
17	1.0828	51	0.5404	86	0.3315
18	1.0559	52	0.5315	87	0.3276
19	1.0299	53	0.5229	88	0.3239
20	1.0050	54	0.5146	89	0.3202
20.2	1.0000	55	0.5064	90	0.3165
21	0.9810	56	0.4985	91	0.3130
22	0.9579	57	0.4907	92	0.3095
23	0.9359	58	0.4832	93	0.3060
24	0.9142	59	0.4759	94	0.3027
25	0.8937	60	0.4688	95	0.2994
26	0.8737	61	0.4618	96	0.2962
27	0.8545	62	0.4550	97	0.2930
28	0.8360	63	0.4483	98	0.2899
29	0.8180	64	0.4418	99	0.2868
30	0.8007	65	0.4355	100	0.2838
31	0.7840	66	0.4293		
32	0.7679	67	0.4233		
33	0.7523	68	0.4174		

六、饱和水蒸气表

1. 按温度排列

温度 $t/℃$	绝对压强 p/kPa	蒸汽密度 $\rho/(kg/m^3)$	比焓 $H/(kJ/kg)$		比汽化焓/(kJ/kg)
			液体	蒸汽	
0	0.6082	0.00484	0	2491	2491
5	0.8730	0.00680	20.9	2500.8	2480
10	1.226	0.00940	41.9	2510.4	2469
15	1.707	0.01283	62.8	2520.5	2458
20	2.335	0.01719	83.7	2530.1	2446
25	3.168	0.02304	104.7	2539.7	2435
30	4.247	0.03036	125.6	2549.3	2424
35	5.621	0.03960	146.5	2559.0	2412
40	7.377	0.05114	167.5	2568.6	2401
45	9.584	0.06543	188.4	2577.8	2389
50	12.34	0.0830	209.3	2587.4	2378
55	15.74	0.1043	230.3	2596.7	2366
60	19.92	0.1301	251.2	2606.3	2355
65	25.01	0.1611	272.1	2615.5	2343
70	31.16	0.1979	293.1	2624.3	2331
75	38.55	0.2416	314.0	2633.5	2320
80	47.38	0.2929	334.9	2642.3	2307
85	57.88	0.3531	355.9	2651.1	2295
90	70.14	0.4229	376.8	2659.9	2283
95	84.56	0.5039	397.8	2668.7	2271
100	101.33	0.5970	418.7	2677.0	2258
105	120.85	0.7036	440.0	2685.0	2245
110	143.31	0.8254	461.0	2693.4	2232
115	169.11	0.9635	482.3	2701.3	2219
120	198.64	1.1199	503.7	2708.9	2205
125	232.19	1.296	525.0	2716.4	2191
130	270.25	1.494	546.4	2723.9	2178
135	313.11	1.715	567.7	2731.0	2163
140	361.47	1.962	589.1	2737.7	2149
145	415.72	2.238	610.9	2744.4	2134
150	476.24	2.543	632.2	2750.7	2119
160	618.28	3.252	675.8	2762.9	2087
170	792.59	4.113	719.3	2773.3	2054
180	1003.5	5.145	763.3	2782.5	2019
190	1255.6	6.378	807.6	2790.1	1982
200	1554.8	7.840	852.0	2795.5	1944
210	1917.7	9.567	897.2	2799.3	1902
220	2320.9	11.60	942.4	2801.0	1859
230	2798.6	13.98	988.5	2800.1	1812
240	3347.9	16.76	1034.6	2976.8	1762
250	3977.7	20.01	1081.4	2790.1	1709
260	4693.8	23.82	1128.8	2780.9	1652
270	5504.0	28.27	1176.9	2768.3	1591
280	6417.2	33.47	1225.5	2752.0	1526
290	7443.3	39.60	1274.5	2732.3	1457
300	8592.9	46.93	1325.5	2708.0	1382

2. 按压力排列

绝对压强 p /kPa	温度 t/℃	蒸汽密度 ρ/(kg/m³)	比焓 H/(kJ/kg)		比汽化焓/(kJ/kg)
			液体	蒸汽	
1.0	6.3	0.00773	26.5	2503.1	2477
1.5	12.5	0.01133	52.3	2515.3	2463
2.0	17.0	0.01486	71.2	2524.2	2453
2.5	20.9	0.01836	87.5	2531.8	2444
3.0	23.5	0.02179	98.4	2536.8	2438
3.5	26.1	0.02523	109.3	2541.8	2433
4.0	28.7	0.02867	120.2	2546.8	2427
4.5	30.8	0.03205	129.0	2550.9	2422
5.0	32.4	0.03537	135.7	2554.0	2418
6.0	35.6	0.04200	149.1	2560.1	2411
7.0	38.8	0.04864	162.4	2566.3	2404
8.0	41.3	0.05514	172.7	2571.0	2398
9.0	43.3	0.06156	181.2	2574.8	2394
10.0	45.3	0.06798	189.6	2578.5	2389
15.0	53.5	0.09956	224.0	2594.0	2370
20.0	60.1	0.1307	251.5	2606.4	2355
30.0	66.5	0.1909	288.8	2622.4	2334
40.0	75.0	0.2498	315.9	2634.1	2312
50.0	81.2	0.3080	339.8	2644.3	2304
60.0	85.6	0.3651	358.2	2652.1	2394
70.0	89.9	0.4223	376.6	2659.8	2283
80.0	93.2	0.4781	39.01	2665.3	2275
90.0	96.4	0.5338	403.5	2670.8	2267
100.0	99.6	0.5896	416.9	2676.3	2259
120.0	104.5	0.6987	437.5	2684.3	2247
140.0	109.2	0.8076	457.7	2692.1	2234
160.0	113.0	0.8298	473.9	2698.1	2224
180.0	116.6	1.021	489.3	2703.7	2214
200.0	120.2	1.127	493.7	2709.2	2205
250.0	127.2	1.390	534.4	2719.7	2185
300.0	133.3	1.650	560.4	2728.5	2168
350.0	138.8	1.907	583.8	2736.1	2152
400.0	143.4	2.162	603.6	2742.1	2138
450.0	147.7	2.415	622.4	2747.8	2125
500.0	151.7	2.667	639.6	2752.8	2113
600.0	158.7	3.169	676.2	2761.4	2091
700.0	164.7	3.666	696.3	2767.8	2072
800	170.4	4.161	721.0	2773.7	2053
900	175.1	4.652	741.8	2778.1	2036
1×10^3	179.9	5.143	762.7	2782.5	2020
1.1×10^3	180.2	5.633	780.3	2785.5	2005
1.2×10^3	187.8	6.124	797.9	2788.5	1991
1.3×10^3	191.5	6.614	814.2	2790.9	1977
1.4×10^3	194.8	7.103	829.1	2792.4	1964
1.5×10^3	198.2	7.594	843.9	2794.5	1951
1.6×10^3	201.3	8.081	857.8	2796.0	1938

绝对压强 p /kPa	温度 t /℃	蒸汽密度 ρ/(kg/m³)	比焓 H/(kJ/kg) 液体	比焓 H/(kJ/kg) 蒸汽	比汽化焓/(kJ/kg)
1.7×10^3	204.1	8.567	870.6	2797.1	1926
1.8×10^3	206.9	9.053	883.4	2798.1	1915
1.9×10^3	209.8	9.539	896.2	2799.2	1903
2×10^3	212.2	10.03	907.3	2799.7	1892
3×10^3	233.7	15.01	1005.4	2798.9	1794
4×10^3	250.3	20.10	1082.9	2789.8	1707
5×10^3	263.8	25.37	1146.9	2776.2	1629
6×10^3	275.4	30.85	1203.2	2759.5	1556
7×10^3	285.7	36.57	1253.2	2740.8	1488
8×10^3	294.8	42.58	1299.2	2720.5	1404
9×10^3	303.2	48.89	1343.5	2699.1	1357

七、管子规格

1. 无缝钢管（摘自 YB 231—70）

公称直径 DG/mm	实际外径 /mm	管壁厚度/mm $P_g=15$	$P_g=25$	$P_g=40$	$P_g=64$	$P_g=100$	$P_g=160$	$P_g=200$
15	18	2.5	2.5	2.5	2.5	3	3	3
20	25	2.5	2.5	2.5	2.5	3	3	4
25	32	2.5	2.5	2.5	3	3.5	3.5	5
32	38	2.5	2.5	3	3	3.5	3.5	6
40	45	2.5	3	3	3.5	3.5	4.5	6
50	57	2.5	3	3.5	3.5	4.5	5	7
70	76	3	3.5	3.5	4.5	6	6	9
80	89	3.5	4	4	5	6	7	11
100	108	4	4	4	6	7	12	13
125	133	4	4	4.5	6	9	13	17
150	159	4.5	4.5	5	7	10	17	—
200	219	6	6	7	10	13	21	—
250	273	8	7	8	11	16	—	—
300	325	8	8	9	12	—	—	—
350	377	9	9	10	13	—	—	—
400	426	9	10	12	15	—	—	—

注：表中的 P_g 为公称压力，指管内可承受的流体表压力。

2. 水、煤气输送钢管（有缝钢管）（摘自 YB 234—63）

公称直径 in(英寸)	公称直径 mm	外径/mm	壁厚/mm 普通级	壁厚/mm 加强级
1/4	8	13.50	2.25	2.75
3/8	10	17.00	2.25	2.75
1/2	15	21.25	2.75	3.25
3/4	20	26.75	2.75	3.60
1	25	33.50	3.25	4.00
1¼	32	42.25	3.25	4.00
1½	40	48.00	3.50	4.25
2	50	60.00	3.50	4.50
2½	70	75.00	3.75	4.50
3	80	88.50	4.00	4.75
4	100	114.00	4.00	6.00
5	125	140.00	4.50	5.50
6	150	165.00	4.50	5.50

八、常用离心泵规格

IS 型单级单吸离心泵

泵型号	流量 /(m³/h)	扬程 /m	转速 /(r/min)	汽蚀余量 /m	泵效率 /%	功率/kW	
						轴功率	配带功率
IS50—32—125	7.5	22	2900		47	0.96	2.2
	12.5	20	2900	2.0	60	1.13	2.2
	15	18.5	2900		60	1.26	2.2
	3.75		1450				0.55
	6.3	5	1450	2.0	54	0.16	0.55
	7.5		1450				0.55
IS50—32—160	7.5	34.3	2900		44	1.59	3
	12.5	32	2900	2.0	54	2.02	3
	15	29.6	2900		56	2.16	3
	3.75		1450				0.55
	6.3	8	1450	2.0	48	0.28	0.55
	7.5		1450				0.55
IS50—32—200	7.5	525	2900	2.0	38	2.82	5.5
	12.5	50	2900	2.0	48	3.54	5.5
	15	48	2900	2.5	51	3.84	5.5
	3.75	13.1	1450	2.0	33	0.41	0.75
	6.3	12.5	1450	2.0	42	0.51	0.75
	7.5	12	1450	2.5	44	0.56	0.75
IS50—32—250	7.5	82	2900	2.0	28.5	5.67	11
	12.5	80	2900	2.0	38	7.16	11
	15	78.5	2900	2.5	41	7.83	11
	3.75	20.5	1450	2.0	23	0.91	15
	6.3	20	1450	2.0	32	1.07	15
	7.5	19.5	1450	2.5	35	1.14	15
IS65—50—125	15	21.8	2900		58	1.54	3
	25	20	2900	2.0	69	1.97	3
	30	18.5	2900		68	2.22	3
	7.5		1450				0.55
	12.5	5	1450	2.0	64	0.27	0.55
	15		1450				0.55
IS65—50—160	15	35	2900	2.0	54	2.65	5.5
	25	32	2900	2.0	65	3.35	5.5
	30	30	2900	2.5	66	3.71	5.5
	7.5	8.8	1450	2.0	50	0.36	0.75
	12.5	8.0	1450	2.0	60	0.45	0.75
	15	7.2	1450	2.5	60	0.49	0.75
IS65—40—200	15	63	2900	2.0	40	4.42	7.5
	25	50	2900	2.0	60	5.67	7.5
	30	47	2900	2.5	61	6.29	7.5
	7.5	13.2	1450	2.0	43	0.63	1.1
	12.5	12.5	1450	2.0	66	0.77	1.1
	15	11.8	1450	2.5	57	0.85	1.1
IS65—40—250	15		2900				15
	25	80	2900	2.0	63	10.3	15
	30		2900				15

续表

泵型号	流量 /(m³/h)	扬程 /m	转速 /(r/min)	汽蚀余量 /m	泵效率 /%	功率/kW	
						轴功率	配带功率
IS65—40—315	15	127	2900	2.5	28	18.5	30
	25	125	2900	2.5	40	21.3	30
	30	123	2900	3.0	44	22.8	30
IS80—65—125	30	22.5	2900	3.0	64	2.87	5.5
	50	20	2900	3.0	75	3.63	5.5
	60	18	2900	3.5	74	3.93	5.5
	15	5.6	1450	2.5	55	0.42	0.75
	25	5	1450	2.5	71	0.48	0.75
	30	4.5	1450	3.0	72	0.51	0.75
IS80—65—160	30	36	2900	2.5	61	4.82	7.5
	50	32	2900	2.5	73	5.97	7.6
	60	29	2900	3.0	72	6.59	7.5
	15	9	1450	2.5	66	0.67	1.5
	25	8	1450	2.5	69	0.75	1.5
	30	7.2	1450	3.0	68	0.86	1.5
IS80—50—200	30	53	2900	2.5	55	7.87	15
	50	50	2900	2.5	69	9.87	15
	60	47	2900	3.0	71	10.8	15
	15	13.2	1450	2.5	51	1.06	2.2
	25	12.5	1450	2.5	65	1.31	2.2
	30	11.8	1450	3.0	67	1.44	2.2
IS80—50—160	30	84	2900	2.5	52	13.2	22
	50	80	2900	2.5	63	17.3	
	60	75	2900	3	64	19.2	
IS80—50—250	30	84	2900	2.5	52	13.2	22
	50	80	2900	2.5	63	17.3	22
	60	75	2900	3.0	64	19.2	22
IS80—50—315	30	128	2900	2.5	41	25.5	37
	50	125	2900	2.5	54	31.5	37
	60	123	2900	3.0	57	35.3	37
IS100—80—125	60	24	2900	4.0	67	5.86	11
	100	20	2900	4.5	78	7.00	11
	120	16.5	2900	5.0	74	7.28	11
IS100—80—160	60	36	2900	3.5	70	8.42	15
	100	32	2900	4.0	78	11.2	15
	120	28	2900	5.0	75	12.2	15
	30	9.2	1450	2.0	67	1.12	2.2
	50	8.0	1450	2.5	75	1.45	2.2
	60	6.8	1450	3.5	71	1.57	2.2
IS100—65—200	60	54	2900	3.0	65	13.6	22
	100	50	2900	3.5	78	17.9	22
	120	47	2900	4.8	77	19.9	22
	30	13.5	1450	2.0	60	1.84	4
	50	12.5	1450	2.0	73	2.33	4
	60	11.8	1450	2.5	74	2.61	4

泵型号	流量/(m³/h)	扬程/m	转速/(r/min)	汽蚀余量/m	泵效率/%	功率/kW 轴功率	功率/kW 配带功率
IS100—65—250	60	87	2900	3.5	81	23.4	37
	100	80	2900	3.8	72	30.3	37
	120	74.5	2900	4.8	73	33.3	37
	30	21.3	1450	2.0	55	3.16	5.5
	50	20	1450	2.0	68	4.00	5.5
	60	19	1450	2.5	70	4.44	5.5
IS100—65—315	60	133	2900	3.0	55	39.6	75
	100	125	2900	3.5	66	51.6	75
	120	118	2900	4.2	67	57.5	75

九、某些二元物系的汽-液平衡曲线

1. 乙醇-水 (101.3kPa)

乙醇摩尔分数 液相	乙醇摩尔分数 气相	温度/℃	乙醇摩尔分数 液相	乙醇摩尔分数 气相	温度/℃
0.00	0.00	100	0.3273	0.5826	81.5
0.0190	0.1700	95.5	0.3965	0.6122	80.7
0.0721	0.3891	89.0	0.5079	0.6564	79.8
0.0966	0.4375	86.7	0.5198	0.6599	79.7
0.1238	0.4704	85.3	0.5732	0.6841	79.3
0.1661	0.5089	84.1	0.6763	0.7385	78.74
0.2337	0.5445	82.7	0.7472	0.7815	78.41
0.2608	0.5580	82.3	0.8943	0.8943	78.15

2. 苯-甲苯 (101.3kPa)

苯摩尔分数 液相	苯摩尔分数 气相	温度/℃	苯摩尔分数 液相	苯摩尔分数 气相	温度/℃
0.0	0.0	110.6	0.592	0.789	89.4
0.088	0.212	106.1	0.700	0.853	86.8
0.200	0.370	102.2	0.803	0.914	84.4
0.300	0.500	98.6	0.903	0.957	82.3
0.397	0.618	95.2	0.950	0.979	81.2
0.489	0.710	92.1	0.100	0.1	80.2

3. 氯仿-苯 (101.3kPa)

氯仿质量分数 液相	氯仿质量分数 气相	温度/℃	氯仿质量分数 液相	氯仿质量分数 气相	温度/℃
0.10	0.136	79.9	0.60	0.750	74.6
0.20	0.272	79.0	0.70	0.830	72.8
0.30	0.406	78.1	0.80	0.900	70.5
0.40	0.530	77.2	0.90	0.961	67.0
0.50	0.650	76.0			

4. 水-醋酸（101.3kPa）

水摩尔分数		温度/℃	水摩尔分数		温度/℃
液相	气相		液相	气相	
0.0	0.0	118.2	0.833	0.886	101.3
0.270	0.394	108.2	0.886	0.919	100.9
0.455	0.565	105.3	0.930	0.950	100.5
0.588	0.707	103.8	0.968	0.977	100.2
0.690	0.790	102.8	0.100	0.100	100.0
0.769	0.845	101.9			

十、几种冷冻剂的物理性质

冷冻剂	化学分子式	相对分子质量	常压下蒸发温度/K	临界温度 T_c/K	临界压力 p_c/kPa	临界体积 $V_c \times 10^3$/(m³/kg)	凝固点/K	绝热指数 $k=\dfrac{C_p}{C_v}$
氨	NH_3	17.03	239.8	405.6	11301	4.13	195.5	1.30
二氧化硫	SO_2	64.06	263.1	430.4	7875	1.92	198.0	1.26
二氧化碳	CO_2	44.01	194.3	304.2	7358	2.16	216.6	1.30
氯甲烷	CH_3Cl	50.49	249.4	416.3	.6680	—	175.6	1.20
二氯甲烷	CH_2Cl_2	84.94	313.2	512.2	6357	—	176.5	1.18
氟利昂-11	$CFCl_3$	137.39	296.9	471.2	4375	1.80	162.2	1.13
氟利昂-12	CF_2Cl_2	120.92	243.4	384.7	4002	1.80	118.2	1.14
氟利昂-13	CF_3Cl	104.47	191.7	301.9	3861	1.72	93.2	—
氟利昂-21	$CHFCl_2$	102.93	282.1	451.7	5169	—	138.2	1.16
氟利昂-22	CHF_2Cl	86.48	232.4	369.2	4934	1.90	113.2	1.20
氟利昂-113	$C_2F_3Cl_3$	187.37	321.0	487.3	3416	1.73	238.2	1.09
氟利昂-114	$C_2F_4Cl_2$	170.91	277.3	—	—	—	—	—
氟利昂-143	$C_2H_3F_3$	84.04	225.9	344.6	4120	—	161.9	—
甲烷	CH_4	16.04	111.7	190.6	4493		90.8	
乙烷	C_2H_6	30.06	184.6	305.3	4934	4.70	90.0	1.25
丙烷	C_3H_8	44.10	231.0	369.5	4258	—	86.0	1.13
乙烯	C_2H_4	28.05	169.5	282.4	5042	4.63	104.1	—
丙烯	C_3H_6	42.08	226.0	364.7	4454	—	—	—

十一、希腊字母读音表

大写	小写	英文注音	国际音标注音	中文注音
A	α	alpha	alfa	阿耳法
B	β	beta	beta	贝塔
Γ	γ	gamma	gamma	伽马
Δ	δ	deta	delta	德耳塔
E	ε	epsilon	epsilon	艾普西隆
Z	ζ	zeta	zeta	截塔
H	η	eta	eta	艾塔
Θ	θ	theta	θita	西塔
I	ι	iota	iota	约塔
K	κ	kappa	kappa	卡帕

续表

大写	小写	英文注音	国际音标注音	中文注音
Λ	λ	lambda	lambda	兰姆达
M	μ	mu	miu	缪
N	ν	nu	niu	纽
Ξ	ξ	xi	ksi	可塞
O	ο	omicron	omikron	奥密可戎
Π	π	pi	pai	派
P	ρ	rho	rou	柔
Σ	σ	sigma	sigma	西格马
T	τ	tau	tau	套
Υ	υ	upsilon	jupsilon	衣普西隆
Φ	φ	phi	fai	斐
X	χ	chi	khai	喜
Ψ	ψ	psi	psai	普西
Ω	ω	omega	omiga	欧米伽

参 考 文 献

1. 谭天恩等. 化工原理. 第 3 版（上下册）. 北京：化学工业出版社，2006.

2. 赵汝溥. 化工原理. 北京：化学工业出版社，1999.

3. 成都科大化原编写组. 化工原理（上下册）. 成都：成都科技出版社，1991.

4. 徐文熙，穆文俊. 化工原理（上下册）. 北京：中国石化出版社，1990.

5. 邹华生. 化工原理习题讨论课指导（上下册）. 北京：化学工业出版社. 1994.

6. 祁存谦. 化工原理习题指导. 北京：化学工业出版社. 1992.

7. 姚玉英. 化工原理. 第 2 版，天津：天津大学出版社，2002.

8. 柴诚敬，张国亮. 化工流体流动与传热. 第二版. 北京：化学工业出版社，2007.

9. 蒋维均等. 化工原理. 北京：清华大学出版社，2005.

10. 陈敏恒等. 化工原理. 第 3 版. 北京：化学工业出版社，2006.

11. 大连理工大学化工原理教研室. 化工原理. 大连：大连理工大学出版社，2002.

12. 姚玉英，陈常贵，柴成敬. 化工原理学习指南. 天津：天津大学出版社，2003.

13. 天津大学化工原理教研室. 化工原理（上、下册）. 天津：天津科学技术出版社，1989.

14. 梁中英. 化工原理. 北京：中国医药科技出版社，2002.

15. 俞子行. 制药化工过程及设备. 第 2 版. 北京：中国医药科技出版社，1998.

16. 刘盛宾. 化工基础（第 2 版）. 北京：化学工业出版社，2005.

17. 金德仁. 化工原理. 北京：化学工业出版社，1987.

18. 王志魁. 化工原理. 第 3 版. 北京：化学工业出版社，2005.

19. 刘落宪. 中药制药工程原理与设备. 北京：中国中医药出版社，2003.

20. 张弓. 化工原理（上、下册）. 北京：化学工业出版社，2005.

21. 吴红. 化工单元过程及操作. 北京：化学工业出版社，2009.